U0004578

世界級的夢幻魚貝食材，圖鑑食譜，一本搞定！

魚貝海鮮
料理事典

The World Encyclopedia of
Fish and Shellfish

來自大海的豐盛恩賜・讓味蕾綻放的絕讚滋味
營養滿點的海味食材大全

156 種魚貝海鮮 ✕ **106** 道料理豪華全收錄！

凱特・懷特曼 —— 著　　張亞男・潘晶 —— 譯

晨星出版

目錄

前言	6
器具	8
魚的選購及處理	14
魚的料理方式	18
貝類的選購、處理與料理	25
PART I　魚貝的種類	37
海水魚	38
多油魚	49
鰈魚	58
遷徙魚	65
外來魚類	69
軟骨魚	76
深海魚和垂釣魚	80
五花八門的魚種	84
淡水魚	88
魚乾和鹹魚	96
醃製魚	99
罐裝魚	101

燻魚	102
魚料理的醬汁與沾醬	107
甲殼類	108
明蝦與小蝦	116
腹足綱軟體動物	118
雙殼類軟體動物	120
頭足綱軟體動物	126
其他可食用的海洋生物	128
PART II　魚貝的食譜	131
湯	133
開胃菜	145
慕斯、肉醬和砂鍋	161
沙拉	175
每日主菜	189
義大利麵和米飯	205
健康輕食	219
精緻美食	233
魚貝類專用醬汁	254

前言

自從人類進化到能夠集體狩獵，世上的河流、湖泊和海洋，就成了人類藏量豐富的食品儲藏室，為我們提供數量豐富、種類繁多的魚類和甲殼類。從小溪流到湖泊和海洋，不同的水域有著不同的魚類和甲殼類，而且幾乎都可以食用，儘管有些看起來並非如此。

從前，魚類在西方國家並未受到重視，尤其是遠離海洋的地區；但在今日，魚貝已普遍被視作含有高營養價值的美味佳餚。許多備受爭議的養殖或種植方法，使得肉類、穀類等日常食材，不再像從前那樣受到重視，魚貝因此取而代之，成為健康的首選。

魚貝對人們十分有益，所有魚類和貝類都是低脂、高蛋白、高礦物質、高維生素的食材。油脂含量豐富的魚類可以降低膽固醇，疏通血管。日本人經常食用生魚片，所以他們罹患心臟病的風險最低。

但健康只是吃魚的眾多原因之一。如果處理得當，烹飪得法，魚的美味簡

直超出想像。真正新鮮的魚幾乎不須加工，只須簡單的料理即可。所以想要在半小時之內做好一道漂亮的魚料理是非常容易的。不同的魚貝有不同的特色，能滿足不同的口味。比如：開胃菜、主菜、沙拉或是壓軸菜。

不知何故，魚貝長久以來都得不到重視，也許我們可以做點什麼來改變傳統的飲食方法。在能輕易捕獲大量海產的時代，鮭魚和牡蠣常被當作是窮人的食物。中世紀的學徒們總是抱怨，拒絕一星期吃三次以上的牡蠣。對於那些從事粗活的勞動者來說，易消化的白煮魚肉味道清淡，沒有飽足感。

許多人迴避魚的主因是不懂得如何處理。去鱗、切片、秤量、去殼等，感覺就很麻煩。雖然現在你只要前往附近的超市，就能買到處理過的魚，不須自

己動手處理;但還有更好的方法,就是閱讀本書。本書將教你處理各種魚、貝類。它們非常適合烹飪,而且方法十分多樣。儘管有些魚貝因過度捕撈而變得稀有、昂貴,但仍有一些魚的價格逐漸變得親民,這都要歸功於漁業養殖的進步。例如鮭魚的價格起先太平常,不被當作一回事,後來由於稀有,而成了最貴,卻最受歡迎的魚類之一。

然而,不當的養殖會導致魚的品質不佳,甚至引起疾病,並且波及自然界的其他生物。人們不該再重複過去曾經犯的錯誤。從前,由於對便宜的肉類及其他食物的需求,導致在健康和生態方面,分別造成肥胖與絕種等災難性的後果。魚貝類是很棒的天然食品,管理得當的魚貝養殖場可以培養出健康的魚貝,而且有助於抵銷過度捕撈所引起的各種問題。

可食用的水中生物數量龐大得驚人。我常常在想,究竟是哪個勇敢的人,第一個想出如何料理醜陋的海魴、猙獰的鱔魚、多爪的章魚、像蛇一樣的鰻魚,或從蟹螯、海膽以及細長的海黃

▲在法國的香檳區,來自世界各地的魚和甲殼類都在這市場上陳列販售

瓜中,看出它們具有美味佳餚的潛質。想想如果我們的祖先由於這些生物的奇特外表而望之卻步,我們可能會錯過多少美味的食物。除了少數有毒的特例外,幾乎所有在水裡游的、爬的、疾行的、潛游的生物都能成為美味的食材。

我在旅行中最大的幸福就是參觀當地的魚市,看那些豔麗的鮮魚和甲殼類搶眼地列在市集上。無論形狀和種類多麼奇特,它們都有特殊的色彩和特色。現代化的捕撈和運輸使全世界的海產都可以到達靈感豐富的大廚手中。所以,讓自己盡情享受大海為我們提供的多種多樣美味吧。

Kate Whiteman

器具

　　儘管在處理和料理魚時，完全可以不使用專用工具，但還是要介紹，因為有些工具可以使烹飪過程變得更簡單。比如煮魚鍋，會占去較大存放空間，而一些小工具，像刮鱗器，就不占空間。不過，這些工具在魚、貝的烹飪過程中都非常好用。

刀、剪和刮鱗器

主廚刀

　　主廚刀大而厚重，刀刃有20～25公分長，用來切魚肉和加工甲殼類動物，例如淡水螯蝦和龍蝦。

切片刀

　　為了將魚切片或去皮，需要一把刀刃靈活的快刀，至少要有15公分長。這種刀也可以用來打開一些甲殼類。切片刀一定要保持鋒利。

刮鱗器

　　刮鱗器形狀像一塊短粗的擦菜板，可以使這項沒人想做的苦差事變得方便快捷。

牡蠣刀

　　牡蠣刀看起來短小笨拙，刀面寬，兩邊有刃，有時也被稱為去殼刀。用它可以迅速打開牡蠣或其他雙殼貝類。使用時一定要注意手柄前方是否裝好護手，以便保護雙手。

廚師剪

　　廚師剪的刀刃結實而鋒利，帶有鋸齒，用來剪去魚鰭、修剪魚尾。

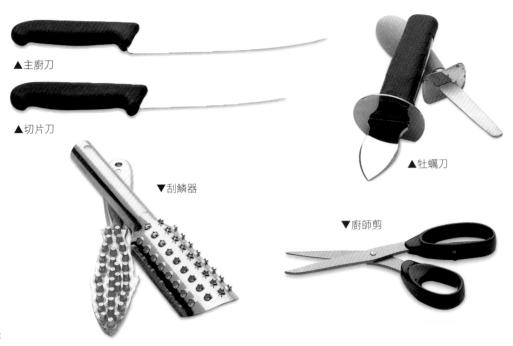

▲主廚刀

▲切片刀

▼刮鱗器

▲牡蠣刀

▼廚師剪

平底鍋

煮魚鍋

　　長而且深，邊緣圓滑。在器具的兩邊各有一個把手，還有一個密封蓋。裡面有一個帶孔的托盤或架子可以用來放魚，架子上同樣有兩個把手，這樣就可以在料理魚時不破壞魚的形狀。煮魚鍋有不銹鋼製造，也有鋁製、搪瓷和內襯錫的銅製品。煮魚鍋可以用在烤箱中，尤其在煮鮭魚和海鱒之類的大魚時很實用。此外，也可以用來蒸其他的食品。

橢圓平底鍋

　　簡單且實用的創意，這種大鍋可以讓你平整地煎一整條魚，不像圓形鍋，需要將魚折起來，破壞魚的形狀。

煎烤鍋

　　煎烤鍋是鑄鐵製造，鍋底有凸起的架子，非常適合烤魚和料理魚。煎烤鍋的形狀有圓形，橢圓形和方形。有的煎烤鍋很大，須使用兩口爐同時加熱。

▼煮魚鍋會佔據廚房中的很大空間，但若是你想煮整隻魚，如鮭魚，那就很值得添購

▼煎烤鍋

▲橢圓平底鍋

蒸鍋

▼不銹鋼蒸鍋

　　如果你擅長以蒸的
方式烹飪，那麼不銹
鋼蒸鍋就會是一套
好工具。它們包括
一個蓋子，一個深
的外鍋和一個帶孔
的蒸籠。蒸鍋越大越
好。蒸籠有很多型號，
小到硬幣大小，大到直徑
35公分都有。中式竹蒸籠是個
好選擇，它們可以一個接一個地疊起
來，同時蒸好幾籠的食品。其中最經濟
實惠的是一種小型帶圈的多孔蒸籠，打
開後像一朵花，適合各種形狀的外鍋。

炒鍋

　　一個直徑35公分附蓋炒鍋才夠
大，可以處理大多數魚類，是廚房中的
重鎮之寶。炒鍋不僅可以用來炒菜，還
可以當蒸鍋或油炸食物用。

▲中式竹製蒸籠

▶單把炒鍋可以當蒸
　鍋，可以油炸魚，
　還可以炒菜

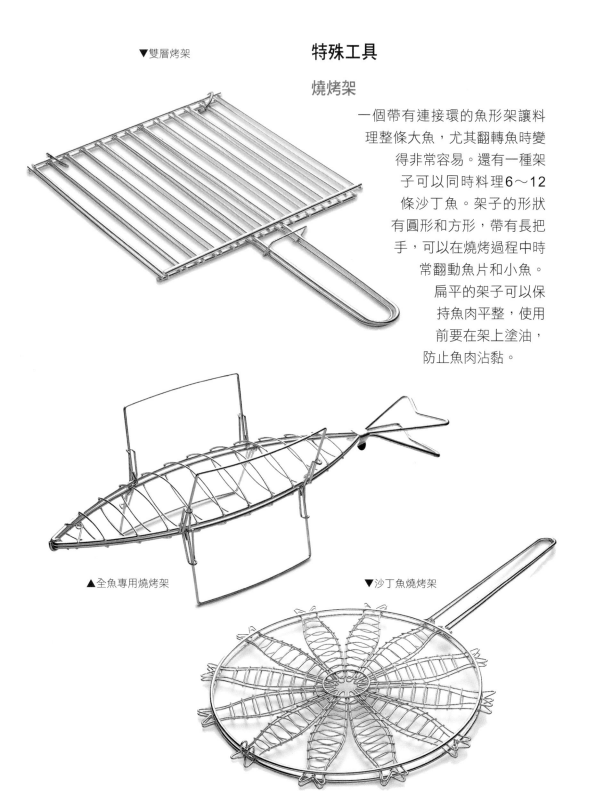

▼雙層烤架

特殊工具

燒烤架

一個帶有連接環的魚形架讓料理整條大魚,尤其翻轉魚時變得非常容易。還有一種架子可以同時料理6～12條沙丁魚。架子的形狀有圓形和方形,帶有長把手,可以在燒烤過程中時常翻動魚片和小魚。扁平的架子可以保持魚肉平整,使用前要在架上塗油,防止魚肉沾黏。

▲全魚專用燒烤架

▼沙丁魚燒烤架

燻魚爐

最便宜的家用燻魚爐是一個有蓋子的金屬箱,裡面有架子可以架魚。在木炭上加上溼香木或香草,生出的煙可以使魚的味道更豐富。

其他器具

魚鏟

魚鏟形狀像一個加長的單面魚夾,鏟子的弧度和上面的孔可以使廚師在料理過程中靈活地翻動魚,而不會破壞它原有的形狀。

魚夾

魚夾的兩片夾板堅固且靈活,翻魚非常方便。

龍蝦鑿

龍蝦鑿的兩頭尖端都有分叉,這樣可以方便從龍蝦殼或螃蟹腳中取出肉。

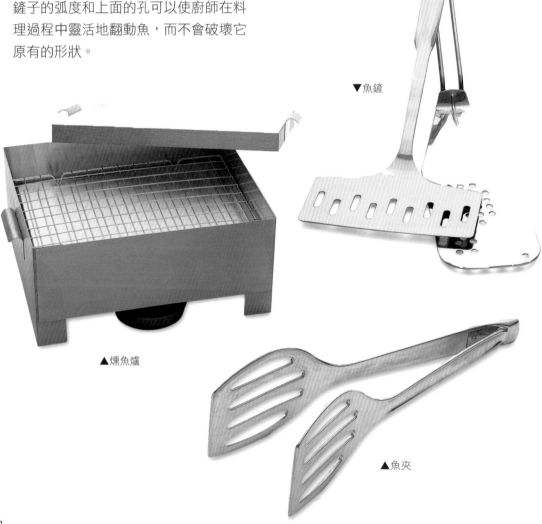

▼魚鏟

▲燻魚爐

▲魚夾

龍蝦鉗

如果你經常食用龍蝦和螃蟹，龍蝦鉗必不可少。它看上去像一個裡面有齒的松果鉗（通常是龍蝦螯的形狀），方便握緊。品質好的松果鉗也可以當成龍蝦鉗。

棒槌

木質的棒槌可以用來將甲殼類的外殼槌裂，也可以將魚肉搗碎。

大頭針

裁縫用的大頭針能快捷地將蝸牛和甲殼類從殼中剔出來。為了安全，在不用時，將大頭針釘在軟木塞上，以防止鋒利的針尖刺傷。亦可使用竹籤替代。

鑷子

用來剔出魚肉中的小刺和細刺。

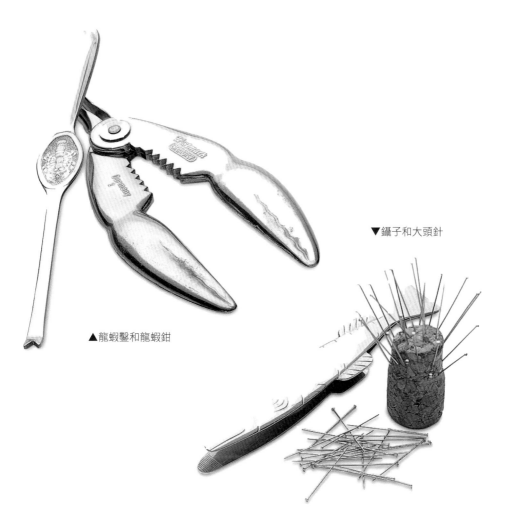

▼鑷子和大頭針

▲龍蝦鑿和龍蝦鉗

魚的選購及處理

買魚一定要趁新鮮，最好當日隨買隨吃。新鮮的魚表面光亮，帶有一層透明的黏液，當魚變得不新鮮時，這層黏液就會變濁。新鮮的魚眼睛應該是清澈且微凸的。輕壓魚肉，新鮮的魚肉比較緊有彈性；如果魚肉弛軟，按壓後留有壓痕，表示魚不新鮮。不新鮮的魚腥味重，魚皮看上去鬆弛、乾燥、沒有生氣，眼睛凹陷。

檢查魚是否新鮮，最好的方法是掀開魚鰓。新鮮的魚鰓是很乾淨的紅或玫瑰紅，不能是棕色的。新鮮的魚尾很緊，魚鰭緊貼著魚身。如果魚放了一段時間或保存不當，魚鰭就會往相反的方向散開。海水魚會帶有海藻的芬芳；淡水魚則有水蘊草的氣息。新鮮的魚絕對沒有魚腥味。

切好的生魚片，魚排和魚餅應該是排列整齊，看上去濕潤，緊緻，呈半透明狀。如果不得不買冷凍魚，一定要確定魚肉凍得結實，沒有解凍過的痕跡，而且包裝不能有破損。

買魚時，頭腦靈活、會做生意的商家總會進一些當天最新鮮、品質最好的漁獲。如果想要特殊種類的魚，事先和水產供應商打好招呼，就能直接從市場買回最新鮮的魚。

所以最好固定和一個水產供應商保持良好關係——如果買家表現出對所購貨物的特殊興趣，就能得到更好的服務。

提供漁獲的供應商通常會幫你將魚的內臟清理好，有些還會將魚鱗刮好剝皮切片。這些都可以要求，但會耽誤一些時間，所以在忙碌時，最好提前做準備。如果不得不自己處理魚，也不要感到手足無措，因為這絕對不是件困難的事，只要有一把鋒利合手的刀，加上靈巧的雙手就可以實現。

份量

每道菜只要準備大約175公克的魚片或魚排就夠了。但魚本身有很多東西是要扔掉的，所以在準備魚時每人要預備300公克的份量。

貯存

新鮮的魚買了就要盡快吃，除非必要。大多數的魚還是可以在冰箱中貯存整天或過夜。把魚的外包裝和塑膠袋去掉，用冷水清洗乾淨，再用紙巾拍乾魚身上的水份，放入盤中，蓋上保鮮膜，存放冰箱中保存。

冷凍魚

儘管新鮮的魚比冷凍魚好吃，但是生活中，不一定隨時都能買到新鮮的魚，有時候只能選擇冷凍魚。這種情況下就不能用老方法——壓魚身、聞味道、看顏色——來檢查魚是否新鮮，而是要選擇貨物經常更新的大型超市。買好的魚最好是裝在專門的冷凍袋裡，一回到家就把魚直接放進冰箱。鮮魚可以在冰箱中貯存3個月，炸魚可以貯存2個月。

商家販售的冷凍魚和自己在冰箱裡冷凍的魚不一樣，商家賣的魚是在超低溫下急速冷凍而成，這樣可以保持魚的結構。所以最好不要在家製作冷凍魚，如果一定要做，就要將溫度降低到-18℃以下。

將魚解凍

可以的話，將冷凍魚放在冷藏中，經過一夜就可以解凍。如果急用，就用微波爐解凍。魚一解凍好，就將魚肉分開，在盤中攤平。當魚還帶有一點冰渣時就要將魚取出，否則會變乾。

梭形魚處理步驟

去鱗

魚身光滑的魚，像鱒魚和鯖魚都不需要刮鱗，但其他的魚，像海鱸魚和紅鯛魚，刮鱗就很重要了。首先，用結實的剪刀將魚身上的鱗都剪乾淨。一定要注意魚背上的背鰭，因為背鰭上的脊骨很鋒利。在水槽中操作，最好是邊處理邊用水沖，否則魚鱗會濺得廚房到處都是。你也可以在魚身上蓋一塊濕布，以便蒐集魚鱗。刮鱗器是理想的工具，不過用一把圓頭刀的刀背也可以。如果要帶皮煮魚，在切片之前一定要刮鱗。

1 先用冷水把魚洗乾淨，再用結實鋒利的剪刀將腹部的腹鰭、臀鰭及背上的背鰭剪掉。

2 抓緊魚的尾部（可以包上一塊布，好拿穩）用刮鱗器或刀背刮鱗，從尾部開始，向頭部刮，逆著魚鱗生長的方向刮，刮完再洗一遍魚身，清除掉殘餘的魚鱗。

去除內臟

　　這件事有點棘手，最好鋪幾層報紙，在最上面墊一張蠟紙。替梭形魚去除內臟有兩種方法，可以從腹部或鰓開始。從腹部開刀是處理梭形魚常用的方法，但從鰓部去除內臟可避免破壞魚身原有形狀。魚鰓味道很苦，所以在料理之前一定要去鰓。首先扶住魚背，掀開鰓蓋，拉出魚鰓，再用鋒利的刀從魚腦後向下切至下顎骨，將魚鰓切下來。

從腹部開始處理

1 把魚放平，扶住魚背，從魚腹部靠近尾巴的地方開一個小孔，伸入剪刀，將內臟從末端剪斷。

2 從魚下顎將骨頭切斷，掀開鰓蓋，伸手進入，輕輕地掏出魚的內臟。由於是從鰓部清理出來，可以保持魚腹部完整。將魚身體徹底清洗乾淨，拍乾水份。

從鰓部開始處理

1 用鋒利的短刀自魚的臀鰭下刀，從尾部切開至頭部。

2 輕輕地將魚的內臟拉出來，必要時由魚尾和魚喉處切斷。留下一點魚白和新鮮的魚卵，有其妙用。其他內臟都扔掉。用小匙將靠近魚脊背的血管刮乾淨。洗淨魚體腔，用紙巾拍乾魚身上的水份。

將梭形魚切片

1 把魚平放在砧板上，魚背朝外，魚頭向前。去掉胸鰭，朝向魚頭斜著下刀。

2 從魚背一半的地方入刀，向魚尾切，保持刀面平貼魚骨。將過刀處的魚肉掀起，反轉刀刃，仔細地順著骨頭滑動刀刃，即可將一邊的魚肉完全切片下來。接著將魚翻過來，重複剛才的步驟，再用鑷子清除魚肉中的小刺。

多刺魚剔骨

1 多刺魚的剔骨，如鯖魚、鯡魚，先將魚鰭去掉，魚內臟清理乾淨，從魚腹部將魚切開，像翻書一樣將魚攤平在砧板上，魚皮向上，順著魚脊背用力壓實。

2 將魚翻過來，輕輕地將魚骨頭從魚肉上掀起來，在魚尾部切斷，然後剔出殘餘的小刺。浸泡魚肉，拍乾水份。

剔除魚肉中殘留的小刺

1 魚肉中通常會有一些殘餘的小刺，用手指摸索找出魚刺，然後用鑷子夾起。

2 梭形魚通常在胸鰭後面還有一些小刺。用鋒利的刀順著骨頭的方向斜切兩道，使魚肉呈V形，連肉帶刺一起取下來。

扁平魚處理步驟

去除內臟

　　扁平魚通常在販賣時就已經清理好了。若有必要的話，自己清理也很容易。用鋒利的廚師剪將魚鰭剪掉。在魚鰓下方開一個小口，伸手進入，拉出內臟，包括魚卵，攤開在報紙或砧板上，先不急著扔掉。可依個人喜好將魚白留下。

將扁平魚切片

　　扁平魚肉可以切成4片，每邊2片。由於魚身體形狀並不規則，所以切下來的魚肉大小不會相同。

1 將魚平攤在砧板上，魚皮顏色深的一面向上，魚頭向前。用一把鋒利的大刀沿著頭切向魚身中線的位置，然後將刀刃轉向，沿著脊骨切。

2 從頭部往尾部如圖，刀尖從魚頭探下刀，把肉切片。從左邊的魚肉開始切，刀片盡量與魚骨平行，一刀劃下去，小心地取下魚肉。

3 將魚轉向魚頭朝向自己，用同樣的方法切下第二片魚肉。接著將魚翻過來，重複先前的步驟。

將扁平魚剝皮

　　通常，多佛海峽產（strait of Dover，後簡稱多佛產）的魚只有深色的一面需要去皮，但是其他種類的扁平魚，像比目魚和大比目魚兩面都需要剝皮。

1 將魚平放在砧板上，魚頭朝前，從魚尾切開魚皮，使兩邊的魚皮都鬆開。

2 用布包在魚尾上，一隻手抓緊魚尾，另一隻手抓緊魚皮，向魚頭方向，迅速撕下來，魚皮便會全部鬆開。

切片魚肉去皮

梭形魚和扁平魚基本剝皮的方法一樣，一定要用鋒利的刀子才能剝得乾淨。

1 將魚肉平放於砧板，魚皮向下，魚尾朝後。手指沾一點鹽水，以便抓緊魚尾，防止打滑。刀面斜下與魚皮呈45度。將魚肉從魚皮上輕輕鋸下來。

2 從尾部向頭部下刀，順著魚皮割。切下來的魚肉向著對面折疊，從頭到尾拉緊魚皮。

處理料理用的魚肉

梭形魚和扁平魚肉可以整個平攤開料理，也可以捲起用牙籤固定，或切成魚條。

如果要料理整塊魚片，用鋒利的刀修飾邊緣，順著魚肉去掉一層薄邊。

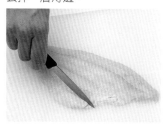

如果要捲起魚肉，從頭部（寬的一邊）向尾部捲，把尾部按在下面，用牙籤固定。

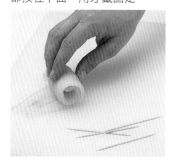

扁平魚卵

在繁殖季節，雌魚體內有數以千計的魚卵，但這些魚卵是無用的，不會給魚肉增添什麼美味，卻占了不少份量。

而雄魚體內的魚白味道非常好，所以不要扔掉。沾點麵粉，在奶油中輕炸，可作為開胃菜或主菜的裝飾。還有種作法，將魚白沾上雞蛋和麵包粉，在熱油中炸，也很好吃。

切魚片

人們通常會選擇購買切好的魚片，因為切好的魚片沒有什麼要扔掉的東西，魚刺也少，魚肉都處理好了。但自己切魚片、剝皮更實惠，魚頭和魚刺還可以留著當作其他菜餚的材料。料理前一定要洗淨魚頭，去掉魚鰓。

鱈魚塊剔骨

平常食用的鱈魚塊大多是帶有魚骨的。若想用不帶魚骨的鱈魚來製作料理，可採用下列方法剔骨。

或是用鋒利的刀將去皮魚片切條，按照需要的寬度縱切，順著魚肉的自然生長線下刀比較容易。最後將魚肉切段。

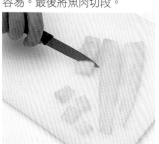

1 將魚塊在砧板上立起，刀從中間魚骨的右側穿進去。

2 貼著魚骨向下切，刀面盡量順著魚骨的弧度下刀。另一邊重複該步驟。

3 小心地將魚肉從魚骨上移下來。在頂端切一個小口以便取出骨頭。將魚肉向中間疊起，就成了一塊乾淨無骨的鱈魚塊。

魚的料理方式

魚是一種萬用食材，有很多方法可以迅速製作美味的料理。之所以用「迅速」這個詞，是因為魚肉十分精緻，很容易就會過熟。各種烹飪方法都很適合用來料理魚。儘管慢火煨製可以做出一道豐盛的湯，但煮魚肉，寧可煮得不夠熟，也絕不能煮得過老。即使你有充裕的料理時間，但煮出一條肉質發乾，過老而沒有味道的魚，再多時間也是無謂。

魚料理並沒有確切的烹飪時間，因為在料理時有很多其他因素可能產生影響，例如魚肉的厚度（有的魚肉一邊薄一邊厚）。通常在其內部溫度達到63℃時，魚肉就熟了。你可以使用專用的肉類溫度計進行測量，不過，很快地，你將學會透過眼睛觀察來判斷。

將一把小刀插入魚肉中間輕扭一下，就可以判斷魚肉是否已熟。熟的魚肉看起來結實、不透明。在魚肉和魚骨之間剝一下，魚肉會離開魚骨，但不那麼容易脫落。還有另一種方法，將叉子插入魚肉最厚的地方，如果叉子只能插入一半，說明還要再加熱一下，如果叉子進入魚肉，可以從小縫看到魚骨，就代表魚肉熟了。

料理之前，至少提前半小時從冰箱中將魚取出，這樣魚肉較容易熟透。

藍色烹飪法

這種古老的烹飪技法主要於製作淡水魚類，如鱒魚、鯉魚、丁鯛和梭子魚，必須使用活魚或剛斷氣不久的魚。將魚打暈，從魚鰓掏出內臟，清理乾淨，用滾熱的食用醋淋在魚身上，魚身上的黏液會呈現出一種金屬藍色。這種方法就叫「藍色」烹飪法。

將魚放在可加熱的平盤或煮魚鍋中，倒入加熱的高湯，淹過魚身。蓋上容器的蓋子，讓魚肉慢慢地煨熟。這道菜熱著吃或是冷著吃都可以。如果有需要，可在料理之前去鱗。

烤製

整條魚、大的魚塊或魚肉，像鱈魚和大比目魚，都非常適於烤製。由於魚肉十分鮮嫩，所以在烤製時所用的溫度要低於烤肉的溫度，不得高於200℃。

把魚紮在一個小包裡烤製，是一種健康的料理方式，因為在烤製時既不用添加油，也不會減少魚肉本身的味道。

清蒸

還有一個適合製作整條魚或大塊魚肉的好方法，那就是清蒸。

1 在可加熱的平盤中塗上奶油，厚厚鋪上蔬菜細絲，如胡蘿蔔、洋蔥、茴香和芹菜。

2 將魚肉鋪在蔬菜絲上，澆上白酒或紅酒，以及魚湯或雞湯，大概淹到魚肉的一半。

3 灑上1大匙剁碎的新鮮香草，用奶油紙蓋上。把盤子放在爐子上低溫加熱，或者放在預熱過的烤箱裡，溫度大約為180℃。平均1公斤重的魚，加熱時間為20分鐘。大片的魚肉則需要10～15分鐘。

魚湯

　　在許多食譜中，一鍋好魚湯佔有非常重要的角色。魚湯的製作相當容易，利用魚骨和處理魚肉剩下的材料即可煨煮。魚骨和邊料，在買魚時可向魚販索要一些，不能當天製作也沒關係，可以先冷凍起來備用。製作1公升的魚湯，大約需要準備1公斤的魚骨、魚頭等材料。

1 將魚頭徹底洗淨，去掉魚鰓。可視情況將魚頭剁碎，裝進湯鍋。

2 將1根蒜白（或者半根茴香莖）切成幾段，粗略切開1個洋蔥和一段芹菜，將這些加入鍋中。

3 在鍋中加入150ml白葡萄酒，6粒白胡椒籽，1小撮香菜，再倒入1公升的水。

4 煮開後，以小火慢慢煨製20分鐘（不要超過，以免變味）。再用細棉布過濾出湯。

不加熱烹飪法

　　特別新鮮的魚不用加熱，可以在調味醬中浸泡，用檸檬汁或白醋醃製。酸會使魚肉變軟且透明。這種作法最經典的是酸橘汁醃魚，將魚條、魚柳或白魚肉（大比目魚、鱈魚、大鮟魚、甲魚等）浸泡在橘子汁中，加鹽和剁碎的紅辣椒醃製至少2小時，直到魚肉呈珍珠白的顏色。

鮮魚高湯

　　製作魚類和甲殼類料理時，鮮魚高湯是不可或缺的重要材料，其製作方法如下。

材料（份量：約1公升）

小洋蔥	1個
胡蘿蔔	2條
蒜白	1根
巴西里葉梗	2段
月桂葉	2片
檸檬	2片
白葡萄酒	300ml
白醋	90ml（約6大匙）
鹽	30ml（約2大匙）
白胡椒	適量
水	1公升

1 將小洋蔥、胡蘿蔔及蒜白切片備用。

2 將步驟1的材料放入鍋中，加入巴西里葉梗（或也可替換為巴西里葉、巴西里葉）、月桂葉、檸檬、白葡萄酒、白醋、鹽、白胡椒和水。

3 將材料燒開，然後繼續用小火煨製20分鐘。過濾待涼備用。

煎

　　煎是料理魚肉時，最常使用的方法，可用以烹煮魚肉切片（魚片、魚塊和魚排）或整條小魚。在淺底鍋中加一些油，煎至魚肉外面變色、變焦。煎可以作為料理中的其中一道處理步驟，也可以作為獨立的料理方式。煎之前，先在魚身上沾一層麵粉、麵包粉或燕麥片，簡單的煎製可以不加油，直接在不沾鍋中乾煎。但是一定要注意火候，以免煎得太乾。

　　用奶油煎魚肉味道最好，但容易燒焦，所以要在鍋中混一點普通油；或也可只用普通油煎。以高溫熱油，把魚放入鍋中，簡單地加熱兩面。關小火，再慢慢加熱至熟透。如果魚肉太大或料理過於複雜，就需要在中等熱度的烤箱中完成這個步驟。

炸

　　因為魚肉很精細，所以在炸之前必須先在魚肉外面裹一層麵粉或麵糊。有了這層麵糊，就可以將魚肉炸得外酥內嫩。大多數的魚都可以用炸的方法料理，從小銀魚到大魚片都沒有問題。

　　加入足量的油，下魚之前先將油鍋加熱至180～190℃。使用電炸鍋時，可用一小片麵包判斷油溫，如果30秒之內麵包片變為棕色，則油溫正好。

　　炸大魚的油溫要比小魚和魚柳略低一些，這麼一來便可將魚肉炸透，而不會使外面燒焦。不要一次炸太多魚肉，否則油溫會降低。用來炸魚的油不能再作他用，因為魚的味道會融入油裡。

1 在炸鍋中倒入油，加熱到180℃。魚肉外面滾麵粉，放入油鍋，炸至金黃。

2 將炸好的魚放在雙層紙巾上吸油，即可裝盤。

炒

　　這是亞洲常見的快速作法，非常適合料理魚、蝦和槍烏賊。

1 將魚和槍烏賊切成小段，蝦去殼，但保留完整的蝦尾。裹上玉米澱粉，防止蝦肉在翻炒時破碎。

2 在炒鍋中倒入少量油，高溫加熱，放入魚或甲殼類食材，快速炒熟。

烘烤

　　這種方法適用於沒有去皮的厚魚肉或整條小魚，像沙丁魚和紅鯔魚。

1 在煎鍋裡塗抹上油，烘熱至冒煙。在魚肉兩面都抹上油，放入熱油鍋中。

2 烘烤幾分鐘，直至魚肉呈現出金棕色，然後將魚肉翻轉，烘烤另一面。

酥炸魚柳

魚柳一字起源於法語，本來是指一種小的淡水魚，用油炸的方法料理。但這裡的魚柳是魚肉條，通常是用比目魚的肉，油炸後配上塔塔醬吃（一種加入香菜、洋蔥等食材的蛋黃醬）。魚柳是讓孩子愛上吃魚的好辦法，尤其是當他們被允許直接用手抓著吃時。

材料（份量：約4人份）

比目魚肉	8片
牛奶	120ml
麵粉	50g
植物油	適量
鹽	適量
黑胡椒	適量

1 將魚肉去皮，切成約7.5 x 2.5公分大小。在牛奶中加入一點鹽和胡椒，倒入淺盤。將麵粉倒入另一個碗中，或灑在盤子裡。

2 將切好的魚肉先浸在牛奶中，再沾麵粉。

3 在燉鍋中加入三分之一的植物油。加熱至大約185℃。或是將麵包條放入油中，油溫合適的話，麵包條會在30秒內變成棕色。

4 小心地將魚段放入油中，一次放入4或5片。炸約3分鐘，用漏匙攪動，魚柳浮起，顏色變成棕黃色即炸好。

5 用漏杓將炸好的魚柳撈出來，在雙層紙巾上瀝油。可先放入烤箱保溫，再續炸剩下的魚柳。

燒烤

　　燒烤適合料理魚塊、魚肉和體型相對較小的整條魚，比如沙丁魚、紅鯔魚或鱒魚，尤其適合各種甲殼類。將烤箱預熱再烘烤，較容易使食材入味。在燒烤時加入油和檸檬汁，可以使魚肉變軟，滴在煤炭上還可以使火變旺。

　　所有的烤魚在料理之前要用油和檸檬汁醃製1小時。如果魚要整隻料理，在魚身兩側劃上幾刀直至魚骨，以確保魚肉能夠快速、完全地煮熟。在燒烤架和魚身上塗油，防止沾黏。薄的魚片只要烤一面就可以了，不須用燒烤架。將魚的兩面都塗油，然後再烤，這樣兩面都可以同時加熱。

微波爐加熱

　　微波爐也可以成功地製作魚料理，只要不煮過頭，就可以保持魚肉濕潤，味道鮮美。在魚肉上覆蓋保鮮膜，用100%火力短時間加熱，然後停一會，用餘溫將魚肉煮熟。加熱時間取決於魚肉的厚度和密度。下面介紹的作法適用於重量約500g的魚肉，但在時間快到時，須檢查魚肉是否還含有水份。

● **整條梭形魚、厚魚片、魚塊和魚排**：加熱4～5分鐘，然後靜置5分鐘。

● **扁平魚和薄魚片**：加熱3～4分鐘，靜置3～4分鐘。

● **肉質較為密實的魚**（如鯊魚、鮪魚、魚、鱸魚）：加熱6～7分鐘，靜置5分鐘。

　　在平盤中加熱魚片，薄的一面朝向中間，末端的魚尾折到魚身體下面。

　　如果魚身合適，也可以將魚整隻放入爐中，在魚身上劃幾刀，防止魚體爆裂，加熱途中翻轉一次。

水煮

　　在高湯或魚湯中料理，會使魚的味道更加鮮美。

1 如果魚不是很大，就可以整條放在魚鍋中煮，如果魚肉是切開的，就要將它都放在一個可以加熱的淺盤中。

2 在魚鍋中倒入高湯或魚湯，加入少量香草或調味料。

3 在魚鍋上蓋上奶油紙，加熱直到魚湯沸騰。這時候，如果是比較薄的魚片應該已經熟了；如果是比較厚的魚片，就在爐子上或烤箱中繼續加熱一會兒，直到魚肉轉為透明。重約1公斤魚肉，大概加熱7～8分鐘。將魚裝在容器中冷卻，待涼之後再上桌。

鮮魚奶油醬

水煮魚除了一些用魚湯調配的奶油醬汁外，不需要其他的附加調味料。

1 將魚從湯汁中撈出，製作奶油醬汁時繼續加熱。

2 將湯汁小心地過濾，倒入長柄湯鍋，中火加熱，慢煨至魚湯只剩下一半。

3 邊攪拌湯汁，邊加入少許奶油或鮮奶油，以使湯汁口感柔滑，調味後即完成。將做好的奶油醬汁淋在魚上，裝盤即可上桌。

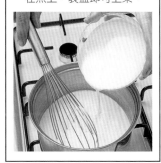

焙烤

這種方法通常用於料理肉類，但對於整條的魚，或是像鮟鱇魚尾、箭魚塊這類的大魚塊來說，也是一個好方法。烤箱裡放入烤盤，提前高溫預熱約230℃。在這樣的溫度下烤熟，醬汁會全部被魚肉吸收。

可在焙烤之前先在魚肉上淋一點橄欖油。如想增加味道，可以添加一些迷迭香、茴香或地中海蔬菜。

煙燻

大部份燻魚在購買時就已經燻製好了，但自己製作也很容易，別有一番風味。

熱燻

有一種方法在料理同時燻魚，通過芳香木條（通常是山胡桃木和橡木）散發出的煙可以為魚增添味道。家用燻爐很小，使用簡便，有的可以在室內使用，不過最好還是在室外，這樣煙可以散開。魚的量較大時可以使用烤架。將木條加熱到80～85℃，將魚放在架子上，蓋上蓋子，直到魚肉顏色像磨光的木頭，呈蒼白色。

冷燻

這種方法燻出的魚肉是生的。首先要將魚肉放在鹽面或鹽水中醃製然後掛起來在30～35℃的溫度下瀝乾。

茶燻

這種中式的燻製方法通常用於燻鴨，但是用於製作富含油質的魚類，像鯖魚和鮪魚，還有甲殼類，像扇貝、淡菜和蝦，可以增添鮮美滋味。

1 在鍋中鋪上鋁箔，灑上2大匙米粒、糖和茶葉。

2 在鍋子上架一個金屬架，將魚肉平鋪在架子上。蓋上鍋蓋或再加上一層鋁箔紙，加熱直到有煙冒出。

3 將火稍微調小（這時鍋中仍有煙冒出），直到魚完全熟透。一片鯖魚肉需要8～10分鐘，大蝦需要5～7分鐘。

蒸製

很多人都認為用蒸的方法會破壞魚肉的味道。其實不然，這種料理會增加魚肉自然的風味，而且魚肉的水份和形狀都不會被破壞掉，即使蒸過頭也沒關係。蒸製是料理魚類最健康的方法。不用油，而且沒有湯汁，所以魚肉的營養不會流失。

1 在蒸鍋中加入半鍋水。加熱至沸騰，將魚放在蒸籠裡，四邊留出一些空隙，這樣水蒸氣可以流動。

2 在有沸水的鍋內放入蒸籠，一定要放穩。

3 在魚肉上蓋一張蠟紙，然後蓋上鍋蓋，或在上面蓋一層鋁箔紙。直到魚完全蒸熟。

4 蒸製的魚很容易熟，一定要注意鍋中的水不會燒乾。所以在蒸製過程中要檢查一兩次，手上備好一瓶水，以便能夠及時補充。

其他種類的蒸製器皿

在市場上可以買到很多種蒸製器皿。從昂貴的大號不銹鋼蒸鍋到簡便的中式竹蒸籠。燉鍋也可以臨時用作蒸籠，帶孔的器皿（濾鍋或過濾網之類）和鋁箔也行。燉鍋一定要夠深，才能在鍋中倒入足量的水。

無論使用哪一種器具，都要牢記一條黃金法則，就是絕對不要讓沸騰的水接觸到蒸籠，以及蒸籠上的魚肉和甲殼類。中式竹蒸籠可以放在炒鍋中，也可以放在燉鍋中，是製作蒸魚最理想器具。也可以在魚肉下面墊一層香料，比如檸檬片、酸橙片，或者一小撮茴香。

另外，在放入魚或甲殼類之前，可以先在鍋底放些撕碎的蔬菜、海藻或海蘆筍增添風味。

貝類的選購、處理與料理

貝類比魚類更能涵蓋海產這一範疇。嚴格來說，甲殼類指的是水生的帶貝殼或甲殼的軟體動物，其中包括甲殼綱的龍蝦、蟹、蝦，以及其他類似的生物，還有一些軟體動物，像蛤、淡菜和牡蠣。為方便起見，在此，這個種類泛指所有的軟體動物，包括頭足綱動物（槍烏賊、章魚和烏賊）以及海膽。

當提到甲殼類時，處理和料理是不能分割開的，因為兩者之間聯結非常緊密。例如龍蝦和蟹都是活的，淡菜簡單到只要打開殼，再加一個步驟製作過程就可以了。

甲殼綱和軟體動物都只需簡單的製作步驟以保持它們原有的美味。只要新鮮，產於未受汙染的水域，很多軟體動物都可以生吃。而甲殼類動物都需要煮熟，不像魚，即使體積大也可以水煮。許多煮魚的方法也可以用於製作甲殼類，尤其是煮、炸、烤、蒸。

【甲殼類】

龍蝦和蟹

購買

活蝦和活蟹聞起來新鮮，拿起來時會掙扎。龍蝦在舉起來時，尾部會猛烈地向後彈動。蟹應該比看起來要重，但要確認這重量不是來自蟹殼裡的積水。搖晃蟹時，如有水聲，並不是好現象，甲殼上也不能有裂縫或孔洞。

龍蝦價格通常昂貴，這說明捕撈龍蝦要花很大功夫。注意檢查龍蝦和蟹的螯是否完全。若有一個螯由於打鬥而掉落，價格就應該相對降低。

購買龍蝦或蟹，一定要選擇有信譽的商家，以保證新鮮。顏色要鮮亮，秤起來要比看上去的個頭重。好的龍蝦尾部應該彎在身體下方，不要買尾部鬆散的龍蝦，那表示龍蝦在烹飪之前就死了。

份量

當預估購買量時，為每人準備大約450公克就可以了。

儲存

依實際情況考慮，龍蝦或蟹都應該在購買當天料理，除非你想將它們養在浴缸裡。如果不能立刻料理，可將活的甲殼類綁在濕報紙或濕毛巾內，放在冰箱最冷的地方。如果你想要在龍蝦毫無知覺的狀態下處理，可以將它們放在冰箱中幾個小時，或者將龍蝦埋在碎冰中。

處理和烹飪活龍蝦

處理龍蝦最人道的方法是將龍蝦放在冰凍盤中，用碎冰覆蓋，使其失去知覺，也可以將龍蝦放在冰箱裡凍2小時。當龍蝦變得非常冷，無法動彈時，將龍蝦取出，放在砧板上，用一把鋒利的大刀或結實的叉子穿過龍蝦頭部。根據專家的說法，龍蝦會立即死去。

如果你不忍心刺死龍蝦，也可將它放入一鍋冷鹽水中，慢慢加熱。在水燒開之前，龍蝦就已經斷氣了。或是將麻痺的龍蝦放入沸水中，先放頭，然後立刻蓋上鍋蓋，等水再次煮沸。

煮沸後，換小火慢慢煨製龍蝦，450公克龍蝦需要烹煮15分鐘，每多450公克，料理時間就要增加10分鐘，但最多不超過40分鐘。在料理時，龍蝦會變成磚紅色。如果不想熱食，就濾去水，將龍蝦晾涼。

如果在鍋中同時料理兩隻或更多龍蝦，一定要等水重新沸騰，再放入第二隻龍蝦。

從熟龍蝦中取肉

1 將龍蝦仰放，擰下腳和螯。

2 用木棒槌或刀背小心地劈開龍蝦螯，取出蝦肉，盡量保持蝦肉完整。用龍蝦鑿或小湯匙將蝦腿中的蝦肉挖出來。

3 在砧板上將龍蝦攤平，使尾巴展開，翻過來，一隻手緊緊地扶住，拿一把鋒利的刀子從龍蝦身體的一半處下刀。

4 小心從尾部取出蝦肉。

5 留下綠色的龍蝦肝臟和珊瑚狀的卵，它們的味道不錯。龍蝦肝可以配上醬汁食用。貼著蝦殼的肉呈乳糜狀，可以挖出來製作調味醬料。

烘烤龍蝦

將烤盤預熱至高溫，烘烤龍蝦3分鐘，然後縱向劈開龍蝦。將龍蝦分別放置在燒烤盤上，刷上融化的奶油，再烘烤10分鐘，烘烤期間再塗上奶油。若龍蝦已經殺好，則可以直接將龍蝦劈開，烘烤12分鐘，不需要分成2個步驟。

燒烤龍蝦

烘烤龍蝦的處理步驟一樣。在分開的龍蝦上塗上混合大蒜和胡椒的奶油。有肉的一面朝下，在中等熱度的煤炭上烘烤5分鐘，然後將龍蝦肉翻轉，再烘烤5分鐘。再翻轉一次，刷上更多的奶油，烘烤有肉的一面3～4分鐘。

處理活蟹

　　處理活蟹較人道的方法是將蟹放在冰中冷凍，或者在冰箱中放置幾個小時，直到螃蟹凍僵。當螃蟹不再動彈，將螃蟹仰放在砧板上，打開臍蓋，明顯可見的凹槽下端有一處圓孔。用錐子或烤肉叉子插入小孔，然後小心地將叉子從螃蟹兩眼之間的嘴部伸出來。這時螃蟹就可以用於料理了。

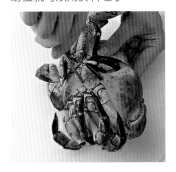

　　或許，你不忍直接處理活蟹，處理和料理的步驟可同步進行。有兩種方法，一種是將螃蟹投入燒開的鹽水中後，再次將水燒開，加熱10～12分鐘。或也可以將螃蟹放入冷鹽水中，慢慢燒開。後者的方法比較人道，因為當溫度升高時，螃蟹會行動遲緩，直到水燒開，螃蟹已經死了。

　　從水滾時開始計算時間，但是無論螃蟹有多大，煮蟹的時間都不要超過12分鐘。

從熟蟹中取肉

1 在一面大的砧板上將螃蟹仰放。用一隻手緊緊地按住螃蟹，剝開臍蓋，擰下螯和腳。

2 將螃蟹頭朝下，立起來，用刀子插入螃蟹身體和外殼之間。轉動刀子，分開兩部份，將巢狀的身體內部露出來。

3 也可以將螃蟹立起來，用大拇指剝開螃蟹蓋。

4 去掉螃蟹身體兩邊灰色的羽狀鰓（鰓不美觀，被稱為「死人的手指」）。

5 將殼的頂端按下去，去掉中間的胃囊。胃囊位於嘴後面。用大刀將螃蟹身體切成幾塊。

6 用叉子小心地剔出白肉。

7 用小湯匙將外殼裡面乳汁狀的棕色肉挖出來，再從殼兩端挖出固體狀的棕色肉。

8 用小槌或刀背敲開蟹螯和蟹腳，盡量保持完整，將螯內的肉取出。用龍蝦鑿或叉子將腿上的肉刮出來。最細的小腿肉可以用來製作美味的海鮮湯。

蝦、小龍蝦和淡水螯蝦

購買

　　一般的蝦不一定得是活蝦，但是淡水螯蝦一定要是活的，因為它們一旦死亡，肉質會立刻變壞，甚至產生毒素。新鮮的蝦殼脆且緊緻，有股新鮮的味道，如果聞起來有氨水的味道就千萬不要買。若買不到新鮮的蝦，可以急速冷凍的蝦代替。用冷凍袋裝好，帶回家後立即放入冰箱中。不要購買看出已經解凍過的冷凍蝦。

數量

　　如果購買帶有外殼的蝦，做一道菜需要預備300公克。一些甲殼類，像都柏林港（Port of Dublin）產的明蝦，在販賣時通常已經去掉外殼和頭。但如果購買未經加工的蝦，記住會有很多東西（將近八成）得要扔掉，所以一定要多買。留著殼來製作美味的湯、醬汁和高湯。

儲存

　　新鮮的蝦購買後要盡快食用，淡水螯蝦則不必。這些淡水甲殼類生物，包括澳大利亞小型螯蝦，都是雜食性的，所以在捕撈或購買之後要洗淨。將蝦放入大碗中，蓋一條濕毛巾，放冰箱冷凍庫中24小時。

煮小龍蝦或蝦

　　生的小龍和蝦最好用鹹水煮。將蝦放在調好味的魚湯或者濃鹽水裡，或將煮蝦的湯倒入深湯鍋中煮沸，放入蝦，根據蝦的大小，煨製1～2分鐘。不要過火，否則細緻的肉會變得粗老。

去新鮮蝦的殼及蝦腸

　　新鮮的蝦在製作之前要去殼。比較大的要去蝦腸，小蝦則不需要去蝦腸。

1 將蝦的頭和腳去掉，然後小心地用手指剝去蝦殼，可以保留蝦尾。

2 取出蝦腸，用一把小刀在蝦背上淺淺地劃開一道口，從尾部開始向頭部劃。

3 用刀尖小心地挑出貫穿蝦背的黑色細線，扔掉。

烘烤或燒烤小龍蝦和大蝦

　　這種方法也適用於淡水螯蝦。蝦肉可以是新鮮的，也可以是煮熟的。

1 將烤盤或烤架預熱。把蝦背朝下，從蝦身體一半處向頭部劈開，不破壞外殼。

2 將蝦身體像書一樣分開，在蝦肉刷上由橄欖油和檸檬汁混合的調味醬。

3 將蝦放在烘烤盤或烤架上，每一面加熱2～3分鐘，加熱貝類的時間為蝦的一半。為保持原有形狀，可以在烹飪之前，在分開的蝦身上叉竹籤固定。

蝦類去殼

1 擰下頭。如果是淡水螯蝦，還要擰下蝦螯。

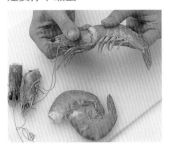

2 順著蝦的身體捏住它，用手指剝開蝦殼和蝦腿。

3 如果蝦體內有卵，用小匙將卵刮下來，作調味醬。

鳳尾蝦

這種料理蝦的方法起源於中國，做好的蝦帶有亮紅色的尾巴，看上去就像傳說中的鳳凰。鳳凰在中國代表吉祥和幸福。製作鳳尾蝦要使用大蝦。

1 將蝦去頭，用手指去掉蝦身上的外殼，保留尾部的殼。

2 用刀尖在蝦身上劃開，挑出黑色的蝦腸。

3 拿住處理好的蝦尾部，在蝦身上沾玉米澱粉，然後沾發泡奶油，在熱油中炸，直到沒有沾到奶油的尾部呈紅色。

罐燜蝦

這種料理簡單易做，做好後可以保存數日。盡量使用新鮮的棕蝦，而不是急速冷凍蝦。剝殼是一件乏味的事，但非常值得。吃的時候配上塗了奶油的麵包片或烤麵包片和檸檬片。

材料（份量：約4人份）

材料	份量
去殼熟蝦	8片
奶油	350ml
月桂葉	1片
肉豆蔻	1大片或0.5小匙
黑胡椒和辣胡椒粉	適量

1 在小鍋中融化250公克的奶油。加入蝦、月桂葉和肉豆蔻調味。慢慢加熱，然後撈出月桂葉和肉豆蔻。將蝦分成4份，放入小碗中備用。

2 澄清剩餘的奶油，將其裝在小的燉鍋中，低溫緩慢加熱，直到融化起泡。用濾網將液體過濾到小碗中。將牛奶狀的固體留在鍋中。

3 將澄清的奶油完全覆蓋在分裝的蝦上，待涼後將小碗放入冰箱冷卻2～3天，即可食用。

【雙殼類】

淡菜、蛤、牡蠣和扇貝

購買

和其他的甲殼類一樣，雙殼類很容易變質，所以必須保證在料理時它們仍然活著。扇貝是個例外，通常在販賣時已經打開並且清洗乾淨。雙殼類如淡菜、蛤和牡蠣，應該富含海水，比看上去的重。如果外殼有破損則勿購買。當貝殼張開時，輕輕敲擊外殼。貝殼應該能夠立即合攏。若否，表示貝已死或垂死，不要購買。

份量

在購買淡菜、蛤和小型貝類時，為每人準備450公克的份量。由於外殼占了大部份重量，所以作為主菜時，每人要分4～5只。

儲存

淡菜、蛤以及其他的雙殼類一定要在購買當天食用。但是可以暫時儲存在冰箱中。把它們放在一個大碗裡，蓋上濕布，放入冰箱冷凍室中（溫度為2℃）等待食用。有一說可在貝上灑一層燕麥，經過一夜，其肉質會變得厚實。由於殼中存有海水，牡蠣可以儲存幾天。將凹面朝下保存。不要

將貝類儲存在清水裡，以免死去。急速冷凍的貝類在冰箱中儲存不得超過2個月。

處理

將貝類用自來水沖洗乾淨，以硬刷清潔沙子和汙物，打開貝殼，將其中的汁液倒入碗中。由於可能含有沙子，所以在用來調製醬汁和製作高湯之前要先進行過濾。皺褶中通常會含有很多沙子。將其放在一碗乾淨的海水或鹽水中，經過一夜，就可以排淨沙子。

料理淡菜

清洗淡菜

1 用清水沖洗乾淨淡菜。用刀子撬掉外殼上的藤壺。

2 輕輕敲擊貝殼張開的淡菜，扔掉不能立刻合攏的那些。

3 拉出兩片貝殼間的纖維狀邊。

蒸淡菜

這種在打開貝殼的同時，也將它煮熟的方法，亦適用於蛤、鳥蛤、竹蟶。

1 在寬的燉鍋中灑一些白酒，倒一些切碎的洋蔥和新鮮的茴香，加熱至沸騰。

2 放入淡菜。蓋上鍋蓋，在火上晃動2～3分鐘，將已經張開口的淡菜取出來。

3 重新蓋上蓋子，在火上再次晃動1分鐘左右。如此反復，直到所有的淡菜都張開口。扔掉始終未開的淡菜。

4 用紗布過濾鍋中的湯汁。

5 湯汁可以重新加熱，作為味道比較淡的調味醬，或繼續加熱，直到鍋中只剩一半湯汁。如果想要更濃郁的調味醬，就再加些奶油。

6 淡菜可以原樣食用，也可以將一面貝殼去掉，只留一面貝殼裝盤。另外，也可以烘烤，但須注意不要烤過頭。

烘烤淡菜和蛤

將材料加熱至貝殼張開，去掉上面的半邊殼。剩下的一面殼朝下，平放在烤盤上烘烤。淋上混有大蒜和巴西里葉的融化奶油。灑上新鮮的麵包粉。再灑一些融化的奶油，直到奶油變成金黃色，有氣泡鼓起來。

使雙殼類張口

打開蛤和竹蟶

開蛤和竹蟶最好的方法是蒸。就像處理淡菜一樣。但如果打算像吃牡蠣那樣生吃扇貝，就不能用這種方法。

1 用一張乾淨的餐巾保護手，將蛤拿在手中，下面放一個碗，用來接住流下來的汁液。

2 將一把刀尖鋒利的小刀插入蛤的兩片貝殼之間，向外轉動刀柄，迫使貝殼張開。

3 切斷連接兩片貝殼的肌肉，用小湯匙舀出黏在貝殼底部的肉，再丟棄空殼。

海員淡菜

材料（份量：約4人份）

材料	份量
淡菜	2公斤
洋蔥	1個
青蔥	2段
奶油	25公克
月桂葉	1片
巴西里葉	30ml
新鮮百里香	1小撮
白葡萄酒	300ml

1 將洋蔥切塊、青蔥切段，放在大燉鍋中，加入奶油，低溫加熱至呈半透明狀。

2 加入白葡萄酒、月桂葉和新鮮百里香，煮沸後加入2公斤洗淨的淡菜，蓋上鍋蓋，大火加熱2分鐘後，用力晃動鍋子，然後再加熱2分鐘。再晃動，再蒸，直至所有淡菜都開口。將未開口的淡菜挑起扔掉。

3 拌入巴西里葉，裝盤上桌。

用微波爐打開小顆的蛤

1 外殼較薄的軟體動物，像小顆的蛤，可以用微波爐來打開貝殼。將材料放在大碗中，大火加熱2分鐘。

2 將張開口的蛤取出來，重複這一步驟，直到所有蛤貝殼都張開。但不要用這種方法打開蛤蠣、牡蠣或扇貝，因為厚實的外殼會吸收熱量，貝殼還沒張開，裡面的肉就已經熟了。

料理扇貝

在爐子上加熱扇貝

打開扇貝最簡單的方法是，將扇貝平放在烤盤上，將烤盤放在已預熱到160℃的爐子上烘烤一下，等貝殼張開，剩下的工作便可輕易徒手完成。

1 將扇貝平放在燒烤盤上加熱，直到貝殼開口，把扇貝從爐子上取下。

2 用餐巾包住扇貝，平的一面向上。取一把長而靈巧的刀子，將刀刃深入扇貝內，切斷拉住兩片貝殼的肌肉。這樣就能輕易分開貝殼了。

3 將上面的貝殼去掉，拉出黑色的沙囊和黃色帶皺褶的薄膜扔掉並清洗。

4 將白色的扇貝肉和底部橘黃色的部份取出來，用自來水簡單沖洗。把連在肉上的白色韌帶取下來扔掉。

料理扇貝

扇貝肉非常細緻，幾乎不需要料理。扇貝一旦過熟，就會失去味道，變成一塊橡膠。小扇貝只需加熱幾秒鐘，大扇貝需要1～2分鐘。

扇貝可以煎、蒸、煮、烤還有焗。不過，烘烤也會使扇貝味道鮮美。烘烤之前，在扇貝肉外面裹一片火腿或燻肉。既可以保護扇貝細緻的肉質，又可以增添扇貝額外的美味。

料理牡蠣

打開牡蠣

想要成功打開牡蠣的外殼，就一定要準備好一把專用的牡蠣刀。如果沒有，就使用一把刀刃短而鈍的刀。

1 以自來水把牡蠣的外殼沖洗乾淨。拿乾淨的餐巾墊著，一隻手抓住牡蠣，凹面向下。連接貝殼的短邊朝向自己。

2 將刀尖插入連接處旁的缺口，轉動刀子，撬開貝殼，直到連接斷開，並打開貝殼。

3 順著貝殼內部邊緣滑動刀子，切斷牡蠣連接外殼的肌肉。取下上面的貝殼，將牡蠣肉和汁液留在下面的貝殼裡。

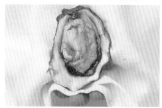

料理牡蠣

牡蠣最好生吃，可以加入一點檸檬汁，或者沾一點塔巴斯科辣椒醬。如果想要將牡蠣煮熟，簡單料理即可。煮或蒸1～2分鐘，搭配白葡萄酒醬汁；也可像料理淡菜和蛤那樣烘烤，裹上燕麥片炸，或者與肉、魚或貝類搭配製作成餡餅和砂鍋菜。

【腹足綱】

玉黍螺、蛾螺、鮑魚

小型的腹足綱動物，像玉黍螺、蛾螺和帽貝，只需用自來水沖洗一下就可以了，煮好之後再用叉子將肉從殼裡挑出來，如果是玉黍螺（在美國十分少見），可以使用裁縫別針。大的腹足綱動物，如鮑魚（以及鮑魚的遠親鮑）和蛾螺，必須將肉從殼中取出，用力敲打使肉質變嫩。在一些魚市場，尤其是加州，有加工好的鮑魚切成薄片販賣。

料理鮑魚和鮑

作鮑魚的流派有兩種，一種宣稱最好的製作方法是先將新鮮的材料浸泡，然後簡單地用奶油料理，另一種宣稱如果鮑魚確實十分新鮮，就要長時間慢慢地烹飪。這兩種方法都很好，但一定要保證鮑魚在料理之前已經徹底地軟化過了。

料理玉黍螺和蛾螺

這些可口貝類的理想料理方式是以海水料理，所以，如果是你自己捕撈的，記得帶回一桶海水。如果沒有海水，就用濃鹽水代替。在鍋中煮沸，將材料放入鍋中，玉黍螺加熱5分鐘，蛾螺加熱10分鐘。

為了檢查有否煮熟，可用叉子或裁縫別針將肉從殼中挑出來。煮熟的肉可以順利拉出，如果沒有熟就再加熱一會，但不要煮過頭，不然玉黍螺肉會變脆，蛾螺肉會變粗。

【頭足綱】

章魚、槍烏賊、烏賊

購買

地中海地區的漁民會將捕獲的新鮮章魚往石頭上摔打，以使肉質軟化。據說要想獲得美味的章魚，需要摔打至少100次。好消息是，體積較大的章魚在販賣時就已經處理好了，替我們省去不少麻煩。小章魚和烏賊的處理方法基本上相同，肉質堅韌，在料理之前需要用小木槌用力敲打。多數水產供應商和市場所販賣的槍烏賊都是處理好的，但烏賊通常都是整隻販賣。這些都很容易清理，處理方式也大致相同。購買新鮮的槍烏賊時，要挑選聞起來新鮮，帶有鹹味，色澤鮮亮，表面光滑的槍烏賊。不要挑選表皮破損，或墨囊洩露的槍烏賊。儲存的方法與魚類相同。

數量

章魚或烏賊的量取決於料理種類。通常1公斤章魚、槍烏賊或烏賊足夠招待6個人。

處理章魚

1 切下章魚的腕足，去掉眼睛和喙。將連接身體和腕足的頭部切下來扔掉。把身體內部翻出來，去掉內臟。

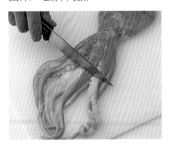

2 用木槌敲打章魚的身體和腕足，直到肉質變嫩，接著在沸水中煮至少1小時，或是至肉質變軟。上菜時配上調味醬。

紅酒焗小章魚

小章魚肉質鮮嫩味美，尤其是用紅酒和奧勒岡葉混合的湯來料理。不像大章魚，小章魚在料理之前不需要軟化。

材料（份量：約4人份）

小章魚	900公克
切片洋蔥	450公克
月桂葉	2片
碾碎大蒜頭	4瓣
去皮切片番茄	450公克
茴香葉	適量
巴西里葉	適量
奧勒岡葉	適量
鹽與胡椒粉	1大匙
紅酒	適量
橄欖油	4大匙

1 剁碎新鮮奧勒岡葉和巴西里葉，並加入鹽和黑胡椒粉。

2 將章魚放在加入紅酒的燉鍋中煨製，洋蔥放1/4入鍋，加入月桂葉，慢燉1小時。

3 撈出章魚，切成方便食用的小塊。頭部不要。在鍋中加熱橄欖油，把剩下的洋蔥和大蒜頭放入鍋中，翻炒3分鐘。

4 加入蕃茄和茴香調味，與小章魚一起攪拌5分鐘直至肉質變軟，蓋上鍋蓋，煮大約1個半小時。

處理槍烏賊

1 用自來水將槍烏賊徹底清洗乾淨。用力抓緊槍烏賊身體，以另一隻手抓緊腕足的根部，慢慢地將頭部拉出身體，黃色的內臟也會隨之掉出。

2 將腕足從頭部切下來，留下腕足，去掉腕足中間的喙。

3 將墨囊取出，扔掉頭部。

4 把槍烏賊表面灰紫色的薄膜撕下來。

5 將軟骨從身體內抽出來，用自來水沖洗乾淨。

6 最後，將槍烏賊的身體、側翼和腕足切成所需的大小。

料理槍烏賊

通常將槍烏賊切成圓圈狀油炸。也可以燉、填餡烘烤，或切片翻炒。

1 翻炒槍烏賊須將槍烏賊身體從頭向下切開，將內部翻到外面其平攤，用刀在裡面輕輕劃出菱形圖案。

2 再將槍烏賊切成長條，翻炒時，槍烏賊肉會蜷曲。

處理烏賊

將腕足切下來，體內的喙取出。順著身體可以看到黑色的烏賊骨。順著這條線切開，取出烏賊骨。其他處理方法和槍烏賊相同，烏賊的身體可以整個保留下來。

槍烏賊墨汁

墨汁的味道很好，可以用來製作義大利麵和義大利調味飯上色，也可以作調味醬。將墨囊取出，放入小碗中。用小刀刺破墨囊，使裡面黏稠的顆粒狀墨汁流出。用水稀釋攪拌至墨汁變柔滑。即可食用，也可以冷凍備用。章魚體內也有墨汁，儲存在章魚的肝臟，味道濃郁。和槍烏賊墨汁一樣，使用前要先進行稀釋。

海膽

可食用的海膽有很多種。在法國，海膽非常受歡迎，通常可生吃，或在鹽水中稍加料理，就像煮雞蛋一樣。頂端用刀切去，以麵包條沾取中間新鮮的肉來吃。

魚貝的種類

可食用的海水魚和淡水魚種類不計其數，
新鮮的味道，多種用途以及豐富的營養，
都是廚師們鍾愛它們的原因。
味道鮮美的貝類每一種都別具滋味，
總能帶來濃烈且美味的海洋氣息。
從前，受限於地形，我們僅能取用在地水域中的魚類和貝類。
現在，由於交通運輸的發展，
一個全新的世界已展現在廚師們的面前。
本篇將引你進入各式魚貝的奇幻世界，
帶你做出絕頂美味的魚貝料理！

海水魚

海水魚主要分為兩種——梭形魚和扁平魚。生活在海底或海底附近的魚被稱為底棲魚，例如比目魚。它們大部份時間都待在海底，很少游動，因此有著柔嫩鮮美、彈性較低的白肉。「白魚」體內營養豐富的魚油，都集中在肝臟。

而在「多油魚」的身上，魚油遍布全身。含油的魚往往會成群結隊在海面附近游動，所以也被稱作浮游魚。

【白梭形魚】

海鱸和石斑魚科

這個龐大的魚類科被稱作鱸形目。它們和鱸魚有一些共性。都有帶刺的鰭，V字形的尾巴和張得很開的胸鰭，每個腹鰭上都有一根鰭刺。

鱸形目裡的各種魚，通常生活在印度洋、太平洋和加勒比海。也可以在地中海和大西洋水域找到它們。

日本花鱸

▶海鱸

日本花鱸（sea bass）是所有魚類中最優良的品種之一，不僅好吃，也長得相當討喜。像鮭魚一樣，日本花鱸有著優美的身形，美麗的銀白色軀體，背部顏色深暗，腹部呈白色，可以長到90公分長，重達7公斤。但是它們的平均重量是1～3公斤。

產地

日本花鱸是貪婪的掠奪者。它們成群生活在靠近大不列顛和地中海的岩石海岸。在鹹水湖和大的河港處也能找到它們。人們可以用攔魚柵或拖網捕捉，但最好的方法是垂釣，視需求而定。野生魚的價格使人望之卻步，但它們已被成功養殖，在地中海遍布著日本花鱸的養殖場。

別名

日本花鱸的法文是bar；但由於它們兇猛的性格，也被稱為狼鱸。義大利叫spigola或branzino；西班牙叫lubina。

購買

日本花鱸全年都能買到，以全魚或魚片的形式出售。在產卵前的春季和初夏，是食用日本花鱸的最佳時節。而垂釣上來的野生日本花鱸的肉質和味道皆屬上等，人工養殖味道就差強人意，不過價格低廉。買時要挑鱗色鮮亮，泛著銀光，魚眼明亮的魚。一道菜大約需要200公克的魚肉。

料理

日本花鱸身上的小刺很少，料理時，細膩結實的魚肉可保持完好的形狀，是味道鮮美、用途多種的魚。幾乎所有料理方法均適用，烤、烘、燉、煮、煎、炒、放在海藻或海蘆筍上蒸都可以。一整條蒸熟的日本花鱸去皮，冷卻後加上蛋黃醬，就能成為一道最佳的宴會用菜。

白煮日本花鱸上菜時可搭配適量的沾醬，如奶油白醬、新鮮番茄醬或亞洲芝麻醬等。一道經典的法國「茴香烤鱸魚」（bar au fenouil）就是將日本花鱸放在茴香嫩枝搭成的烤架上並淋上佩諾茴香酒進行燒烤。

日本花鱸在東方極為珍貴。中國人在料理日本花鱸時，通常會加入生薑和蔥；而

日本人則會把它們切成薄片作生魚片食用。

備選

在味道上很少有魚能和日本花鱸媲美。但是大部份食譜上推薦的美味魚種多為灰鰡魚、胭脂魚、石斑魚和海魴。

▲海鱸肉

日本花鱸去鱗

日本花鱸的魚皮是絕佳的食材，經焗燒或以平底鍋煎後變得香脆可口。它有非常硬的鱗，在料理之前必須把鱗片刮掉。可請魚販幫忙去鱗，或按照魚的選購及處理章節裡的介紹來做。

其他品種

大口黑鱸 大口黑鱸（black bass）的拉丁名dicentrus punctatus，是由它背上和側面的小黑點而來。它們主要生活在南地中海，和日本花鱸十分相像。而條紋鱸和黑鱸，則來自北美和南部的海域。它們雖然都是品種優良的魚，但味道遠不及日本花鱸。

石鱸 石鱸（stone bass），又稱多鋸鱸（wreckfish），這種相貌醜陋的魚是日本花鱸居住在大西洋深處海域的親戚，經常在海底沈船的殘骸裡出沒。這是它別名「深處的鱸魚」（cernia di fondale）的由來。同時，這也是讓人很難捕到它們的原因——只有在深500英呎的地方才能釣到它

們，所以在商店和市場裡很少見到這種魚。它們有深暗色的皮膚和巨大、多骨的鰭。尾部末端是直的，不像其他種類的鱸魚尾巴呈V字型。市售的石鱸多為去骨魚片或魚塊，它們的料理方法和白魚相同。

九帶鮨 在石斑魚科中，個頭較小的成員都有紅色或褐色的皮膚，背上帶有寬的垂直斑紋，如九帶鮨（Comber）。「鮨」這個名稱的由來，是因其斑紋酷似塗鴉而得來。九帶鮨的肉質美味結實。全魚可以煮、蒸、燉或烤。去骨的魚片或魚塊可以焗燒，用平底鍋煎或是蒸。

海鯛科

海鯛科（The sea bream family）約有200個品種，有些算是稀有種類，因為它們是草食動物，有著瘦長結實的身體和略短平且往上翹的頭部。

產地

海鯛生活在暖和的溫帶水域沿岸，包括大西洋，北至比斯開灣。

金頭鯛

金頭鯛（gilt-head bream）這種漂亮的魚，被認為是所有海鯛中最好的魚種。它的鱗片呈銀白色，雙頰各有一金色斑點，頭部中間還有一金色的月牙形斑紋，因而得名。它厚實多汁的肉千百年來一直被高度讚譽，古希臘和羅馬人還將它視為盛宴用魚，並用它來供奉阿芙蘿黛蒂——掌管愛的女神。特別的是，金頭鯛是雌雄同體——幼年期是雄性，成熟之後變為雌性。

別名

金頭鯛又稱為皇鯛。有時候英語名稱會與法語名稱相同，叫daurade（也拼作dorade）。義大利名為orata，西班牙名為dorada。

購買

金頭鯛可以長到60公分長，重達3公斤。有整條出售，也有去骨後以魚片的方式出售。由於它身上的多數部位都不能食用，是故計算後單價高昂。但金頭鯛在地中海已成功由人工養殖，這也使它的價格不再那麼昂貴。新鮮的金頭鯛，鱗片必須是明亮發光的。

料理

鯛身上都有許多寬鱗片，料理前務必刮乾淨，不然吃魚時會極為艱澀。鯛可以像海鱸

▶ 由上至下為
金頭鯛、紅鯛、
黑鯛

或鰈魚一樣——焗燒、烤、煮、放在海藻上蒸或是用文火燉。整條魚在烤或焗燒之前必須在魚身兩側劃出刀痕，以確保料理時受熱均勻，因為它厚實的肉層會使辣味或香味難以入味。有道經典的法國菜「焗燒金頭鯛」（dorade rôtie），就是在魚身包裹條狀豬油或臘肉和鯷魚片，再用蠟紙包起來焗燒。鯛魚片可以用平底鍋煎、烤或焗燒。非常新鮮的魚可以做生魚片食用。

紅鯛

玫瑰紅色的紅鯛（red bream），兩側胸鰭上方各有一個明顯的黑色斑點，能長到50公分大，通常以去骨魚片的形式販售。紅鯛生活在北歐的水域，冬天會游到南方產卵，活動範圍多在海底，以甲殼類動物和軟體動物為食，這使得其肉質鮮美。紅鯛在西班牙和葡萄牙很受歡迎。

別名

紅鯛在幼年期時，背部會有藍色的小斑點，故常被稱作藍點斑。在法國，紅鯛有個平凡的名字——dorade commune（普通鯛）；在義大利，紅鯛叫作pagro、pagello或occhialone，即大眼睛的意思。西班牙叫besugo。

料理

極度新鮮的紅鯛可以作生魚片食用。全魚或去骨的魚片必須跟料理笛鯛、鱸魚和胭脂魚的方法一樣，以熟食為主。

黑鯛

黑鯛（black bream）這種大型的鯛有時能在北海發現。事實上它是深灰色的，從頭到尾遍布美麗的金色條紋。與金頭鯛不同，它是雌雄異體單配性。但它與金頭鯛一樣容易料理，烘、焗燒、煮、烤或放在海藻上蒸均可，味道和肉質與金頭鯛相似，但不如後者。

瑞氏鯛

瑞氏鯛（Ray's bream）體型龐大，生活在海底100公尺，甚至更深的地方。夏天時它們會游到海面上，有時會造成悲劇性的結果——如17世紀時，大批瑞氏鯛被約翰·瑞（John Ray）發現擱淺在大不列顛的海岸上，因此得名。瑞氏鯛是灰褐色的，肉質結實，味道鮮美，料理方式與其他鯛相同。

齒鯛

齒鯛（dentex）是海鯛的親戚，在地中海國家很受歡迎，東大西洋較小的區域內也能看到它們。它們的顏色會隨著年齡改變；幼年期齒鯛會由灰色漸變成粉紅色，再變成漂亮的鐵青色，並帶有發亮的黑斑點。

別名

法語叫dente，義大利語叫dentice，西班牙叫denton。

料理

齒鯛雖可長到1公尺長，但是最佳的食用期是30公分左右。可烤全魚或加香草一起焗燒。大魚則要切塊再烤或煎。

真鯛

玫瑰色的真鯛（porgy）是鱸魚在北美的親戚，在非洲大西洋沿岸還發現了它們的變異品種。真鯛可長到75公分長。任何一種料理方法都可用來處理鯛魚全魚或魚排，例如焗燒、烤、煮、蒸或炙。

稀有品種

在鯛的眾多品種中，有些可由其名推其形，如下幾種。

雙帶鯛 雙帶鯛（two-banded bream）的頭和尾，都有2根明顯垂直的黑色帶狀紋。

環鯛／鞍斑鯛 環鯛（annular bream）和鞍斑鯛（saddled bream）是鯛科中最小的魚，尾部有個深色圓環。

羊頭原鯛 羊頭原鯛

（sheepshead bream）的嘴巴向上翻起，如羊嘴。

品種較小的鯛，如環鯛、鞍斑鯛，適合做湯。義大利托斯卡尼有一道名為sarago e parago的經典菜餚，就是將兩種不同的小鯛去骨，並在魚肚裡填上火腿肉和迷迭香，放在木炭上炙烤而成。

鱈魚科

鱈魚科（the cod family）包括了黑線鱈、無鬚鱈、鱈、牙鱈以及許多相關種類的白肉魚。它們大部份來自大西洋，也有來自北方寒冷水域。但是無鬚鱈來自較暖的地中海且在西班牙和葡萄牙很受歡迎。

鱈魚

鱈魚（cod）是一種瘦長有著魚雷般身軀的魚，皮膚上點綴著鮮明的黃褐色斑紋，腹部白色。鱈魚頭很大，嘴巴短平且上翹，上頜突出，頜的兩邊長有觸鬚，是海底覓食時的感覺器官。它們能活20年以上，長到6公尺長，重達50公斤。但這種實例很少見，大部份因商業目的捕撈上來的鱈魚重量大約在3～8公斤之間。

產地

鱈魚喜歡生活在鹽度高的冷水裡。它們在靠近水面的孵化量很大（一條雌鱈魚每次產卵能多達5百萬顆），孵出後

由於重力會沈到海底。以甲殼動物、軟體動物和蠕蟲為食。大的鱈魚也吃小魚。多年來，鱈魚數量多得甚至被認為是低檔魚，只適合和馬鈴薯片一塊油炸或塗上白醬。它鮮美多汁，呈薄片狀的白肉往往不是被煮爛，就是變乾了。如今，過度捕撈使得鱈魚量銳減，價錢相對也增值不少。正如法國名廚奧古斯特・埃斯科菲耶（Auguste Escoffier）在19世紀所預言的：「如果鱈魚變得稀有，它的身價將和鮭魚（鮭魚在當時被看作是魚中之王）一樣高」、「因品質上等的新鮮鱈魚肉柔嫩鮮美，使它躋身優質魚的行列」。

別名

在法國，新鮮鱈魚叫cabillaud，義大利叫作merluzzo，西班牙叫作bacalao（也叫鹹鱈魚）。

購買

捕撈鱈魚最普遍的方法是拖網或張網捕，也可以垂釣。前兩種方法會損傷柔嫩的魚，可能的話盡量購買優質的垂釣鱈魚。買整條小型鱈魚或幼鱈魚時，要挑皮膚明亮有光澤的。鱈魚有很多部位不能食用，所以價格昂貴，因此通常以魚塊或去骨魚片的形式販售。肩狀突出部位的魚塊味道最好。盡量買從肩部或魚身中

▲鱈魚片和魚塊

間切下來的厚魚肉片，而且查看看肉色是否雪白，千萬不要買有變色斑點的鱈魚肉。魚越新鮮肉越結實，呈薄片狀。

料理

鱈魚的肉質容易維持，所以多數料理方式皆可，但最重要是不要煮過頭。由於魚肉厚實，所以需要很多濃烈、辛辣的佐料才能入味。全魚可放入魚湯料理煮，冷卻後配上蛋黃醬、綠醬和塔塔醬即可上菜。也可焗、烤或以白酒燉煮。

大部份的料理方式對鱈魚片和魚塊都適用，但不能烤，會損壞鱈魚呈薄片狀的肉質。也可以煮、蒸、放在蕃茄醬裡燉或在上面灑上一層麵包皮和香草屑後焗燒，灑上麵粉後煎或塗上麵糊炸也很美味。咖哩鱈魚是料理的絕佳選項，另一道經典的英國菜，則是鱈魚煮巴西里葉醬。

新鮮或煙燻的鱈魚片可做魚餅、魚丸子、餡餅、沙拉和慕斯，鱈魚可以醃製或風乾，魚卵煙燻後常被用來製作魚子沙拉（taramasalata）。凍鱈

▼鱈魚

▲黑線鱈

魚一般在海上就已經冷凍，以保持它的新鮮和原味，但是味道遠不及新鮮鱈魚。市面上可見以鱈魚排、魚片、魚塊或全魚等各種形式販售的鱈魚。鱈魚油產自它的肝臟，口味不佳，但對身體很好。

備選

任何肉質結實的白肉魚都可成為鱈魚的備選，包括扁平魚如鰈、大比目魚和鱗魨。

綠青鱈

綠青鱈（coley）被看作是鱈魚的窮親戚，只適合當貓食。它灰灰的肉不好看，所以價格低廉。身形細長下頜突出沒有觸鬚。背上深灰延伸到兩側變淡成斑駁的黃色，腹部幾乎是白色。綠青鱈一般重達5～10公斤，但也有體型更小的。

產地

綠青鱈通常一大群一起生活在海底和接近海面的地方。喜歡冷且鹽度高的水域，是一群貪婪的食肉動物，以鯡魚為食。甚至有同類相食的傾向。

別名

綠青鱈也叫saithe，小心勿與黑鱈（black cod）、狹鱈（pollock）及青鱈（pollack）混淆。在法國，綠青鱈叫作lieu noir，在義大利叫作merluzzo nero，而在西班牙語中，它叫作abadejo。

購買

綠青鱈有時以整條出售，重達1～4公斤。通常是以魚排、魚餅和去骨魚片出售。它們灰灰的肉在煮的過程中會變白。摸起來很堅實。挑綠青鱈時，一定要非常新鮮才購買，不新鮮者肉質毫無彈性、口感不佳。

料理

綠青鱈的肉質和味道都不如鱈魚。但在灰色的肉上擦些檸檬汁，肉會變白，也可以在魚身上塗一層麵糊掩蓋灰色，或做成魚肉餡餅、魚肉砂鍋或魚肉蛋糕。它不容易入味，可烘、焙、烤或煎。燻製綠青鱈味道很不錯，但市面上少見。

備選

黑線鱈、鱈魚或任何結實白肉魚都可以替代綠青鱈。

黑線鱈

黑線鱈（haddock）通常長得比鱈魚小，可長到1公尺，重達1～2公斤。它們棕灰色的皮膚上有一條水平的黑線，胸鰭上有一個黑色斑點（據說是聖彼得的拇指印）。它們的眼睛大而突起，生活在海底附近，喜歡鹽分高的水域。黑線鱈經常被認為是可以和鱈魚相互替代的魚，而且它的肉更鮮、更軟，較不易脫落。

產地

黑線鱈成群生活在歐洲冰冷的北海和北美的海底，以軟體動物、蠕蟲和其他小魚為食。喜於最冷、最鹹的水域產卵，如挪威和法羅群島沿岸。

▼黑線鱈魚片

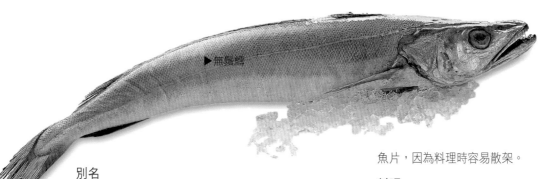

▶無鬚鱈

別名

在北美，黑線鱈幼魚和鱈魚被稱作幼鱈魚。在法國，根據拉丁名，這種魚被命名為「aiglefin」；但令人不解的是，法語裡煙燻黑線鱈的拼法，和英語裡黑線鱈的拼法相同。黑線鱈在義大利名為「asinello」；西班牙文則是「eglefino」。

購買

黑線鱈的最佳食用期是冬季和早春，寒冷使它的肉變得堅實。你或許能在魚販那裡看到整條小黑線鱈（重450公克～2公斤），但多數都以去骨魚片形式出售。購買前可以戳一下魚肉，看看結不結實。

料理

新鮮的黑線鱈有多種料理方法，多數鱈魚的料理方法都相同。料理全魚時，不要去魚皮，這樣能使它柔嫩的魚肉保持相連。黑線鱈也適合深煎。特別是當新鮮的魚和等量的燻製魚混合在一起時，可以做成美味的炸魚，也能做成鮮美的魚滷麵條和魚肉餡餅。

無鬚鱈

無鬚鱈（hake）是鱈魚科中最優雅的成員，細長苗條的身上有兩個帶刺的背鰭，眼睛鼓鼓的，下頜突出沒有觸鬚，頭部和背部都是深青灰色，腹部銀白色。嘴巴和鰓是黑色。成年的無鬚鱈可以長到1公尺長，但平均長度是20～50公分。

產地

無鬚鱈大部份生活在溫帶和寒冷水域。白天它們待在海底。晚上游到海面捕食含油的魚，比如緋魚、鯖魚和黍緋。

別名

在法語裡有好幾個名字，merlu、colin和merluchon（小且未熟的魚）。西班牙叫merluza，義大利叫nasello。在北美多稱為鱈或牙鱈，雖然它遠比歐洲牙鱈品種優良。

購買

由於過度捕撈，無鬚鱈已變得稀有且昂貴。可以用拖網捕撈無鬚鱈或是用長線垂釣。盡量買垂釣上來的魚，肉質更好。無鬚鱈必須十分新鮮，不然它的肉會鬆弛。它的肉帶粉色，摸起來柔軟，但絕不是鬆弛。買全魚時要挑魚眼明亮，帶有海洋氣息的。在計算份量時，別忘了整條魚有近半是要扔掉的。魚頭不能扔，用它放進湯裡或做成原汁魚湯味道尤其鮮美。無鬚鱈一般以魚餅或魚排方式出售。靠近頭部的切片味道最好。它的魚刺很少，容易去除。盡量避免買去骨的魚片，因為料理時容易散架。

料理

整條無鬚鱈可以煮、焙或放在白酒、檸檬汁和新鮮香草亦或蕃茄醬裡用文火燉。和所有的魚一樣，千萬不能煮過頭。魚排可以烤，或裹上蛋和麵包粉後炸或用橄欖油加大蒜煎。也可以一層魚片一層馬鈴薯與洋蔥或蕃茄與起司，這樣分幾層疊疊好後做成焗烤（au gratin）。清淡的奶油醬和續隨子花醬，搭配無鬚鱈魚片很美味；貝類如淡菜和蛤，都是烹飪無鬚鱈很好的配料。一道西班牙開胃小菜，就是以冷辣滷汁醃製無鬚鱈做成。

備選

任何一種黑線鱈和鱈魚都能用來替代無鬚鱈。其他如北美的銀無鬚鱈個頭小，身體呈流線型，十分鮮美可口。在較暖的南美和南非水域也有無鬚鱈，但味道都不如北方的好。

舒鱈

舒鱈（ling）細長、青褐色的身上有一銀色的橫條紋。無鱗，下頜無鬚。它是鱈魚中個頭最大的，長達1.8公尺。

產地

普遍生活在大西洋，靠近岩石處。以圓和扁的魚、小章魚和甲殼動物為食。在地中海有個頭較小的同類。

▲ 舒鱈

洲扁鯊和康吉鰻來替代。

別名

地中海的舒鱈也被稱為藍鱈，它們的眼睛比普通舒鱈大，觸鬚比普通舒鱈短。由於它們的味道極鮮美，因此相當珍貴。舒鱈在法語中稱作lingue、義大利稱作molva occhiona，西班牙則叫作maruca。莖羽鼬鯙可在澳洲捕獲。在斯堪地那維亞國家裡，人們將魚醃製風乾做成鹹漬魚（lutfisk）或鹹鱈魚乾（klipfisk）出售。

購買

垂釣舒鱈品質最佳。你或許在魚販那兒看過整條的小舒鱈，但它通常是被去骨後以魚片出售，或中間部份以輪切切片出售。舒鱈幾乎全年皆有販售，除了盛夏。

料理

舒鱈肉質結實鮮美，可作為澳洲扁鯊的備選。全魚可以焙、烤或做成砂鍋、魚湯和咖哩魚。去骨的魚片和魚排可以烤或用平底鍋煎，上菜時配上有特色風味的醬即可。

備選

鱈魚科中的任何成員都能成為它的備選，甚至可以用澳

青鱈

青鱈這種引人注目的魚，背部是鐵灰色，黃綠色的身上有一條橫向的曲線。它們的下頜突出沒有觸鬚。青鱈比鱈魚個頭小，生長的長度不超過1公尺。

產地

青鱈以成群生活在海面附近以黍鯡和鯡魚，或海底附近的深海蝦和玉筋魚為食。

別名

青鱈的法語名lieu jaune係由它身上的黃色而來；義大利語稱作merluzzo giallo，西班牙語則叫作abadejo。

購買

秋冬是青鱈最佳食用期。通常以去骨魚片、魚塊或魚排出售。如果你想買全魚，可以找品質上等的垂釣魚。

料理

青鱈的肉比較乾燥，味道也不如鱈魚醇厚，所以它得依賴含有奶油、口味濃郁的醬料提味。適合做成餡餅和魚湯，也可烘、焙、烤，深煎或嫩煎。適合鱈魚、黑線鱈、無鬚鱈和舒鱈的各種料理方法也都適合它。

條鱈

條鱈（pouting）的名字不甚好聽，是牙鱈（北美稱無鬚鱈為牙鱈）的窮親戚，經常和牙鱈在同一個網裡被捕獲。它們的體型較小，約25公分長，淡褐色的皮膚薄如紙。

別名

又稱為大頭魚，法國叫tacaud、義大利叫merluzzo francese，西班牙叫faneca。

購買

條鱈極容易變質，所以要趁新鮮吃。如果超過了它的最

▶ 條鱈

佳食用時間，你的鼻子馬上就能聞出來。可以的話，請魚販把它去骨成魚片，然後盡快拿去料理。

料理

料理方式同牙鱈。

牙鱈

牙鱈（whiting）外表和黑線鱈相似，個頭較小，通常在30～40公分左右。皮膚青灰，腹部銀白，胸鰭根部有一黑色斑點。頭尖，上頜突出無鬚。

產地

從冰島到西班牙北部，牙鱈在大西洋裡到處都有。以甲殼動物和小魚如玉筋魚、鯡魚為食。常出沒於岩石海岸。

別名

舊名為merling，法語叫merlan、義大利語叫merlano、西班牙語叫作merlan。

購買

牙鱈全年盛產，肉質鬆軟、味道無什特別，價格低廉。然而，真正新鮮的牙鱈，卻是絕對值得購買的。挑選全魚時，必須注意魚身是否閃爍著亮光，魚片則要選擇顏色呈現珍珠白，摸起來柔軟緊緻者。不新鮮的牙鱈肉質無彈性、口感不佳，所以務必購買新鮮的漁貨。牙鱈體型較小，一道菜需要兩條。你可能會發現，由背部去骨後，兩條牙鱈可以連接在一起。

料理

牙鱈肉質容易煮爛，是

▶牙鱈

做湯的好材料，做出來的湯柔滑如絲；此外，它也是魚丸、魚凍的好材料。牙鱈的料理方法很多，可裹上麵包粉或麵糊煎、烤、放在白酒或湯料裡用文火煮，上菜時佐以檸檬醬或其他風味醬。不論那一種方法都必須確保牙鱈已入味。

備選

鮃魚、鰨魚，或鱈魚科的任何一位成員都可以代替。

▶魴鮄

魴鮄科

魴鮄科（The Gurnard family）生得古怪，彷彿是由史前世紀穿越而來。圓柱形的身體，高而堅硬的頭上有一張寬寬的嘴巴。這種魚其中一個奇怪的地方，是胸鰭上最底部有三根鰭刺，它們分叉呈手指狀，為海底探測用。另一個奇怪之處，是魚鰾裡會發出呼嚕

聲──究竟它們為何如此？此謎團目前尚未解開。

魴鮄的重量在100公克～2公斤之間，依顏色不同可以分好幾個種類。它們斜條紋的白肉質地結實無味，但富含碘、磷和蛋白質。

產地

大西洋和地中海都是魴鮄的產地。它們生活在海底或海底附近，會利用額上的「手指」來尋找生活在沈澱物中的螃蟹、蝦和小魚。

別名

英語別名為gurnet，也被稱作海底鶇。法語所稱的grodjin，是它們所發出的呼嚕聲諧音。義大利語中，魴鮄被稱作capone，是大頭的意思；而西班牙語則稱為rubios。

購買

斑鰭魴鮄刺多，味道平常，價格低廉。它們通常以全魚出售──魚販會先把鰭刺和魚皮去除。需要留心的是，在法國，經常有以紅魴鮄冒充胭脂魚的情事，但後者品質遠比前者上等。

▶鮋

料理

體型較小的魴鮄可作湯料，或煨煮成原汁魚湯。體型較大的魴鮄，則可置於蔬菜上，澆上少許白酒，然後烤或焗燒。食用全魚時，須小心它的刺很多。去骨後的魚片可以裹上麵包粉煎、蒸，搭配地中海醬料上菜。

備選

可以紅或灰鯔魚來代替魴鮄，味道通常會更好。

灰魴鮄

灰魴鮄（grey gurnard）為真魴鮄屬（eurtigla），背部呈灰褐色，腹部呈銀白色，最長到45公分。側邊都是魚鱗，料理前必須去鱗。

紅魴鮄

紅魴鮄（red gurnard）是魴鮄科裡最受歡迎的一種。它的魚身呈粉紅色，骨質甲一直長到身體側邊，使背部呈現縱向的條紋。紅魴鮄的味道是魴鮄裡最好的，有時可作為胭脂魚的備選。

斑鰭魴鮄

斑鰭魴鮄（tub gurnard）呈橙褐色，是大型魴鮄，身上長著鮮亮的橙色胸鰭。它們是游泳能手，可躍出水面至離海平面較高的空中，因而得別名「飛魴鮄」。

鮋魚科

鮋魚科（scorpion fish family）和魴鮄一樣，有著巨大的頭和堅硬的頰。在它巨大且鱗片覆蓋的頭上，鬆垮的皮膚堆疊在雙眼上方及中間。它的背鰭是由大毒刺所組成。體型較小的棕色鮋，比大型的鮋更美味。

產地

地中海和北非沿岸，也可在英吉利海峽至塞內加爾大西洋水域裡發現它的蹤跡。

別名

在法語裡，鮋叫作「rascasse」（法國南部稱它為chapon）。義大利人叫它scorfano，西班牙則稱之為cabracho或rascacio。

購買

通常以全魚出售，購買時必須考慮須去除的部份。2公斤魚肉，大約可供4人食用。

料理

鮋魚料理中，最有名的就是濃味燉魚的精華。全魚可以放上茴香一起烘烤，去骨後的鮋魚片可製成烤魚料理（à l'Antillaise），或和蕃茄、馬鈴薯、紅辣椒一起烤。

備選

澳洲扁鯊、笛鯛、海魴或魴鮄都可以代替鮋魚。

鯔魚科

在溫、熱帶海域生活的鯔魚科（the mullet family）多達上百種，主要分為灰鯔魚類和紅鯔魚類。這兩類鯔魚並無關聯，從外形到味道都大不同。

灰鯔魚

灰鯔魚（grey mullet）在全世界均可見得。這些漂亮的銀白色魚群和鱸魚很像，但鱗片比鱸魚大，嘴巴比鱸魚小，適合吃海藻和浮游生物。因生活在泥濘海底附近，聞起來、吃起來偶爾有泥土味。品質好的灰鯔魚肉帶斜紋且柔軟，呈米白色，味道十分可口。

▲斑鰭魴鮄

產地

在全世界的沿海水域和港灣處都有灰鯔魚的蹤跡。

品種

最好的品種是金色的鯔魚（Liza aurata），上頜薄，頭部和身體前方有金色斑點。是品種最小的鯔魚之一，最長45公分。

別名

在法國，鯔魚叫作mulet dore。厚唇鯔魚（Crenimugil或Chelon labrosus），魚如其名，有厚厚的嘴唇和圓鼓鼓的身體。這種魚有時也被人工餵養。厚唇鯔魚（Liza ramada）是金色的，上唇薄嘴尖，法語叫mulet porc。帶有灰色條紋的灰鯔魚（Mugil cephalus），可以長到70公分。這種魚的身體是棕色，背部是銀白色，頭部很大。眼睛外覆蓋一層透明的薄膜。還有一種小的地中海鯔魚，因能躍出水面逃避捕食者而得名，也就是跳灰鯔魚（Liza saliens）。

購買

除非在法國，否則在魚販那兒你可能辨別不

▼紅鯔魚被認為是海魚裡最優質的魚之一

出灰鯔魚的品種之間有什麼不同。可能的話盡量購買海魚，不要買港灣魚，因為後者泥土味重、肉質鬆軟。灰鯔魚常以整條出售，可請魚販先幫你刮鱗去皮，但美味的魚子要留著。

料理

料理前務必將鱗片刮掉。再反覆用酸性的水浸泡，就能除去魚的泥土味。在魚肚裡填滿茴香炙烤會很好吃。把魚側面剖開，烹飪前放少量洋茴香酒，上菜時配奶油醬。鯔魚魚子很美味，可以生吃，裹麵糊煎或是填入魚肚一起焗燒。焗鹽風乾後的魚子是製作希臘紅魚子泥沙拉的最佳原料。

紅鯔魚

紅鯔魚（Red mullet）是海水魚中最優良的品種之一。個頭小，最長40公分，粉紅色皮上有金色條紋。鷹鉤鼻似的頭，頦上長了兩根長長的觸鬚。肉有斜紋且結實，味道濃郁，別有一番風味。

其他品種

紅鯔魚裡有一些叫羊魚，因長長鬍鬚狀的觸鬚得名。在暖和的太平洋和印度洋裡可以找到。它們比冷水裡的鯔魚小（最長20公分），色彩也沒有後者鮮豔。而且肉質更乾，不及後者美味。

▲全世界都有的銀白色的灰鯔魚

在大西洋和地中海水域可以找到紅鯔魚。生活在海底沙礫和岩石的地方。以小型海洋生物為食。

別名

料理紅鯔魚通常連肝臟一起，甚至會保留所有內臟。因此產生一種異味，它的綽號是「海裡的山鷸」。在美洲，無論大小、產地，所有的紅鯔魚都叫羊魚。

購買

紅鯔魚肉質鮮美但極易腐敗，務必購買絕對新鮮的魚。摸起來皮膚堅實、眼睛明亮，鱗片緊貼沒有脫落的現象。由於個頭小，通常整隻出售，大一點也會去骨後以魚片出售。可食用部分多，所以200公克就足夠一人食用。可請魚販刮掉魚鱗並取出魚內臟，但保留肝臟，因它的味道十分鮮美。

料理

料理紅鯔魚最好是烤或用平底鍋煎。烤前在魚的兩側各劃一刀，以便烤時受熱均勻。配帶有地中海風味的食品，如橄欖油、番紅花、蕃茄、橄欖。也可放在錫箔紙上加茴香或羅勒調味一起烤。或放進慕斯和蛋奶酥裡。小的紅鯔魚經常做濃味魚湯使用。

隆頭魚科

隆頭魚科（The wrasse family）十分龐大，以身上發光多姿的色彩出名。隆頭魚的顏色各式各樣，從鐵青到綠、橙到金黃，同一品種性別不同顏色也不同。嘴唇都很厚，有一排鋒利的牙齒。屬小型魚，很少能長到超過40公分的。

產地

大西洋和地中海水域都能找到隆頭魚。它們生活在岩石海岸附近，以藤壺和小甲殼蟲為食。

品種

最常見的是隆頭魚（隆頭魚科隆頭魚屬）。皮膚是綠色或棕色，上面覆蓋著金燦燦的鱗片。但杜鵑隆頭魚雌雄的顏色截然不同，雄魚是鐵青色帶有近黑色條紋，雌魚是粉橘色，胸鰭下有三個黑色斑點。而五斑隆頭魚的名字，特徵不言自明。棕斑隆頭魚的身上則綴滿斑點。彩虹隆頭魚背鰭多刺，魚身環繞著一個紅或橙色的圈。

別名

法語裡隆頭魚有不同的名字，如vielle、coquette和labre都是。義大利叫labridi，西班牙叫merlo、tordo或gallano。

購買

隆頭魚可以在春夏季買到。要挑魚鱗亮澤、眼睛明亮的魚。請魚販把魚鱗刮掉。一道菜至少要400公克的魚肉。

料理

大部份隆頭魚只適合做魚湯，但有些大一點的品種，如普通隆頭魚，可以烤全魚。在底下鋪一層洋蔥片、大蒜、燻培根和馬鈴薯，然後在200℃的溫度下焗燒，直至柔軟。再將用白酒浸濕的隆頭魚放上去焗燒10～15分鐘就好了。

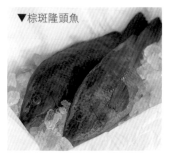

▼棕斑隆頭魚

◀棕斑隆頭魚

多油魚

像鯡魚、鯖魚和沙丁魚這樣的魚，以前一直是因為便宜營養豐富而受歡迎，現在，它們被認為是最有益於健康的食物。近幾年來，它們的營養健康成分，被廣泛正面的宣傳，不僅含有蛋白質和維他命A、B和D更含有Ω-3不飽和脂肪酸，能降低患動脈阻塞、血栓、心臟病甚至癌症的風險率。定期食用魚的人較長壽，世界食魚量最大的國家之一日本，心臟病死亡的比率最低。多油魚屬浮游魚，成大群生活在海面附近。最大的多油魚科要數鯡形目：鯡魚和其他近親如：沙丁魚、鯷魚、鯡魚和莎瑙魚。其他含油魚類還有皮膚光滑的鯖魚和鮪魚。

鯡魚科

鯡魚科（The herring family）

▲鯡魚

的種類繁多，每種都生活在各自的海域 —— 北海、波羅的海、白海（巴倫支海的入口），挪威沿海和許多更冷的海岸地區。

鯡魚

鯡魚（herring）是繁殖量驚人的魚類，但由於過度捕撈日漸稀少。鯡魚的身體細長，呈銀白色，有一中央背鰭，鱗片很大。它們很少長超過35公分。油性魚肉有多種加工方式，包括煙燻、醃製、風乾和用醋與香料浸泡等。

產地

鯡魚群生活在北方寒冷水域。以浮游生物為食。屬洄游魚，會游到岸邊產卵。有時也會無緣無故地改變規律路線。所以有些年分會出現某個地方魚群過於密集，而下一年度則不見蹤影的現象。

整條鯡魚去骨

鯡魚在料理前必須去鱗；其實它的鱗片會自行脫落，所以很省事。留不留魚頭按個人喜好而定。

1 第一步，去鱗片，用一把鋒利的刀剖開魚肚子取出內臟。

2 將魚肚皮朝下放在砧板上。用手掌根沿魚的脊柱用力往下按。

3 把魚翻過來，拎起魚的脊柱。你會發現兩側小骨頭絕大部份也被去除了。

▼鯡魚片

整條的鯡魚填充麵包粉、剁碎的洋蔥和蘋果，然後焗燒，會非常好吃。用培根包裹後直接烤，或塗上芥末醬再烤也都很不錯。全魚和去骨的魚片裹上燕麥片再到培根油裡煎也很美味。上菜時可擠上少許檸檬汁。

去骨的鯡魚片可以做成魚丸，或加以蕃茄醬、白醋、蜂蜜和烏醋等做成的酸甜醬一起煮、將它們浸在醋漬汁裡加香草和香料也很好吃。有人還習慣把去骨後的魚做成魚捲，或煙燻後做成醃鯡魚。這些過程在醃製和燻製魚的章節裡皆有說明。

備選

沙丁魚、黍鯡和鯖魚都可以按製作鯡魚的食譜來料理。

品種

鯡魚絕大部份因它們生活的地區而聞名——例如北海、挪威、波羅的海。每種鯡有不同的產卵期，這也影響吃魚時的口感。

劃上一刀以便烤時受熱均勻。鯡魚沾酸醬如醋栗酒或芥末比較好吃，可以去除部份腥味。

購買

鯡魚也絕對要吃新鮮的，不然吃起來會有腐臭味。在它們產卵前是最佳食用期。要挑個頭大，肉質硬，皮膚滑溜且腹中有魚子的魚。硬的魚子是雌魚的卵子，軟的魚子是雄魚的精子。軟的魚子有一種特殊的美味。用手在魚腹部來回摸一下就能辨別出魚子軟或硬。鯡魚一旦產卵重量就會變輕且肉質變乾。如果由魚販幫你洗魚，務必請他保留魚子。由於鯡魚有無數軟刺，所以可請魚販幫你去魚骨或做成魚片。從魚的腹部或透過魚鰓都能取出內臟而保留魚子。

料理

鯡魚肉上有油脂使它特別適合焗燒或烤。在全魚的兩邊

鯡魚子

軟的鯡魚子（herring roes）呈米色，易化。可以將它們和麵粉輕輕攪拌後放在奶油裡煎，煎完後可以直接食用，也可以在熱吐司抹上紅辣椒粉和烏醋一塊兒吃。用它們作煎蛋捲的內餡也相當美味。成團的時候煮熟，然後搗碎做成魚子醬，再填塞到烤全魚的肚子裡，或拌入醬，或做薄荷餡餅的餡。硬的魚子呈顆粒狀，每人喜好不同。它們可以放在魚身下烘或烤，增添一點不一樣的味道。

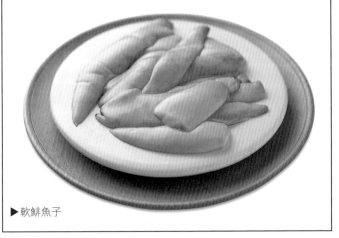
▶軟鯡魚子

▼鯷魚

冷凍

由於新鮮鯷魚不好保存，所以旺季時應將它們去頭，整隻包好放進淺的急速冷凍盒裡，每一層用塑膠紙隔開。把盒子蓋好然後冷凍。要用時再解凍。

料理

整條鯷魚可以像沙丁魚一樣烤或煎，或者裹上薄薄的蛋清和麵粉煎。用橄欖油和大蒜調味後，裹上麵包粉，經焗燒後就能做成味道上等的奶汁乾酪烙菜。

去骨後的魚片可以和大蒜、巴西里葉一塊兒煎，或是用橄欖油、洋蔥、大蒜、月桂葉和碎胡椒粒等做成的醬汁中浸泡24小時後食用。鯷魚汁和鯷魚糊都是十分有用的材料。

沙丁魚和莎瑙魚

通常大家都誤以為沙丁魚（sardines）和莎瑙魚（pilchards）是不同的魚種，但事實上，莎瑙魚僅是更大、更成熟的沙丁魚。不過即使是最大的莎瑙魚也只能長到20

鯷魚

鯷魚（anchovies）身形細長，很少超過16公分，平均長度只有8～10公分。背部是鐵青色，側邊銀光閃閃，上頜明顯突出。大部份鯷魚都是去骨後保存在鹽或油裡出售。如果你有幸買到新鮮的魚，你就有口福了。

產地

鯷魚屬浮游魚。在整個地中海，黑海（不幸的是，那裡由於汙染，鯷魚量已減少）、大西洋和太平洋裡都能見到密集成群的鯷魚。

別名

法語裡鯷魚叫anchois，義大利叫acciuga或alice，西班牙叫boqueron。

購買

從海裡捕上來的鯷魚直接料理後食用最理想。最優質的鯷魚來自地中海，初夏是盛產期。當它們出口後味道會遜色不少。購買新鮮的鯷魚，要挑選皮膚光滑，眼睛明亮、略鼓的魚。

處理

多數魚販可能不願替你處理鯷魚，但是拿回家自己準備也很方便。切掉頭，沿魚身輕輕按一按，就能擠出內臟。用大拇指的指甲或一把鈍口的刀從脊柱兩邊頭至尾將脊柱挑起，這樣就成了魚片。

▲沙丁魚

▲莎瑙魚

炸,再加上蕃茄醬,即可做成可口的沙丁魚煎餅。我們還可以在沙丁魚的腹部填入續隨子醬,醃過的鯷魚或巴馬乾酪,然後放入烤箱中烤熟。沙丁魚可用作義大利麵的佐餐食品,也可以醃製後調成美味的沙拉,還可以生吃。

備選

大鯷魚或黍鯡可以代替小沙丁魚用於料理中。

黍鯡

黍鯡(sprats)這種小銀魚,看上去與沙丁魚或幼年期的鯡魚非常相似,但其實是不小心混進去的。黍鯡曾是一種很重要的品種,但現在市面上已經很少見到新鮮黍鯡,大多均經過煙燻或處理,或以魚粉出售。

產地

黍鯡在波羅的海、北海和大西洋廣泛生存。後來它們適應了低鹽度的水域,人們在各個峽灣、河口也開始發現這種魚的存在。在市場上我們可以買到新鮮的黍鯡,也可以買到

公分,而沙丁魚或許只能長到13～15公分長。它們的身體細長,背部呈藍綠色,腹部呈銀白色。身體兩邊各有30片鱗片。它們的肉質緊密,鮮美多油。罐裝沙丁魚和莎瑙魚因為其方便性及配菜的適合度而廣受歡迎。

產地

沙丁魚因曾大量聚居在地中海中的薩丁尼亞島附近而得名。沙丁魚為遠洋魚類,現廣泛分布在地中海和大西洋中。人們在世界其他區域也發現許多相似的魚類品種。

別名

在國外的菜單上,我們很容易就能找到沙丁魚:在法文中,它被叫做sardine,在義大利文和西班牙文中,則被叫sardina,但在德文中又名為pilchard或sardine。令人容易搞錯的是,在法文中,pilchard指的是罐裝的鯡魚。

購買

春季和初夏是購買沙丁魚的旺季。由於沙丁魚並不擅長遠游,所以在購買時應盡量選取產自當地河流,避免買回不完整或不新鮮的品種。小個的沙丁魚味道最鮮美,但大的沙丁魚更適用於做內餡。由於體積大小不同,每份料理的沙丁魚數目約3～5條不等。

料理

在料理沙丁魚之前,要先刮去魚鱗,取出內臟。這項工作很容易完成,只需在頭根部切一刀——注意不要切斷——然後將頭擰轉,向後拉。魚的內臟就會隨著頭部一起被抽離魚身。用炭火烤過的沙丁魚味道極為鮮美,而且魚皮酥脆。而在魚身外裹上麵包粉,過油

▲黍鯡

煙燻或是油封的黍鯡。

別名

在法文中黍鯡寫作sprat，在義大利文為papalina，而西班牙文為espadin。在挪威，煙燻的鯡魚叫brisling。

料理

黍鯡和鯷魚、小沙丁魚的料理方法一樣。黍鯡的肉中富含油脂，因此裹上燕麥或用牛奶麵粉等調製而成糊，再過油煎炸，即成為人間美味。生鯡魚可泡在醋油醬中，也可以做為斯堪地那維亞地區瑞典自助餐中的一道菜餚。

銀魚

銀魚（whitebait）特指一種極小的銀色魚，大約只有5公分長，經常在河口活動，並為漁民所捕獲。

別名

法語稱為blanchaille，此名亦指一種小的淡水魚。在義大利文中，被稱為bianchetti，西班牙人叫aladroch。

購買

銀魚無須清理。春天和夏天能買到新鮮的銀魚，冷凍銀魚則全年有售。在開胃菜中，每人準備115公克的量即可。

料理

料理銀魚時並不需要去掉它身上的任何部份，包括頭在內。油煎過的銀魚，與抹上奶油的黑麵包一起食用，堪稱美味。料理前，只需把它浸泡在牛奶中一段時間，再放進裝有麵粉、鹽及辣椒粉的塑膠袋中搖晃數下，放入油中炸至酥脆即可。

藍魚科

藍魚（blue fish）是某些油脂特別豐富的魚的總稱，它們之間並無特別聯繫，之所以被統稱為「藍」魚，是因為幾個共同點——緊緻滑晰的魚皮，極度不易察覺的細刺，以及厚實有彈性的魚肉。這些魚生存在全球各種溫度帶的海水裡，甚至熱帶的海域。

鯖魚

鯖魚（mackerel）外觀是流線型，漂亮的藍綠外皮使它易於辨認。它們的背上有黑色和綠色的波紋，肚子是銀色的。淡粉色的魚肉細膩豐厚，並帶有與眾不同的醇厚味道。

產地

鯖魚是一種遠游魚，經常在北大西洋、北海及地中海中成群活動。它們冬天在北海的海底過冬，而且不進食。

▶銀魚

▼鯖魚

購買

鯖魚在極為新鮮時非常美味，但一旦過了食用的黃金期（一般為春末和夏初，在它們產卵之前），就失去了食用價值。購買鯖魚時，盡量挑選肉質緊緻、表皮光滑、眼睛明亮者。體型較小的鯖魚，往往比體型較大的優質。較大的品種常被切段出售，或是經煙燻處理。鯖魚可與蕃茄醬一起封存在罐頭中，廣受人們喜愛。

料理

鯖魚可以整條放在牛肉湯、白酒或蘋果酒中烤、燉或煮。要直接加熱鯖魚之前，先在魚背上劃些斜口。和鯡魚一樣，鯖魚也需要加上味道明顯的調味料以降低魚肉中原有的濃烈味道，常用的有酸醋栗、辣椒或芥末醬。這種魚切成小段也可以和鯡魚用同樣的方法來料理：既可以裹上燕麥過油煎炸，也可以和洋蔥跟白酒一起燉煮。生鯖魚段可以放在酸甜調味料中醃製，以作為開胃菜食用。

別名

在法文中，大鯖魚被稱作maquereau，小品種稱lisette。在義大利稱作sgombro，而在西班牙文中則是caballa。

▲鯖魚片可以和鯡魚用同樣的方式料理，且特別適合薄薄裹上一層燕麥粉後下鍋油炸

▶青背竹莢魚並不是真的鯖魚，而是普遍存在於紐西蘭的魚

其他種類的鯖魚

白腹鯖魚（chub mackrtrl）是日本品種，與大西洋的鯖魚相似，也可在地中海和黑海中找到。但這種魚的眼睛稍大、背上的斑紋稍淡。

西班牙鯖魚（spanish mackerel）在身體的側線下有斑點。平鰹（orcynopsis unicolor）十分稀有，擁有銀色的表皮和金色的斑點，棲地為北非的海岸區。馬鯖魚（horse mackerel）、竹筴魚（scad）、青背竹莢魚（jack mackerel）、黑點圓鰺（round robin）和類似鯡魚的鯖魚群，雖然名字與鯖魚有關，其實並不是鯖魚的同類。它們雖可食用，但味道平淡、多刺。可以用和鯖魚相同的方法料理。

扁鰺

生長在地中海、美洲大西洋水域的扁鰺（bluefish）生性好鬥，經常作為釣魚運動的目標。它們的背部有藍綠色的閃光，並且有尖利的牙齒。扁鰺在土耳其很受歡迎，市場裡販售的扁鰺，鮮紅的魚腮被翻開，就像經過精心修飾的玫

▼土耳其市場中的扁鰺，鮮紅色的鰓被翻出。

瑰花飾，亦證明它們的新鮮程度。扁鰺的魚肉較鯖魚鬆軟細膩，可用相同的方法料理。

鯖科

幾世紀以來，鯖科（The tuna family）一直是人們所熱衷的食物，包括鮪魚。古希臘人對鮪魚給予高度的評價，並特製其遷徙路線地圖以便捕獲鮪魚。腓尼基人用鹽醃和煙燻來料理鮪魚，在中古時期，他們用竹籤把鮪魚串起來烤食。一群密集的鮪魚集體穿過水中的景象可謂奇觀，這種美麗、魚雷狀的魚兒可以大得驚人（重達700公斤）。它們有極為有力的肌肉，深色的魚肉緊緻豐厚。鮪魚的種類眾多，但由於長久以來的過度捕撈，市面上僅存不到十種供販售。

產地

鮪魚亦屬鯖科，生長在溫暖的水域，南至比斯開灣。

▼鮪魚塊

別名

鮪魚也作tunny fish。法文為thon，義大利文為tonno，西班牙為atun。在日本，鮪魚叫做まぐろ，常被製成生魚片。

購買

鮪魚的肉質緊密，經常被製成魚排，每人每餐食用量約為175公克。由於種類繁多，鮪魚的肉色從淡粉到深紅不同。不要買魚骨周圍易產生變色的魚排，也不要買看上去暗淡沒有光澤的魚肉。鮪魚的肉質應該是非常緊緻有彈力的。

料理

如果料理過頭，鮪魚的魚肉會變灰、變乾，所以只須於高溫稍微料理，或與水份高的植物，如蕃茄、甜椒等蔬果一起燉煮。鮪魚的主流料理方法，係將外層快速烤焦，但內部依然生鮮。但如果這種料理方法不合你的口味，也可以將鮪魚排的正反兩面各加熱2分鐘，但不宜繼續料理。

以下的料理方法適用於各種鮪魚。魚排可以烤至外焦裡嫩，可用炭烤、爐烤、或蒸燉。在料理前放入調料醃30分鐘，口感更加美味。鮪魚可

◀黑鮪魚塊

以與地中海的植物，如蕃茄、辣椒、洋蔥和橄欖等，一起調製出佳餚。幾乎所有鮪魚都可以生食作生魚片、壽司和塔塔醬，但先決條件絕對要新鮮。還可以切成薄片醃調味料。把鮪魚段切成薄片，裹上麵粉，像煎奶油小牛肉片一樣煎製，同樣美味可口。燉新鮮的鮪魚可以替代傳統的尼斯沙拉。

長鰭鮪

長鰭鮪（albacore）有很長的鰭，雖有部份生活在北海，但大部份生活在亞熱帶和熱帶海域。此種魚肉呈淡玫瑰色，質地似小牛肉。現在它們常被用於製作罐頭。

別名

法文中，長鰭鮪稱作thon blanc，或是germon；在義大利語中是alalunga，而在西班牙語中是atun blanco或是albacora。

料理

由於它的肉質與小牛肉非常相似，因此往往以同樣的方法料理，作魚排用或與鯷魚片和豬背油一起烤或燉食。

巴鰹

巴鰹（false albacore）體型相對較小（一般只有15公斤重），生長在較溫暖的水域中，多分布於非洲沿岸地帶。它在日本很受歡迎，常被製成生魚片。

大目鮪

大目鮪（bigeye）多生活在熱帶水域，是藍鰭鮪的近親。肉呈瑰紅色，當無法取得藍鰭鮪時，可以它作為備選。

別名

法語中作thon obese；義大利語稱為tonno obeso，而西班牙語則是patudo。

藍鰭鮪

藍鰭鮪（bluefin）被公認為最佳鮪魚品種，體型也最為巨大，可以長成驚人的尺寸（重約700公斤），但其平均重量約只有120公斤。藍鰭鮪的魚背為深藍色，肚子是銀白色。深紅色的肉富含油脂，風味較巴鰹更佳。藍鰭鮪是最常用於製作生魚片和壽司的魚。

產地

藍鰭鮪生長在比斯開灣，地中海和熱帶海域。它們是游泳健將。成群結隊游過水中時會形成一道壯觀的景象。

別名

在法國叫作thon rouge，義大利叫作tonno，西班牙叫作atun。

▲藍鰭鮪魚塊

◀藍鰭鮪

購買

這種魚極其昂貴，因為日本人願意不計代價地品嘗它的美味。藍鰭鮪風味醇厚，在保存一周之後更美味。但當它深紅色的肉變成了淡棕色，請千萬不要購買，因為這是魚肉變質的現象。

黃鰭鮪

黃鰭鮪（yellowfin）體型巨大，重達250公斤，可在熱帶海域或赤道附近捕獲。類似巴鰹，鰭是黃色，肉是淡粉色，而且味道甜美。

別名

令人不解的是，法國人和義大利人都稱黃鰭鮪為albacore或tonno albacore，而西班牙人稱之為rabil。

購買

因為黃鰭鮪來自溫暖海域，在歐洲大多冷凍後出售。購買時要確認其未曾解凍。冷凍黃鰭鮪全年有售。

料理

新鮮的黃鰭鮪可以做成生魚片或壽司來食用，也能以各種煮鮪魚的方法來料理。

裸鰹和正鰹

裸鰹（bonito）和正鰹（skipjack）是介於鯖魚和鮪魚之間的魚種，亦稱海產魚。大西洋的正鰹也生長在地中海和黑海，裸鰹則主要生長在大西洋和太平洋。在品質和味道上，裸鰹比真正的鮪魚稍稍遜色，肉質呈淡色，有時極為乾澀。正鰹常被用來做成罐頭，在日本很流行，被稱作為かつお。它們也常被作成柴魚片，是做高湯的重要成分。

別名

正鰹的腹部有深藍色的平行條紋，因此亦稱「條紋鮪魚」。法國稱bonite a ventre raye，義大利稱bonita，西班牙叫listado。

圓花鰹

圓花鰹（frigate mackerel）雖名為鰹魚，其實是生長在太平洋和印度海的鯖魚。最大可長至50公分，魚肉鮮紅，粗糙。小魚可整條烹食。

尼斯沙拉

鮪魚是普羅旺斯沙拉中極為重要的成分，沙拉其他成分包括一些隨手可得的新鮮產品。儘管Salade Nicoise沙拉可以（或者說通常）由瀝乾水份的鮪魚罐頭製成，但還是用炙烤或烘烤過的魚肉製作最好吃。將萵苣粗略地撕一下，鋪上入沙拉碗中，加上鮪魚及切成4份的水煮蛋，新鮮的馬鈴薯切厚片、蕃茄切塊、青豆搗碎、黑橄欖去核，再加入鯷魚片。上桌之前，灑點大蒜味醋油醬。

扁平魚

所有扁平魚（flat fish）最初都是一種遠洋的幼蟲，它們的眼睛分布在身體的兩側，如同梭形魚貼著水面游。當它們成熟之後，則靠一側游，而且皮色較深的一側眼睛在頭上轉動。然後沉入海底，靠著游過的任何可食生物生存。由於無需追趕食物，所以肉質很軟嫩，沒有多餘的肌肉和纖維。它們的骨骼結構也很簡單，所以人們無需擔心會被它的刺卡到。除了比目魚有這個特例外，扁平魚很少能在歐洲水域以外的地方找到。多佛鰈魚、庸鰈和大比目魚可能是眾多扁平魚中最為上等的。

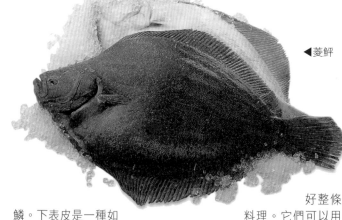

◀菱鮃

菱鮃

菱鮃（brill）與庸鰈的外貌和味道相似，就算有優質、鬆軟、潔白的魚肉和細膩的味道，這種魚仍被認為是最不受喜愛的分支。它可以長至75公分長，3公斤重，但通常更小一些。它們的身材瘦小，在深灰色的上表皮長有小而滑的魚鱗。下表皮是一種如奶油般略帶粉色的白。

產地

他們居住在大西洋，波羅的海和地中海的海底。

購買

與庸鰈相較，許多人更喜歡庸鰈；有些人則認為它跟庸鰈一樣美味。菱鮃比庸鰈更便宜，且無論是全魚還是魚段都全年有售。產卵後，它們就不再飽滿，因此不要在那時購買它們。由於在料理扁平魚時要丟棄的東西很多，所以你要為每人準備1.5公斤的份量。

料理

菱鮃在濃郁的紅酒中可以保持鮮味，因此他們經常被做成水手魚或被放入紅酒醬中料理。2公斤的小魚最好整條料理。它們可以用來爐烤、燉煮、水煮、蒸食、油煎或炭烤。水煮全魚，佐蝦或其他貝類海鮮，堪稱完美。菱鮃切塊，裹上雞蛋、麵包粉，再放入奶油中煎炸，即可製成a l'anglaise。

別名

法語為barbue，義大利稱rombo liscio，意為順滑的庸鰈，西班牙語則為remol。

備選

大比目魚、鰈魚或庸鰈的料理方法均適合料理菱鮃。

歐洲鰈

與歐洲鰈（dab）相似的品種很多，但卻很少有如此美味的。歐洲和美洲鰈魚是菱形魚，最大不過35公分，表皮呈紅棕色，而且有一條側線。

產地

該種魚生長在大西洋和紐西蘭沿岸水域的沙地淺水中。

別名

即所謂的偽鰈魚，歐洲的種類更為狹長。在美洲這種魚被稱歐洲鰈，法語叫limande，義大利語叫limanda，在西班牙語叫limanda nordica。

◀歐洲鰈

▶大比目魚

購買

　　這種魚只有在新鮮時才能食用。在近海市集，可以看到它依然鮮活，在砧板上不斷跳動。如果不是這樣，請確保它表皮光滑有光澤，且沒有異味。這種鰈魚一般都是整條出售，但是體積大者則可能切段。

▼大比目魚塊

料理

　　歐洲鰈的肉質鬆軟，在奶油中煎炸或是燉煮均可。鰈魚段可裹雞蛋、麵包粉再油炸。

大比目魚

　　雖然大部份的大比目魚（halibut）都在3～15公斤之間，但有時可以長到2公尺長、200公斤重是最大的扁平魚。它們擁有美麗修長的棕綠色身體，尖尖的頭部在右手邊長著一對眼睛，腹部呈珍珠白。魚肉美味肉質優質豐厚。

產地

　　大比目魚生長在蘇格蘭、挪威、冰島及紐芬蘭島的沿岸深冷水域。它們產卵時會遷至較淺的水域。是在太平洋發現

的暖水域品種。這些魚是貪婪的捕食者。不會放過任何魚或甲殼類生物，甚至從斜坡上滾下的鳥蛋也會被他們吞食。

別名

　　應注意有一種格陵蘭島的大比目魚，那是一種稍為劣質的魚類。真正的大比目魚在法國叫fletan，在義大利和西班牙叫halibut。

購買

　　整條小比目魚被稱為幼比目魚（Chicken flounder），約1.5～2公斤重，一條就足夠4人份。大一點的魚大多賣做魚排或魚段。製作魚排時，應從中間切開，而非從瘦小的魚尾處下手。每人份約175～200公克。新鮮的魚可製作酸橘汁醃魚、生魚片和壽司。

料理

　　幼比目魚可爐烤、炭烤、水煮，也可與青蔥、蘑菇、白酒一起製成a la bonne femme這道菜。大一點，魚的肉會乾澀一些，因此應炭烤或加酒爐烤或風乾儲存。

備選

　　菱鮃可用作大比目魚的備選，庸鰈或是海魴也可以。

川鰈

　　川鰈（flounder）是另一個龐大的魚類科，在世界多處被發現，從歐洲到紐西蘭都有它們的蹤跡。它們帶有斑點的灰棕色表皮上有許多橘色的斑，而且很粗糙。可以長至50公分，但普遍在25～30公分。有時會與扁海鰈雜交。那是一

◀川鰈

59

種跟它很相似的魚，但鬆軟肉質和味道都沒什麼差別。

產地

生長在沿岸或靠近港灣的地方。白天在海床上活動，但不進食，到了晚上則很活躍。

別名

在美洲有很多大比目魚，分別為夏川鰈、冬川鰈和沙川鰈。也有用其他的名稱來修飾，如：箭牙川鰈、黑川鰈、綠背川鰈、黃腹川鰈。法語做flet，義大利語作passera pianuzza，而西語作platija。

購買

和歐洲鰈一樣，川鰈必須是特別新鮮才好吃。可遵循相同的原則。

料理

與歐洲鰈、菱鮃或扁海鰈的料理方法相同。

帆鱗鮃

帆鱗鮃（megrim）是一種黃灰色半透明品種，長有大眼睛大嘴巴，它們很少能長到50公分。它們的肉質乾澀平淡，而且很少被人食用。

▲帆鱗鮃

產地

多居於英吉利海峽以南。

別名

帆鱗鮃被稱whiff或sail-fluke。法語稱為cardine franche，義大利語叫rombo giallo（雖然在任何國家的餐廳菜單上都不可能看到這個名字），但在西班牙這種魚極為暢銷，稱gallo。

購買

帆鱗鮃多整條出售或是切塊出售。肉質有些乾澀。此魚需極為新鮮才好吃，所以在購買前應用鼻子聞一下氣味。每人份為一條350公克的魚或至少兩個切塊。

料理

整條魚可以裹麵糊或麵包粉過油煎、水煮或爐烤。肉質可能極為乾澀，所以需要大量水份。魚段最好裹上麵包粉然後過油。在食用或炭烤前應去掉粗皮。

備選

檸檬鰈魚、扁海鰈、歐洲鰈，或是美首鰈。

扁海鰈

扁海鰈（plaice）的長相與眾不同，表皮光滑，呈暗灰棕色，帶有橘色斑點。腹部呈珍珠白。眼睛位於右側；突出

▶扁海鰈

◀扁海鰈魚塊

的骨
節從下面
一直延伸至背
鰭。扁海鰈能活50年，長至7公斤，平均重量為400公克～1公斤。它們的肉質鬆軟平淡、色白，有時很乏味。

產地

扁海鰈多居於大西洋、地中海及其他北方海域。它們與川鰈一樣，是食底泥魚，在夜間活躍。

別名

法語叫plie或carrelet，在義大利叫passera或pianuzza，西班牙叫solla。

購買

扁海鰈必須新鮮，否則它的肉質會像棉花團。此種魚全年整隻或分段出售，但最好不要在夏天食用，因為夏天的肉質軟塌、無味。新鮮的扁海鰈色暗但表皮上的橘色斑點應明亮特別。深色皮的扁海鰈比白皮的便宜一些，但味道上沒有什麼差別。由於清洗時要丟棄的部份較多，因此1人份需要350～450公克的魚或是175公克的魚塊。

料理

任何鰈魚或菱鮃的料理方法都適用於扁海鰈。扁海鰈常裹麵糊煎炸，或做成魚片。整隻魚或魚段可以裹雞蛋、麵包粉油炸。蒸或水煮過的扁海鰈易於消化。若想做成a la florentine，需要把整條扁海鰈或儲存在白酒中的白皮魚段放在一片煮過的菠菜葉上，蓋上起司醬，用炭烤至冒泡發黑即可。

備選

川鰈、歐洲鰈、鰈魚和菱鮃皆可代替扁海鰈。

鰈魚

有人認為鰈魚（sole）是魚中極品，肉質緊緻細膩且味美，身體呈橢圓形，表皮呈淡棕色，有時有黑斑。眼睛長於右側。身體下方有一小且外開的鼻子，這是鰈魚的奇異之處。這種魚可長至3公斤，其平均體重200～600公克。古羅馬人很喜歡這種魚，並稱之為solea jovi（丘比特的涼鞋）。魚肉經常被醃製存放。在路易十六時期的法國，這種魚被作為國王的貢品，所有大廚都熱衷於鑽研此魚的食譜。20世紀初，它已是英國魚類料理的支柱。

產地

多佛鰈魚（Dover sole）生長在英吉利海峽、大西洋、波羅的海、地中海和北海。春夏會到沿岸地方產卵。白天大多把自己埋在海床的沙堆中，而夜晚出來捕食。

別名

由於與多佛鰈魚長得很類似，歐洲鰈或大鼻鰨常被叫做多佛鰈魚，雖然他們更小更劣質。最突出的特點就是他們身體下方稍大的鼻子。其他種類如圓尾雙色鰨也較多佛鰈魚為小（長度約只有7.5～10公分）。在法國，它們有時會被

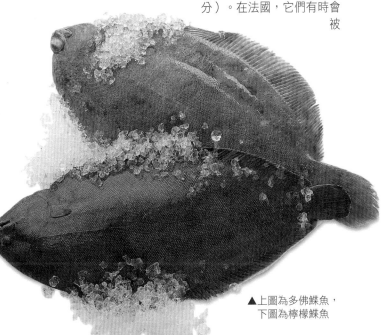

▲上圖為多佛鰈魚，下圖為檸檬鰈魚

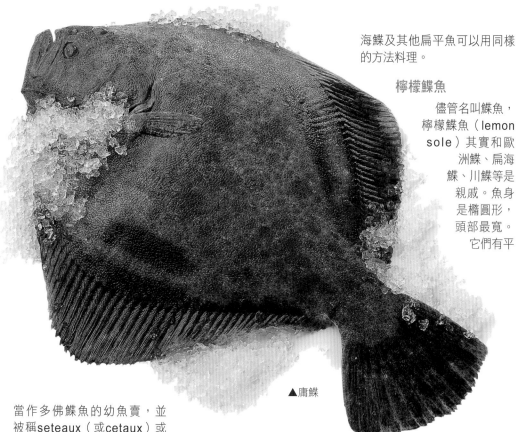
▲庸鰈

海鰈及其他扁平魚可以用同樣的方法料理。

檸檬鰈魚

儘管名叫鰈魚，檸檬鰈魚（lemon sole）其實和歐洲鰈、扁海鰈、川鰈等是親戚。魚身是橢圓形，頭部最寬。它們有平滑的紅棕色皮膚，有規則圓點，和筆直的側線，頭部很小，眼睛凸出。這種魚肉軟而白，和比目魚相似但更好吃一些。這是昂貴的多佛鰈魚很好的備選。

產地

檸檬鰈魚產自北海和大西洋，在紐西蘭沿岸也有。它們定居在多礁石和岩石的海床上，由於地域不同，魚的個頭大小也有很大的差別。

別名

在美國，檸檬鰈魚又被稱做黃尾川鰈。在法國叫limande-sole，在義大利叫sogliola limanda，在西班牙叫mendo limon。

當作多佛鰈魚的幼魚賣，並被稱seteaux（或cetaux）或langues d'avocat（意為律師之舌）。法語稱多佛鰈魚為鰈魚，義大利叫sogliola，西班牙為lenguado。

購買

鰈魚的最佳食用期為被捕獲後第三天，如果你確定自己是從海邊直接買來新鮮的魚，可在家放置幾天再準備料理。魚的表皮有黏性，下腹部很白。一條225公克的魚可製作1人份的餐點，如果你要招待2個人，則至少要買一條675～800公克的魚（約可分為4片魚片，會有些貴）。買魚最好買整條。如果你要求魚販幫你把魚切段，那麼你可以留下骨頭和邊角作醃製料理用（也有助於平衡價格）。

料理

有無數種料理方法適用於鰈魚，但是一條清燉的魚淋上一點點融化的奶油和檸檬汁卻是美味無比的。料理之前需去表皮。小鰈魚可以裹上雞蛋和麵包粉再過油炸；大一些的可以水煮、蒸食，或是以奶油調理製成a la meuniere。魚段可以先炸，在酒裡煮或是配以精緻的醬汁，或是加入醬油、檸檬草和薑再攪拌。它們還可以在蒸過之後塞入填充物，或是支撐模子，之後再搭配由貝類製成的慕斯。

備選

沒有什麼魚的味道與多佛鰈魚相似，但是檸檬鰈魚、扁

購買

檸檬鰈魚全年都可買到，整隻或切成魚片出售，新鮮的魚肉有一股海水的味道。

庸鰈煮魚鍋

在可以享受奢侈的時代，整條巨大的庸鰈要放在精美鑽石形狀的銅製煮魚鍋中。煮魚鍋在鑽石狀的頂點上有把手和柵格，以便將做好的魚取出來。

現在，只有在富麗堂皇的廚房或很好的飯店裡才能找到這種煮魚鍋，現在的煮魚鍋，都是用不銹鋼和鋁做成的。

料理

對於檸檬鰈魚來說，越簡單的料理方法越好，大致與歐洲鰈、扁海鰈和多佛鰈魚製作方法一致。

庸鰈

庸鰈（turbot）雖然長得其貌不揚，但味道卻毫不遜色。從古時候就非常昂貴，被叫le roi de careme（四旬齋之王）。在中世紀時，所有大廚都創造了有關庸鰈的華麗菜餚，與小龍蝦、松露、龍蝦醬、牛骨髓搭配。庸鰈頭很小，身體很大，幾乎成圓形長著帶有疣狀突起的粗糙棕色皮膚，有點像蟾蜍。身體下面是白色的，有時候有一點灰色。庸鰈可以長到1公尺長，12公斤重。肉為乳白色，紋理密實，味道微甘。

產地

庸鰈生活在大西洋、地中海和黑海的海底，現在也已經引進紐西蘭的沿海水域。它們很容易養殖，而且養殖魚在魚的品質和大小上都有所提高。

別名

法文名與英文名是相同的，都是turbot（庸鰈），在義大利它是rombo chiodato（飾釘），在西班牙是rodaballo。庸鰈幼魚叫做chicken turbot，它們可以長到2公斤。

購買

庸鰈的價格極為昂貴，一條野生的大魚可以賣到幾百美元。養殖庸鰈較便宜，但是脂肪含量較高。庸鰈的魚肉呈乳白色，請勿購買那些帶有藍色色澤的魚。全年都可買到庸

◀庸鰈幼魚

鰈，它們通常是整條出售，也有呈片狀、塊狀出售的。一條重約1.5公斤的庸鰈幼魚可供4個人食用。由於魚身上可食用的部份並不多，所以，如果你買的是整隻魚，可以請魚販去魚骨後，把魚骨及魚身上的其他東西一起帶回家，用來做一道美味的高湯。

料理

在自家的廚房裡料理一尾重約1.5公斤的庸鰈是一件既不經濟也不方便的事情。如果要料理一條庸鰈幼魚，可以使用大煎鍋或大烤鍋烘烤，也可以放到添加白酒的魚湯裡煮。還有一個比較傳統的方法，將魚放入牛奶裡煮以保持純白的顏色，然後添加荷蘭酸味沾醬（一種用奶油、蛋黃和檸檬汁等調製而成的沾魚、蔬菜的調味醬）。除了浸泡在油裡炸之外（一般人會覺得這樣很浪費），幾乎任何料理方法都適用於庸鰈，但切記，不要煮太久。清淡的魚肉與龍蝦、巴西里葉、蘑菇等製成的奶油醬配在一起，味道會很好。煮熟的大塊魚肉也可以配醋油醬做成美味的沙拉。

備選

沒有任何魚可與庸鰈畫上等號，但菱鮃、大比目魚、海魴和鰈魚片可以用來替代它。

美首鰈

美首鰈（witch）屬於鰈魚科中的一員，身體細長很像腳掌。粗糙的皮膚呈灰棕色，側身有一條筆直的線。它的魚肉味道很淡，像帆鱗鮃一樣。

別名

美首鰈又名torbay sole、witch glounder和pole flounder。在法國它又被叫做plie grise（灰鰈魚），在義大利叫passera cinoglossa，在西班牙叫mendo。

購買

全年都可以買到美首鰈，但通常只在捕魚區附近有售，主要在英格蘭西南海岸的近海區。它們在非常新鮮的時候才值得食用。

料理

由於這種魚的味道比較平淡，所以調味料就變得非常重要。最好燒烤來吃，不過其他製作鰈魚的料理方法也都適用於它。

▶美首鰈

遷徙魚

有一些魚每年都要進行大規模的洄游活動，從一個地方游到另一個地方產卵或進食。它們有各自明確的路線，至於是如何找到路線的至今仍是個謎。每年，鮭魚和海鱒都要從海裡洄游到淡水河裡產卵，產卵後再回到海洋，年復一年，週而復始。相反地，鰻魚是從河水或湖水裡洄游到海裡產卵，全程長達數千英里，可謂是自然界的奇蹟之一。

鰻魚

鰻魚科的成員共有20多種。所有成員都有蛇一般纖長的身體，皮膚光滑。大多數鰻魚的鱗片極微小，人的肉眼無法看到。鰻魚科成員都是淡水魚，但其他種類的魚，比如：康吉鰻魚、歐洲海鰻、蛇鰻魚都是海魚。鰻魚的肉呈白色，脂肪含量高，肉質結實味道濃郁。

從羅馬時期開始，鰻魚（eels）就成為流行食品，到了中世紀，又廣泛受到人們的青睞。由於其神秘的生活周期，各種神話傳說應運而生。其中一個很有名的傳説：當它們接觸到水時，它們就變成甦醒的鬆散馬毛。這並不奇怪，不過同樣令人驚異的是這個真相到了十九世紀末才被一位丹麥科學家發現。

產地

淡水鰻魚原產自藻海。每條雌性魚可以產卵2,000萬顆。雌魚產完卵後，牠和牠的雄性伴侶就會很快死去。魚卵孵化出小小的幼魚，這些幼魚會隨著洋流，游到歐洲海岸和美國海岸，然後再回到河水中。對美國鰻魚來説，游完全程需要一年的時間，而歐洲鰻魚則需要2～3年。沒有人可以完全瞭解這些幼魚是用什麼方法來確定前進的方向，因為它們從未見過「家」。在它們成群結隊地進入海口時，透明微小的身體只有8公分長。它們在逐漸成熟的過程中，皮膚顏色由透明色、黃色、綠色，最後變為銀色。當變成銀色時，便是開始返回藻海的旅程，隨後在那裡產卵，然後很快死去。

種類

幼魚叫做「玻璃鰻魚」，法文是civelles或者piballes。成年的歐洲鰻魚（Anguilla anguilla）和美國鰻魚（Anguilla rostrata）的法文名字是anguille（鰻），義大利文是anguilla，西班牙文是anguila。日本鰻魚（Anguilla japonica）和澳洲鰻魚（Anguilla australis）都被稱為「短鰭鰻魚」，而Anguilla dieffenbachii是「長鰭鰻魚」。

購買

春季可以買到幼魚，味道極為鮮美，但價格也十分昂貴。2,000條幼魚的重量也只有三分之一磅。成年鰻魚的魚肉最豐滿，所以，最好是等到秋季，當它全身除了黑色的魚背外，其他地方都變成銀色時再購買。雌性魚的重量是雄性魚的3倍，所以雌性魚更受人們的歡迎。全年都可以買到養殖的鰻魚。建議你購買活魚，因為魚死後很快就會變質。請讓魚販幫你剝去魚皮，並且切成適宜的長度。

料理

可以給幼鰻裹一層新製的麵粉，然後再進行油炸；首先，要把它們浸泡在加有醋的水中，除去它們身上或體內的泥漿。鰻魚是一種可用多種方法料理的魚類，例如，可油炸，也可拌上巴西里葉醬一起吃。用少量紅酒燉或煨煮鰻魚也是一個不錯的選擇。如果你打算煮鰻魚，首先要用酒、香料等把它醃製一下，再將它放置於醃豬肉中，以保持它的水份。鰻魚湯和鰻魚沙鍋是最美味的，正如水手魚塊（一種用

酒和洋蔥烹飪而成的魚），把魚肉很濃的腥味與東方純厚的酒味完美地結合起來。在英國，鰻魚有兩種傳統的料理方法，一種是做成鰻凍，一種是用馬鈴薯泥和綠色「液體」做成的鰻魚派。同樣，煙燻過的鰻魚也十分可口。

鰻魚去皮

你也許更希望讓魚販來替你殺魚和剝魚皮，但如果必須自己動手該怎麼辦呢？下面就教你剝魚皮的方法。將魚放在一塊布中抓緊，用堅硬物使勁敲擊魚頭先把它殺死。再用一根細線繞住魚頭，繫緊懸掛在鐵欄杆或門把上。在圍繞魚頭的細線下方劃破魚皮，脫掉上面的魚皮，折成「袖口」狀，然後用一塊布或者兩對鑷子，由頭至尾撕掉魚皮。切去魚頭和魚尾。另一種方法是將鰻魚切成塊狀，魚皮保留在魚身上。燒烤魚塊，並不停地翻轉，直到魚皮完全膨脹。待冷卻後再剝去魚皮。

康吉鰻

儘管康吉鰻（conger eel）平均長度只有60～150公分，它們有些也可以長得很大——有時會長達3公尺。康吉鰻是兇猛的肉食動物，它們體長肉厚、無鱗，肉質白嫩結實、多刺，非常適合食用。

產地

康吉鰻通常棲息於溫帶和熱帶海洋的岩石與沈船的縫隙之中。它們大多生活在深水區，但有些康吉鰻潛藏於沿海的淺水區，往往讓那些不幸的游泳者驚慌失措，而這些人其實在不經意中也影響了許多海洋生物。

別名

在法語中康吉鰻叫congre，在義大利語叫grongo，在西班牙語叫congrio。

購買

康吉鰻的優點是價格低廉。從早春到秋天，都能買到，通常切成段或塊狀出售。你可以要求供應商把魚頭和魚身切開，由於魚尾的刺很多，可以只購買中段。如果你購買一整條鰻魚，可以請供應商把它切成魚片，留著魚頭和魚骨用來熬湯。

料理

康吉鰻最好是用來做湯或是沙鍋。它的肉質緊密，十分適合做成魚肉醬。魚身中部較厚的魚塊可用來烤、燉或煨湯，並伴著莎莎醬（以蕃茄、洋蔥、辣椒製成的墨西哥辣醬）一起吃。

▼康吉鰻魚排

熱帶海鰻

海鰻（moray eel）比康吉鰻的樣子更可怕。它們雖然只能長到2公尺，卻極端兇狠，攻擊性極強。海鰻體長而扁平，表皮呈綠色，帶有淺色斑點，魚身無鱗且粗厚，肉質無味而多刺。

產地

大多數海鰻生活在熱帶和亞熱帶水域，但也有個別生活在大西洋和地中海海域。它們常將身體尾部固定於岩石和珊瑚縫隙之中，張著大嘴等著捕食那些靠近它們的獵物。

購買

市面上的海鰻通常以塊狀出售。

◀處於防禦狀態的康吉鰻是兇猛的肉食動物

料理

海鰻只適合用來燉湯，最常見的是做普羅旺斯魚湯。可將它們放在蘋果酒裡煮，去骨的魚肉可製作魚餅或魚排。魚尾的刺很鋒利，僅適合用來熬製高湯。

鮭魚科

運動員和美食家將鮭魚看得非常重要，賦予它「魚中之王」的美譽。儘管鮭魚種類繁多，但品種最好的是大西洋鮭魚。鮭魚一般在淡水中產卵。有些鮭魚生活在內陸水域，它們大多數在出生2年之後會逆流而上來到海洋，直到繁殖期才會回到出生的水域。這種辛苦的行程賦予它們光滑的身體和結實的肌肉。這類鮭魚一旦到達淡水就會暫停進食，直到再次回到海洋才會恢復進食。

由於過度捕撈和環境汙染使鮭魚面臨巨大危險。尤其野生的鮭魚變得稀少而昂貴。以前我們還可以捕捉到20公斤甚至更重的鮭魚，但現在這種珍貴的品種已無蹤可覓。水蝨的侵襲也導致野生鮭魚產量銳減。幸運的是，儘管起初人工養殖的鮭魚肉質鬆弛無味，且經常受水蝨的困擾，但經過失敗的經驗，現在已經可以成功地養殖鮭魚了。如今人們也能買到健康、美味的養殖鮭。

大西洋鮭魚

大西洋鮭魚（atlantic salmon）魚背呈銀藍色，身體兩側呈銀色，腹部為白色。與大而有力的身軀相比，頭就相對小。頭和背部有黑色小十字架圖案。肉質肥厚，呈深紅

▶鮭魚排

色，味道濃郁，口感極好。

產地

在歐洲和美洲北部水域都能找到大西洋鮭魚的蹤跡。它們在河流中產卵，歷經千辛萬苦的旅程回到海洋，直到產卵季節才又返回河流。當幼年的鮭魚第一次遷徙到海洋中時，只有10～20公分長，被稱做「銀魚」（smolts）；經過1～2年大量進食，體重達到1～2公斤，並且開始第一次產卵之旅，這時它們叫做「產卵鮭」（grilse）。雄魚會長出更長且帶鉤的頜，因為它們在產卵期間是不進食的，這些帶鉤的頜只是有助於它們在湍急的水流中前行。有些鮭魚一生只產1～2次卵，另一些則多達4次。

中世紀時，鮭魚是一種很流行的食材，當時的吃法是切片，用罐燜煮或用鹽醃製，或用來做派或餡餅。自從變稀少後，它們被看成是種奢侈的食

材，廚師們都爭相用龍蝦、螯蝦和乳脂等奢侈的食品與之搭配。直到近年來，鮭魚才又重新變成一種大家都買得起的食物。

別名

加拿大和北美寒冷的深湖是內陸鮭魚的故鄉；在這裡生活的大多叫小湖鱒、湖鮭和湖生鮭魚。在法語中鮭魚叫saumon，義大利語叫salmone，西班牙語叫salmon。

購買

鮭魚整條都可以出售：有魚排、厚魚片、無骨魚片、魚身和魚尾。最好的（也是最貴的）是野生鮭魚。誠實的供應商會告訴你哪些是野生的、哪些是養殖的，並依情況定價。野生鮭魚表皮更加光滑、細緻、有光澤。春季到晚秋都有鮭魚出售。秋季產卵之後回到海洋的鮭魚，幾個月內都還不能被食用，因為它們很瘦，身體狀態不好，所以不值得買。產卵鮭平均體重1.4公斤，比野生成年鮭魚便宜，一條魚可供2人食用。

▲大西洋鮭魚

蘇格蘭和愛爾蘭的野生鮭魚是所有品種中最好的，來自於格陵蘭島和斯堪地那維亞海域的大西洋鮭魚則稍遜一籌。

人工養殖的鮭魚之間品質相差很大。高品質的鮭魚魚肉應該質地緊密，呈現深紅色，並且肥瘦均勻相間，滑而不肥，肉質不應該鬆弛，呈灰色或者蒼白色。鮭魚魚頭沈，因此如果購買整條鮭魚，每人大概需要350～400公克；如果購買魚排或厚魚片，每人則只需要200公克；如果魚販切下魚頭，則可以把魚頭用來做湯。

料理

處理和料理鮭魚的方法有很多種。它可以生吃，如鮭魚拌塔塔醬、生魚片或放在壽司裡。它也可以泡在油、檸檬汁、香草裡，或者用鹽將它醃製成gravad lax（根據瑞典傳統配方將新鮮鮭魚放在調味醬中浸泡）。鮭魚可煮、炸、煎、烤、焗燒或蒸，也可以裹在餡餅裡面，做成鮭魚油炸吐司或鮭魚醬。水煮鮭魚無論冷熱都很好吃；用葡萄奶油湯汁煮一整條鮭魚，灑上純蛋黃醬或綠蛋黃醬，並加入黃瓜，這就成了一道著名的節日大菜。鮭魚拌辣莎莎醬也很可口。熱的鮭魚湯要加入荷蘭酸味沾醬或海鮮醬或奶油醬（用奶油、蔥、檸檬汁或醋調製而成）。如果你沒有一個夠大的煮魚鍋來煮一整條鮭魚，可以用鋁箔紙把魚包裹起來，倒點白酒濕潤一下，就可以放入烤箱裡烤。鮭魚片可以切得很薄，用油

快炸，或塗上魚醬、蛤蜊醬、蔬菜醬做三明治，或焗燒，或蒸。做成魚餅、印度燴飯、餡餅、魚醬也相當好吃。你可以嘗試一下抹上奶油，加入豆蔻香料或熟肉醬的鮭魚。魚排也能在紅酒裡煮，灑上白酒和香草包上鋁箔紙放入烤箱中焗燒，或加入東方的調味料，煎、烤或焗燒。鮭魚冷燻或熱燻的味道都很美味。它也可以醃製在鹽裡，並成為世界上最流行的罐頭魚之一。

備選

海鱒和品質好的褐鱒或虹鱒可以用來代替鮭魚。

太平洋鮭魚Pacific salmon

從加州到阿拉斯加的太平洋沿海，已找到五種太平洋鮭魚，另一種產於日本北部。Chinook或王鮭是太平洋中最大的鮭魚，但還是比大西洋的同類細小。包括紅鮭魚或狗鮭以及駝背鮭魚在內的其他太平洋鮭魚，沒有一種比得上大西洋鮭魚。

海鱒

儘管它們與褐鱒關係密切，海鱒（sea trout）跟鮭魚一樣會在海河間迴游，所以又與其他種類區別很大。它們與鮭魚的形態相似，但身軀小一些，頭的形狀更尖，尾巴的形狀更接近方形。海鱒極少能長到3公斤重，這讓它們料理起來更加容易。它們的魚肉呈深紅色，肉質鮮美，口感柔軟、細嫩、多汁。

別名

海鱒也叫做鱒（salmon trout）或西海鱒。在法語中，它們叫truite de mer，在義大利語中叫trota di mare，在西班牙語中叫trucha marina。

購買

海鱒都是野生的，它們沒有野生鮭魚重，通常是整條出售，一條重約2公斤的海鱒可供4～6人食用。它們銀光閃閃，很有光澤。

料理

與鮭魚的料理相同。

▲海鱒

外來魚類

多虧現代運輸業，在歐洲和北美的市場上，可以購買到來自世界各地的熱帶魚類。但溫水魚類的口味比不上低溫水域的魚類，不過它們種類繁多，看起來賞心悅目。不要擔心不熟悉這些魚的料理方法，它們可用同樣的方法來料理，且更具有異國風味，所以，你可以嘗試一些新的口味。

杖蛇鯖

杖蛇鯖（snoek）又長又細的魚表皮光滑，呈現藍灰色，魚身兩側和腹部呈銀色，幾乎整個魚背上都有背鰭，尾巴附近有一系列棘狀突起。杖蛇鯖能長到2公尺，但通常只有60～90公分。它下頷突出並有一條邊線。生魚乾呈黑色，煮熟後變白色。梭子魚的魚刺長無規則。做成罐頭的杖蛇鯖，魚刺被軟化，使得它更可口而很受歡迎。

產地

杖蛇鯖廣泛分布於南半球的溫帶地區。

別名

在澳洲和紐西蘭，杖蛇鯖通常被稱couta，在南非，這種魚被稱為杖魚。

購買

在北半球買不到新鮮的杖蛇鯖，但你可以買到罐裝或燻製的。

料理

杖蛇鯖可焗燒、油炸或火烤。它們經常被放置於醋和辣椒中醃製，很有亞洲風味。煙燻的杖蛇鯖相當可口。

梭子魚

梭子魚（barracudai）是人們獵捕的物件，它們相貌可怕身形瘦長，尾部呈叉狀，鋒利的牙齒絕對可以發出猛烈的一擊。潛水員經常在珊瑚暗礁碰到這些令人驚恐的魚類，對他們來說，梭子魚絕對是潛水員心中不可抹滅的恐怖物件。世界上大約有20幾種梭子魚。最大是巨梭子魚，它表皮呈綠色，上面有些黑色線狀圖形，零星分布一些黑色大斑點。可長至1公尺。包括黃尾梭子魚、小太平洋與墨西哥梭子魚在內其他種類的梭子魚，它們肉質飽滿油滑，但卻有毒。為了安全，盡量不要吃未經煮熟的魚，最好是完全煮熟再吃。

產地

梭子魚主要生活在溫暖的海洋中，如太平洋和加勒比海，但有時也生活在更溫暖的大西洋裡。年幼的梭子魚一般成群活動，但成年的梭子魚常常獨來獨往。充滿好奇心，常常在暗礁附近游來游去，或跟隨在海濱沿岸散步的人。

別名

梭子魚在法語中叫brochet de mer，因為它看起來像一個長矛。義大利語稱luccio marina，在西班牙語中稱espeton。

購買

重達3公斤的小梭子魚是最佳的選擇。你可以讓魚販先秤一秤，再把它切成魚片。大梭子魚出售時通常已切好。梭子魚長年有售。

料理

梭子魚肉味道厚重，更適合用東方的辣味料理。魚肉本身較油滑，所以最好不要用奶油或太多的油。一整條小梭子魚可以水煮、燒烤或是焗燒。厚魚片和魚排可以加入咖哩，或是醃製在辣椒中，可烤可煎。

備選

任何一種肉質緊密、油滑的魚，如鮪魚或狐鰹魚。

▶梭子魚

尖吻鱸

　　這種漂亮的巨大魚類身軀很長，呈銀色，背部為深灰色，側線呈波浪狀，下頜突出。尖吻鱸（barramundi）可以長得很長，通常重達20公斤以上；目前為止，人們捕獲的最重紀錄達250公斤。而食用的最佳重量是10公斤。

產地

　　尖吻鱸常常出沒於印度洋與太平洋交界水域，從日本到東印度洋。它們經常在海岸附近出現，有時也出現在入海口或鹹水水域。

別名

　　尖吻鱸有時也稱為巨鱸。

購買

　　在安蒂波迪斯群島和亞洲以外的其他地方，你絕對找不到尖吻鱸的蹤跡。小隻的魚是整條賣的，大點的則是以魚排或厚魚片出售。

料理

　　一整條魚可以煎、烤、焗燒或油炸。做尖吻鱸的方法與做烏魴、鯛魚、鱸科魚和梭子魚的方法一樣。

▲飛魚

飛魚

　　飛魚（flying fish）的名字源於它們在空中滑行的速度，大約每小時60公里，這彷若飛彈的速度令人驚歎。它們主要是依靠無骨的胸鰭滑行，胸鰭大得有點不合比例，像翅膀一樣強壯有力。從水底起飛之後以高速越出水面滑行於空中。如果展開胸鰭，可以滑行約30秒，然後落入水中。飛魚的樣子看起來很奇特，但吃起來的味道反而不如看起來那麼令人驚歎。

產地

　　在加勒比海、太平洋和大西洋暖流中，有各式各樣的飛魚。它們經常被亮光吸引，有時漁民會在船邊掛盞燈，用來誘使飛魚自動「飛」入網中。

別名

　　法語中稱飛魚為exocet，義大利稱pesce volante，西班牙語叫pez voador。

購買

　　在販售時，魚販會展示出一整條飛魚，以便顧客能看到它們奇特的外形。大魚有時會切成魚片。它們運輸不便，所以最好是在捕獲它們的海岸附近購買。

料理

　　一整條飛魚或魚肉片可以裹上新鮮的麵粉，用油炸，放上奶汁烤菜烘烤，或者加入蕃茄、洋蔥和櫛瓜燉熟。

◀尖吻鱸

▲草莓色石斑魚

石斑魚

石斑魚（Grouper）是海洋生物大家庭中的一員。屬於食肉動物，種類達數十種，生活在溫暖的水域裡。肉質呈白色，結實且味道鮮美。這種魚的樣子有些憂鬱，下頜向上翹起，像一位終日憂鬱的少年。它們的顏色很漂亮，皮膚上有很多斑點。其中有一種體型大巨型石斑魚，重量達300公斤，更大的是格陵蘭石斑魚，可重達半噸。它們會襲擊潛水員。體型較小的石斑魚包括：紅色、黑色、黃色和馬拉巴爾石斑魚。

產地

溫水鮨科魚生活在非洲至加勒比海一線的溫暖水域裡。大多數鮨科魚都生活在岩石多的海岸，但也有一些生活在深水暗礁旁。

別名

在澳洲叫「岩石鱈魚」或「暗礁鱈魚」，法國叫merou，義大利叫cernia，在西班牙叫mero。

種類

鮨科魚有兩種基本類型：紅色和黑色。紅色鮨科魚的皮膚為紅棕色，上有黃色斑點。黑色為科魚身體的顏色由灰白色逐漸過渡為深黑色。

購買

全年都可買到鮨科魚。重量可達5公斤，通常切塊出售。不同種類的鮨科魚沒有什麼區別，而且口感十分相似。

料理

任何烹製鱸魚的方法都適用鮨科魚。可以添加一些辣椒和加勒比海風味的調味料。

備選

海鱸與太陽魚（金線鱧）都可以用來替換。

鬼頭刀

鬼頭刀（mahi mahi）有一個長而細的流線型身軀。背鰭從頭一直延伸到尾部，尾巴像燕尾一樣。它們是最快的游泳健將之一，最高的速度可達到每小時80公里。在水中游動時，表層皮膚顏色由綠變金，轉銀，再變成灰色，並且有金色和藍色斑點。平均體重為2.5公斤，但已知的體重有達到10倍的重量。這種魚肉質緊密、白皙，有甜甜的優質口感。

▼鬼頭刀魚排

▶鬼頭刀

產地

鬼頭刀生長於世界上任何溫暖的海洋中，極易捕捉，因為它們會被漂浮在水面上的物體吸引過來。

別名

鬼頭刀是夏威夷名稱，它們常被稱為鯕鰍或海豚魚（dolphin fish），儘管它們其實與海豚毫無關係。在法語中，它們叫coryphene，在義大利語中lampuga，在西班牙語中稱為llampuga。

購買

從春到秋，都可以買到鬼頭刀，通常是以魚排或魚塊的形式販售的。不要買急速冷凍魚，因為那就完全喪失了它原有的味道。

料理

夏威夷人生吃鬼頭刀，但最好是火烤或油煎。拌辣的東西會很好吃，比如塗上辛辣的墨西哥辣醬就很不錯。

備選

鮟鱇魚、海魴、鱈魚或任何其他肉質緊密的魚都可以作為鬼頭刀的替代品。

鸚嘴魚

鸚嘴魚（parrot fish）的嘴像鸚鵡嘴一樣堅硬（是由融合在一起的牙齒進化而成的），它們生活在珊瑚礁附近，以磨咬珊瑚礁上的海藻為食。鸚嘴魚大約有100多種，它們的身體堅實，顏色鮮豔，鱗片很

▼▶色彩鮮豔的鸚嘴魚

大。令人難以置信的是它們的顏色如此豐富：綠色、藍色、紅色等等。體型最大的是彩虹鸚嘴魚，可以長到1公尺，但大多數鸚嘴魚只能長到30公分長。像許多奇怪的魚一樣，鸚嘴魚的味道遠遠比不上它的外貌出色。

產地

鸚嘴魚生活在熱帶和亞熱帶海洋，常成群地在珊瑚礁附近。它們會壓碎珊瑚，然後進入柔軟的海洋生物體內，或把海藻從周圍的岩石上弄下來。

▲銀鯧魚

別名

法國稱perroquet，義大利pesce pappagallo，西班牙vieja。

購買

超級市場有售鸚嘴魚。購買時，要確保魚的顏色是清晰鮮亮，請勿購買已經褪色的魚。一條普通大小的魚可供一人食用，一條重達800～1000公克的大魚可供2人食用。大鸚嘴魚通常是成塊出售的。

料理

鸚嘴魚的肉味較淡，所以要添加一些椰子、大蒜、辣椒、檸檬草等熱帶香料。也可以整條燒烤或以油煎熟後，加入辣莎莎醬食用。

備選

可以用紅色鯛魚、太陽魚（金線鱸）、海魴代替。

銀鯧魚

鯧魚（pomfret）身體的形狀接近圓形，在背脊和肛門附近有很尖銳的魚鰭，尾巴像彎彎的剪刀，樣子與一般扁扁的平魚相差很多。幾乎沒有魚鱗，魚肉白嫩、柔軟、口感溫和。美國酪魚與銀鯧魚配在一起的味道也不錯。

產地

地中海地區生活著各式各樣的鯧魚，但味道最好的魚來自印度洋和太平洋。鯧魚生活在美國的西北部海岸。

購買

幾乎一年四季都可以買到鯧魚。約重400公克的鯧魚是整條賣的，可供一人食用。小魚的肉比較薄，所以盡量選購較大的魚，最好請供應商幫忙去魚骨。

別名

大西洋西北部的鯧魚也叫做「酪魚」，在美國有人因為其形狀，給它取名為金錢魚或南瓜魚，歐洲人叫它栗子，在法國又變成castagnole du pacifique，義大利是pescecastagna，西班牙是castagneta。

料理

可將鯧魚整條燒烤、油煎、烘烤、煮或蒸。加些香料和諸如椰子、檸檬草、羅望子等亞洲調料，味道會更好。這道菜是印度大廚的最愛，鯧魚在印度餐廳裡經常加在紅咖哩中，做成一道非常好吃的咖哩料理。由於鯧魚的肉很薄，肉質鬆軟，短時間就可以煮熟。

備選

可以用鱒魚或其他扁平的魚替代鯧魚。

鰺魚和竹莢魚

這一科數量龐大，有200多種。所有的魚表皮都很油滑，和青花魚相似，但味道較重。黑色的魚肉會在料理過程中逐漸變淡，不同種類的魚會在形狀上有很大的差別，但所有魚的尾巴均成叉狀，皮膚是彩虹色，好像是按比例繪製一樣。最常見的鰺魚（pompano）和竹莢魚（jack）是小「馬面魚」、大「黃尾」、琥珀魚和長面魚。料理中最好的魚是佛羅里達鰺魚，肉質豐滿，呈白色，其中長得最奇怪的是月鰺魚，有著扁薄的魚身和長圓頂形的前額，長得陰沉沉的。

產地

鰺魚和竹莢魚生活在世界各地溫暖的水域裡，它們成群地遷移，或圍繞珊瑚暗礁，或在海岸旁。

▲黃尾竹莢魚或稱國王魚

別名

在澳洲和紐西蘭，黃尾魚被成為「國王魚」，法國叫carangue，在義大利叫carango，在西班牙叫caballa。鰺魚在法國的名字是palomine，在義大利是leccia stella，在西班牙是palometa blanca。

購買

全年都可以買到鰺魚和竹莢魚。它們通常是整條出售，也有可能是剔骨後出售。在佛羅里達以外的地區也許只能買到人工養殖的鰺魚，但它的確可以稱得上是優質魚。

▼黃尾竹莢魚魚塊

料理

竹莢魚的料理方法與青花魚相同。結實的魚肉與紅辣椒、生薑、芫荽葉等東方調料是完美的組合。可以在魚身體內填麵包粉或蟹肉，然後進行烘烤、火烤或燒烤。也可以在魚的肉外包一層鋁箔紙再進行料理，還可以泡在牛肉湯裡蒸或煮，加入醬油或魚露和新鮮的生薑。日本人則把它們做成生魚片。

鯛魚

全世界所有溫暖水域中，生活著250多種鯛魚（snapper）。最有名、味道最佳的是美國的紅色鯛魚（笛鯛科笛鯛屬）。全身上下，包括眼睛和魚鰭均為鮮紅色。絲綢鯛魚和它相似，但尾巴是黃色。其他種類的鯛魚還有：粉色鯛魚，也可以叫做opakapaka、黃尾鯛魚、非洲鯛魚、印度洋～太平洋鯛魚和羊肉鯛魚，這種魚常為橄欖綠色，身上有豎形條紋（可以變色）。它們的頭全都是圓頂形，大大的嘴，大大的眼睛長在頭頂上。大多數鯛魚都在1.5～2.5公斤之間。但羊肉鯛魚可以達到10公斤，而黃尾鯛鰈均只有250公克。鯛魚的魚肉呈白色，薄而結實、味道甚佳。

▼紅色帝王鯛

就找得到它的蹤影。它的種類很多，顏色從灰色到鮮紅色的都有。魚肉呈白色，濕潤且略帶甜味。

產地

產自溫暖的熱帶淡水和鹹水水域。全世界均可養殖。

別名

在埃及和以色列，有時會以「聖彼得之魚」（St. Peter's fish）之名出售，請勿與海魴混淆。

購買

全年都可以買到吳郭魚。小隻的整條出售，大隻的剔骨後出售。一條小的吳郭魚（約重350公克）可以供一人食用，675公克約可供2人食用。

料理

可在整條吳郭魚內填充食物後烘烤、燒烤、或者火烤。細膩的魚肉如能配合中式調料則會大大提升它的味道。也可以在魚片外裹一層雞蛋加麵包粉或者麵糊，然後油炸。

備選

可以用鯉魚、太陽魚（金線鱸）、梭鱸魚代替吳郭魚。

產地

紅色鯛魚產自佛羅里達州、美國中部及南部深海地帶，其他種類則產自大西洋加勒比海到印度洋、太平洋一線的溫暖水域裡。

別名

產自印度洋和阿拉伯海的鯛魚又名job或jobfish。法國人稱vivaneau，義大利叫lutianido，西班牙叫pargo。

購買

鯛魚全年都可以買到。有很多假冒的紅色鯛魚，實際上這些假冒品是另一種較低級的魚種，真正的美國紅色鯛魚有紅色的眼睛。一條重約1公斤的魚可供2人食用。2公斤的大魚可做一道4人份的佳餚。

料理

鯛魚的料理方法有很多，可以烘烤、燒烤、煮、蒸或油炸。加入紅辣椒、芒果和椰子更帶有加勒比海的風味。

備選

可用灰鯔魚、太陽魚（金線鱸）、海魴、海鱸替代。

吳郭魚

吳郭魚（tilapia）屬於龐大的棘鰭類熱帶淡水魚，麗魚科一員，它只有一個鼻孔。雌魷雄魚小，科學家已成功地培育出一種幾乎只繁殖雄性魚的吳郭魚。吳郭魚為淡水魚，但也可以在海裡生存，熱帶海洋

◀吳郭魚

軟骨魚

軟骨魚綱的魚沒有硬骨，它們的骨骼全由軟骨構成。這古老的魚類大多已變成化石，但仍約有500種還生活在地球上，包括可食用的鯊魚、狗鯊、魟魚和鰩魚等。軟骨魚被認為是從淡水魚進化而來，為了適應海洋的環境。與其他種類的魚不同，軟骨魚沒有控制浮力的氣囊，但它們有很大的肝臟，肝臟中高含量的油幫它們漂浮在水中；這種油常被提取出來，用於醫學中。幾乎所有軟骨魚都有很長的吸盤，嘴在頭的下方，有很多排牙齒，一排緊挨著一排。第一排磨損了，就開始使用第二排。它們的魚鰭堅硬多肉，沒有魚鱗，身上覆蓋著朝向後方的齒狀突起物，令表面變得粗糙。當它們死亡後，體內的尿素會轉化為氨，散發出一股難聞的氣味，所以務必要在魚肉新鮮時食用。

鯊魚科

鯊魚科（The shark family）的成員眾多，從個頭很小的角鯊魚到龐大重達4,000公斤的姥鯊（光是肝臟就可達到500～700公斤）。可食用的鯊魚包括：鯖鯊、大青鯊、馬科鯊、翅鯊和狗鯊。模樣平凡，沒什麼美名，但也有一些味道很好。鯊魚的肉質結實，略帶甜味。

購買

鯊魚是成塊或成片出售，魚肉中會有淡淡的臭味，如果魚肉新鮮，臭味會在料理時消

▼鯊魚肉可成片或成塊購買，魚肉有些乾燥，所以最好將其浸泡在調味醬中

失。但如果魚肉已經放置了一周或更長的時間，臭味則會變得很濃烈，任何方法都不能除去這種味道。

料理

鯊魚肉既結實又香濃，與咖哩是完美的組合，可燒烤、火烤或用平鍋油炸。為防止魚肉變乾，可在料理前浸泡橄欖油和檸檬汁，或在其表面裹一層豬背油。也可以用文火燉，或置於白起司醬、覆上麵包屑再烘烤，或在燒烤時澆一層糖漿。鯊魚肉可以加在魚湯或砂鍋菜中，也可在冷卻後和檸檬蛋黃醬一起做成沙拉。做成家庭燻肉也是不錯的選擇。

備選

任何肉魚都能代替鯊魚，用上述方法料理，可以嘗試一下鮟鱇魚、旗魚和鮪魚。

大青鯊

大青鯊（blue shark）是種遷移鯊魚，有極其鋒利的牙齒，魚背光滑且呈紫藍色，逐漸向腹部過渡為鮮藍色，腹部為雪白色。體積最大約4公尺長，白色的魚肉味道不太鮮美，但魚翅常被用來燉湯。

別名

在法國被稱作「藍皮」（peau blue），在義大利是verdesca，在西班牙則tintorera。

狗鯊

在這些鯊魚科的小成員中，有三種是經常被食用的，包括角鯊、星鯊，以及體型較大、可食用肉較多的斑點貓鯊。第一種魚的魚皮是棕灰色的，有很多棕色的圓點。第二種魚是灰色的，第三種是微紅色的。出售前，魚販會剝去它厚而粗糙的魚皮。有斑點的小角鯊魚會長到80公分，第二種魚會長到1.2公尺，第三種魚會長到1.5公尺。在市場中見到的魚基本上是上述長度的一半。魚肉呈白色或略帶粉紅色，肉

▲斑點小角鯊，通常去皮後出售，但不剔骨，經常叫做huss或rock salmon

炸魚的首選。也可沾附橄欖油後燒烤或火烤，用它做成沙拉或燻魚，味道也不錯。

質結實，味道很好。當然了，還沒有魚骨。

產地

世界各地的冷水水域中都可以見到不同種類的角鯊魚。

別名

鯊魚有很多的名字，比如huss、flake、rigg甚至rock salmon，雖然最後一個是完全錯誤的名稱。星鯊也叫做spinebacks或spiky dogs。在法國，根據大小叫做大、小貓鯊，或是小鮭魚，這個名字很容易令人誤解。在義大利，它的名字是gattopardo（美洲豹），在西班牙則是pata-roxa。

購買

狗鯊經常是剝皮後呈片狀出售。很便宜，一年四季都可以買到，魚肉必須很新鮮，請在購買前確認沒有聞到臭味。

料理

狗鯊的肉質結實，料理方法與鮟鱇魚、鰩魚相同。可以放在砂鍋菜、肉湯中，也是做

狗鯊魚片

狗鯊中間的軟骨很容易去除，沒有其他的魚骨，通常在去皮後整條出售。要使用鋒利的長刀切肉，從軟骨的兩側切起，使用刀刃的全部長度並且盡量靠近軟骨。魚肉就會自然脫落。

克里奧爾式辣味鯊魚

在加勒比海和美國南部，鯊魚是很受歡迎的。它的烹飪法體現了兩種文化的結合。

做一道4人份的菜需要4塊鯊魚排。首先，準備2個酸橙，擠出橙汁、2瓣大蒜切碎、2個紅辣椒去籽切碎、黑胡椒和鹽，將它們混合在一起並加入15ml的水攪拌，再倒入一個非金屬盤中。將魚排浸泡在上述混合物中，務必使魚的表面全部被覆蓋。然後把魚排放在低溫或冰箱裡數小時。

開始料理之前，準備2個洋蔥，將之切片，4枝蔥、4個蕃茄、2個新鮮的紅辣椒或綠辣椒去籽，切碎。將30ml的油倒入長柄有蓋淺鍋中，加入蔬菜、辣椒和魚排，將魚排置於蔬菜上方。蓋上鍋蓋煮約20分鐘，直到肉變鬆軟。將一個酸橙的橙汁擠在上面，用切好的巴西里葉做點綴。可配合克里奧爾米和豇豆一起食用。

▼鼠鯊，在魚販和市場裡出售時經常使用它的法文名taupe

馬科鯊

馬科鯊（mako shark）屬於鯖鯊魚科的一種，游動速度很快，灰藍色的身體呈流線型，腹部白色，身長可達2～3公尺。生活在亞熱帶溫暖水域裡。它們有破壞魚網和魚線的習慣，不易釣，所以喜歡釣魚的人視之為寶。馬科鯊肉質結實，呈白色，常成片、成塊出售，魚肉沒有什麼味道，但可以與味道濃烈的調味料汁搭配食用。

別名

法國人叫它taupe bleu（藍角鯊），在義大利叫squallo mako或ossirina，西班牙叫marrajo。

鼠鯊

強壯、有灰色斑點的鼠鯊（porbeagle）是大白鯊的近親。生活在低溫水域的水面，人們對它的身長和壽命所知甚少。鼠鯊被認為是最纖細的可食用鯊魚，肉質結實豐滿，呈粉紅色，常被比喻成小牛肉，通常成片、成塊出售。

別名

法國人叫它taupe（角鯊）或veau de mer（海洋小牛肉），在義大利人們叫它smeriglio，在西班牙則是cailon。

料理

鼠鯊的肉質和小牛肉很相似，可以把它像肉一樣切成薄片，浸泡在雞蛋和麵包粉中，像米蘭小牛肉一樣用平底鍋油炸。也可以使用任何一種鯊魚肉烹飪法。

翅鯊

灰色的翅鯊（tope）有朝向斜上方的鼻子，鋸齒狀三角形的牙齒。儘管可以食用，但味道一般，最好是切成厚片，放在混合魚湯或砂鍋裡。

▼翅鯊

別名

在法國叫milandre，義大利叫cagnesca，西班牙叫cazon。

魟魚和鰩魚

雖然魟魚（ray）及鰩魚（skate）是同一科中的不同成員，但想在魚販的砧板上區別它倆，幾乎是不可能的，因為人們只出售它們的「翅」，從不賣整條魚。它們的身體很大，形狀像風箏，尾巴又長又薄，有扁平的胸鰭（也就是「翅」）。皮膚呈灰棕色，根據種類的不同有光滑、粗糙、和有刺的三種。它們有很短的吸盤，大嘴和巨大鋒利的牙齒。可以根據吸盤的形狀進行辨別，鰩魚的吸盤是尖的，最大的魟魚有2.5公尺的吸盤，重達100公斤。

刺魟魚

它被認為是味道最好的，但從美食學的角度上講，很難區分食用魟魚和鰩魚的區別。它們的肉質都是濕潤、豐滿、略帶粉紅色的、紋理細膩，味道很好。人們通常只吃胸鰭，但魚頰也是美味佳餚，鰩魚尾部的肉瘤就是叫做「鰩魚把」的食品。肝臟的味道也不錯。

產地

魟魚和鰩魚生活在低溫或溫和的水底，它們很懶惰，藏在海床上等待獵物從身邊游過。它們不用張開嘴就可以呼吸。大部份魟魚都會產卵，每個卵外都圍著一個名為「美人魚荷包」的四角黑色囊。

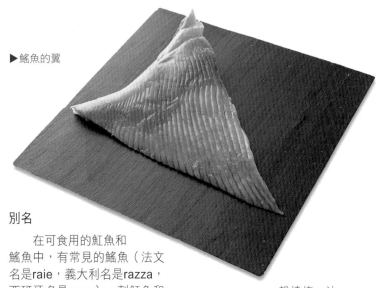

▶ 鰩魚的翼

別名

在可食用的魟魚和鰩魚中，有常見的鰩魚（法文名是raie，義大利名是razza，西班牙名是raya），刺魟魚和花尾燕魟等。

購買

一年四季都可以買到鰩魚，但秋冬兩季最佳。小一些的魚鰭是整個出售，如果你想要大片的，可以要求從魚的腰部切下魚鰭。魚鰭上有一層黏液，即使是在魚死後，這層黏液仍會不斷地再生。檢驗魚鰭是否新鮮的方法是：仔細地去除這層黏液，看它是否會再出現新的一層。即使是新鮮的鰩魚也會有一些臭味，這是正常的現象，但臭味會在料理過程中逐漸消失。

料理

在料理之前，用冷水將魚鰭洗淨以減少臭味，如果是有皮的，可在料理後去除。用鰩魚做的傳統菜是raie au beurre noir（鰩魚加入熬得發黑的奶油）。作法是先放在加入少許醋或海鮮料湯的水裡煮10分鐘，然後去水，灑上續隨子，將一些奶油熬成棕色（不要燒焦或燒成黑色），倒在魚鰭的表面。也可以與麵糊或咖哩一起燒烤、油炸，還可以做成美味的沙拉。它的質地呈膠凍狀，適合做成魚湯、砂鍋和魚醬。

備選

可以用菱鮃、鰈魚、海魴、或庸鰈代替。

熟鰩魚去皮

1 將鰩魚放在砧板上，用比較鈍的刀子從較厚的一邊向著薄的一邊刮。

2 扔掉魚皮，用同樣的方法將魚肉從軟骨上刮下來。

深海魚和垂釣魚

在海洋深處生活著很多從不接近海岸的魚，它們有奇怪的外形和鮮亮的顏色，但人們卻很少見到，這是因為它們在捕上船後就被做成魚片。許多可食用的深海魚都可以在紐西蘭、南非和南美洲海岸找到。加勒比海是馬林魚等大型垂釣魚的家園，狂熱的垂釣者會花大錢來享受一天的垂釣時光。人們對這些深海怪獸的生活週期知道甚少，但能肯定的是，隨著近海魚的數量逐漸減少，我們會看到越來越多的深海魚出現。

南極黑鱸魚

南極黑鱸魚（Antarctic seabass）並非真正的黑鱸魚，它還有其他的名字，如toothfish（牙魚）、icefish（銀魚）和智利黑鱸魚。它的魚肉是白色的，紋理清晰，味道也不錯，但還是比真正的黑鱸魚稍遜一籌。

產地

南極黑鱸魚生活在南半球，即從南極洲到福克蘭和智利一帶。

購買

一年四季都可以買到片狀的南極黑鱸魚。用針戳進魚肉裡，檢驗魚肉是否結實。此外，購買時你還應注意是否用黑鱸魚的價格購買了南極黑鱸魚，因為前者要貴得多。

料理

料理南極黑鱸魚的方法與鱈魚或其他圓形白肉魚的方法相同，加入一些美味的調味料會提升它相對平淡的味道。

孔頭底尾鱈

這類樣貌與眾不同的魚約有50種，儘管生活在200～6,000公尺（確切數據不明）的海底，但它們也許是最龐大的魚類科。孔頭底尾鱈（grenadier）長著一個突出的大腦袋，頭上有感知器，可幫助它們在漆黑的深海前進。由於從身體到尾巴逐漸變細的特點，又被稱作長尾鱈魚（rattail）。它的魚鰾不斷地顫動，發出咕嚕咕嚕的聲音。此外，它的肉質濕潤，呈白色，雖然樣子不好看，但味道可是一級棒。

產地

世界各地都有孔頭底尾鱈，生活在很深的海底，以發光的小生物為食，即使在漆黑的海底，也能夠捕捉到食物。

購買

一年四季都可以買到孔頭底尾鱈魚片，也有新鮮全魚，但在北半球通常是冷凍的。

料理

可以將魚肉放在鍋裡油炸，或在魚肉上刷一層油，燒烤食用。搭配奶油醬灑上麵包粉烘烤食用也是不錯的選擇。

備選

可以用鱈魚、無鬚鱈、藍尖尾無鬚鱈或其他肉質結實的魚代替。

藍尖尾無鬚鱈

藍尖尾無鬚鱈（hoki）與孔頭底尾鱈外形上很相似，與無鬚鱈都有「血緣關係」。魚肉均呈白色薄片狀，魚背為藍綠色，側面和腹部為銀色，身體呈蝌蚪形，尾巴處尖尖的。一條藍尖尾無鬚鱈的平均長度是60～100公分。

產地

澳洲南部和紐西蘭海岸一帶有很多的藍尖尾無鬚鱈，南美洲也可找到它的同類。它們生活在海下500～800公尺處。

▲藍尖尾無鬚鱈肉，長而薄，肉呈淡粉色，料理後肉質細膩，與無鬚鱈一樣

別名

在澳洲，人們叫它blue grenadier，在紐西蘭，有時會叫做whiptail。

購買

一年四季都可以買到藍尖尾無鬚鱈，通常成片或成塊出售，常用來做成魚條。

料理

鮮美的白色魚肉適合多種料理方法，尤其油炸。味道清淡，最好配上蕃茄醬或奶油醬。也可以切塊做成燻魚。

備選

無鬚鱈、鮟鱇魚和huss都可以代替。

馬林魚

釣馬林魚（marlin）多被視為一種運動，並非出於商業目的。它是一種外形很好看的長嘴魚，速度快、耐力佳。長嘴魚這個名字來自它的外形，顎明顯向上伸長，形成烏嘴或魚叉的形狀。它有漂亮纖細的身體，光滑閃著彩光的皮膚和長得高高的背鰭，當它在水裡急速前行時，背鰭就會往下折。種類很多，最常見的是藍色、黑色（最大的馬林魚）、白色（最小的）和有條紋的。可以長到300公斤，但平均重量只有160～200公斤。深粉色的肉富含脂肪，肉質結實，味道很難辨別。

產地

馬林魚生活在世界各地溫暖水域裡。與食肉動物不同，它們沒有牙齒，是用魚嘴擊暈其他小魚，然後再捉住它們。

別名

在法國它叫makaire，在義大利是pesce lancia，在西班牙則是aguja。

購買

夏季可以買到塊狀的馬林魚，最好是購買從小馬林魚身上切下的魚塊。在美國，馬林魚經常做成燻魚後出售。

料理

與旗魚的製作方法相同。也可以將其浸泡在調味料中，製成檸檬漬魚。

備選

可以用旗魚、鯊魚和鮪魚替代。

旗魚

旗魚（saifish）很像馬林魚，但比馬林魚好看，有漂亮的流線型身體和金色的魚背，背上有藍色的斑點和波浪形藍色背鰭。它的速度可達到每小時96公里，展開的背鰭如同船帆一般。當被魚柵困住時，它就會變成勇敢的鬥士，在空中瘋狂地表演「高難度動作」。

產地

與馬林魚相同。

▲馬林魚魚塊

別名

法國它稱voilier，義大利叫pesce vela，西班牙是pez vela。

購買

通常在夏天可以買到塊狀的旗魚。最好是購買從小旗魚身上切下的魚塊。

料理

與馬林魚相同。

大西洋胸棘鯛

大西洋胸棘鯛（orange roughy）外形難看，但味道鮮美，有橘黃色的身體、魚鰭和寬大的腦袋，背脊和腔內多骨。雖然它們並不大（平均重量為1.5公斤），但通常一補獲就已被清理乾淨，除去魚骨。魚肉呈珍珠白，很像鱈魚，但卻有甲殼類的甘甜味道。

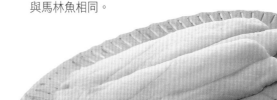

▲大西洋胸棘鯛魚肉

產地

很多年來，大西洋胸棘鯛一直被認為只生活在冰島水域裡的。但到了1970年代，人們在地球另一端的紐西蘭周圍深海裡發現大量的大西洋胸棘鯛。現在，這個地區向世界各地出口大西洋胸棘鯛。

別名

在澳洲，有時叫它sea perch，在法國叫hopostete orange，義大利叫pesce specchio（白鬚鯵），在西班牙則稱reloj。

購買

全年都可以買到大西洋胸棘鯛的魚片，如果你運氣夠好，也可以買到新鮮的全魚，但通常都是冷凍的。

料理

大西洋胸棘鯛在料理時不會變形，如蟹肉般的味道使它能與其他海產融合。可做成湯或燉魚，用平底鍋油炸、烘、烤、蒸、煮也適合。還可以沾些麵糊、雞蛋或麵包粉油炸。

備選

可以用鱈魚、黑線鱈等肉質結實的魚代替。

▲紅大馬哈魚

紅大馬哈魚

顏色漂亮的紅大馬哈魚（redfish）曾經是最重要的深海魚，在北部的漁場裡每年的捕獲量巨大。由於很多新種類的魚出現，它已不如從前有名了。紅大馬哈魚可以長到5公斤，魚肉呈白色，肉質濕潤，略帶甜味。又被稱作海平（ocean perch）。

產地

紅大馬哈魚多生活在大西洋和北海寒冷的深海裡，也有部份生活在太平洋裡。

別名

紅大馬哈魚又名海平魶或挪威黑線鱈。法國叫rascasse（不要和它的親戚蠍子魚相混淆），義大利叫scorfano（ditto），在西班牙它叫gallineta nordica。

購買

全年都可以買到整條或成片、塊狀的紅大馬哈魚，一條全魚重量在400～600公克之間，約可供一人食用，一條1～1.5公斤的魚可供2人食用。

料理

紅大馬哈魚適用各種料理方法，可配合地中海風味和其他味道的調味料，加奶油醬烘烤也是不錯的選擇。

備選

可用無鬚鱈或鱈魚代替。

黑色紅大馬哈魚

紐澳良有一道菜叫做黑色大紅馬哈魚，添加了克里奧爾香料，很受歡迎。在大紅馬哈魚肉片的兩側裹一層厚厚的乾香草和胡椒粉、胡荽、紅辣椒、辣椒粉、乾百里香和奧勒岡葉混合而成的調味料，然後放入高溫油鍋內炸或以淺鍋煎煮，直到表面調味料層發黑、變焦就可以起鍋裝盤。外焦內嫩，可說是美味至極。但是這種料理會產生很多油煙，所以在料理時，要記得把廚房的窗戶打開。

劍魚

劍魚（swordfish）是有名的烹飪用魚和獵用魚，與別的喙魚不同的是，劍魚既沒有魚鱗也沒有牙齒。而其他方面，在水中快速穿行的劍魚，儘管只把它彎曲的背鰭露出水面，優雅的動作仍然引人注目。它長長的「劍嘴」占身體總長的三分之一，看上去就像強有力的武器。不過，沒人知道它是用來獵殺獵物還是只用來嚇唬小魚兒。有的劍魚擁有龐大的體積，重量竟達600公斤。劍魚肉多味美，且肉裡透著白，脂肪含量低

肉質有點偏乾。因此，烹飪劍魚肉時需要特別小心才行。

產地

劍魚屬遷徙性魚類，廣泛分布於溫暖的深水域。他們有時會遷徙到北歐海域，但通常會棲息於地中海。

別名

劍魚的法語espadon，義大利語pesce spada，西班牙語則為pez espada。

購買

一年四季都可以買到劍魚，而且通常以魚片的形式出售。有時也可以買到急速冷凍的劍魚。劍魚肉極豐富，150～165公克就足夠一個人吃。所以最好不要選購冷凍劍魚。購買時盡量挑選肉厚的劍魚片，因為薄的魚片在烹飪的過程中更容易乾癟。

料理

烹飪時切記不要讓劍魚變乾，因此，燒烤劍魚時要經常用橄欖油加以潤澤，時時滴上幾滴純橄欖油或香料奶油。劍魚還可以用來做成美味的劍魚肉串，也可以拌上辛辣的醬油

▲劍魚塊

劍魚捲

將劍魚片包在保鮮膜中輕壓，再將壓過的魚片捲入內餡，即可製作劍魚捲。首先挑選一塊1公分厚的魚片，用肉杖或麵棍把它壓成只有0.5公分厚。

用搓碎的巴馬乾酪、麵包粉和剁碎的新鮮香草跟雞蛋攪拌一起即可做成劍魚捲的餡。再用劍魚片把餡捲起來並用木質的牙籤固定。

把弄好的劍魚片放入淺的平底鍋，加入約300ml調味蕃茄醬。用慢火煮，煮沸後，小火燉約30分鐘，期間翻一遍。30分鐘後，把劍魚捲上的牙籤拿掉，繼續在鍋裡加熱。

後的劍魚同樣美味可口。劍魚還可以用胡椒、蕃茄與茄子等地中海風味調味料蒸或烤。但是，劍魚沾上用新鮮的碎胡荽做成的辣蕃茄莎莎醬味道會特別好。

調味。把劍魚浸泡在橄欖油及用大蒜和新鮮香草調味的檸檬汁混合物中，然後放到已經預熱的隆底鍋中烙或烤，做成

備選

鯊魚或鮪魚。

▲劍魚

▲ 頜針魚

五花八門的魚種

有一些魚不屬於任何的類別。正如我們這節要介紹的魚一樣，他們的共同處僅在於他們的美味。但是，他們都有奇怪的外表，例如又醜又可怕的鮟鱇魚、細長而醜陋的海魴和如針般發出綠色鱗光的頜針魚。鮟鱇魚和海魴甚少整條出售。因此，總是被大量浪費掉。導致這些上等的食用魚售價特別高。

頜針魚／頜針魚

頜針魚（needlefish）有五十多種。大多棲息在熱帶海域中，但有一部份，如頜針魚（garfish），棲息在冷水中，另有一種生活在淡水中。許多人都不喜歡頜針魚針般的外表，或許因為它們外表呈鮮豔的銀灰色和藍綠色，喙像矛一樣又長又尖。

頜針魚可以長到2公尺長，但一般的頜針魚只有80cm長。即使在烹飪的過程中，頜針魚的魚骨也泛綠光（這是無害的），它們的肉也泛著綠色，但在烹飪時會變白。除了這些外表上的缺點外，頜針魚還是十分美味的，它結實的魚肉可以輕鬆的從脊骨中分離，而不會被一起吃下。

產地

頜針魚棲息於大西洋和地中海，有時會飄流到淡水中。其他的頜針魚分布在熱帶：黑海、太平洋。大西洋還是亞種——針魚的故鄉。但被食肉動物威脅或追趕時，頜針魚有時會躍出水面，像危險的飛彈一樣劃破空氣。它針一樣的喙其殺傷力在漁夫中是出名的。

別名

頜針魚的法語為aiguille，義大利語aguglia，西班牙語aguja。針魚因為習慣在水面上自由跳躍來逃避追捕，又叫跳躍的魚。針魚和頜針魚的法語是balaou，義大利語為costardello，西班牙語則是paparda。

購買

頜針魚是整條出售的。要是你不喜歡那樣，可以請魚販清洗後切成5公分的大塊。

料理

要料理整條頜針魚，需先徹底清洗，然後用檸檬汁塗抹內部，最後把頜針魚捲起來，用尖尖的喙戳穿尾部以便形成一個環狀。再用橄欖油、檸檬汁、大蒜與碎巴西里葉做成的醃汁塗抹頜針魚，烙烤約15分鐘，期間多次潤溼。大塊的頜針魚或針魚可以先用調味粉塗抹，然後加上奶油或油用平底鍋煎。也可以跟洋蔥、番茄一起燉。由於頜針魚具黏性，故可以做成上等的湯、燉品或粉蒸魚。

海魴

海魴（john dory）相傳是獻給宙斯的祭品，因此，它的拉丁名字叫Zeus faber。它纖細的身體呈橄欖褐色，臉極其醜陋，背鰭多刺且蔓延著長長的細刺。海魴的身體中部偏右的地方有個最突出的特徵——一個被黃色包圍著的大黑點，據說這是聖・彼德的指紋。據說，聖・彼德在加利利海抓到一條海魴，並在它的身上留下了他的指紋。而且，他還在海魴的嘴裡發現了一塊金幣。他用這塊金幣支付了當時頗受非議的稅金。因為加利利海是淡水湖，所以湖裡不可能有海魴，因此這個令人振奮的寓言故事也只是傳說而已。但從那之後，海魴就被稱為「聖・彼德之魚」。儘管海魴的外表毫不引人注目，但是它是最美味的魚之一。它結實、鮮美多汁

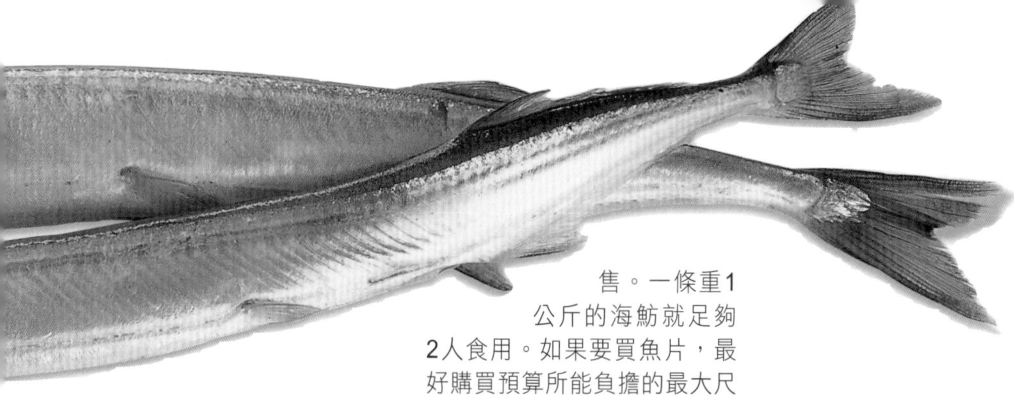

的白色魚肉跟庸鰈、多佛鰈魚差不多。

產地

海魴生活在大西洋；那些來自美國海岸水域的海魴被稱為美國海魴（Zenopsis ocellata），來自東大西洋、英國、挪威到非洲、地中海的是歐洲海魴（Zeus faber）。來自南半球的另一物種（Zeus japinica）棲息於印度洋到太平洋的海域。

別名

據說海魴的名字來自法語jaune dore（金黃色），這正是對新鮮海魴的金色光澤的描繪。另一種說法認為它來自義大利語janitore（看門人）。儘管這樣，大多數國家在談到海魴時，都會想到關於聖・彼德的傳說。海魴的法語叫St Pierre；義大利語叫San Pietro；西班牙語則叫pez de San Pedro。

購買

由於海魴頭部巨大，有將近三分之二都是廢物。因此，海魴特別貴。小的海魴重1～2公斤，整條出售。一條重1公斤的海魴就足夠2人食用。如果要買魚片，最好購買預算所能負擔的最大尺寸，否則會太薄。每份最好重150～200公克。

料理

整條的海魴可以用來烤、燉、焗燒、蒸或煮；用蛋黃醬煮海魴是一道頗受好評的威尼斯或加泰羅尼亞菜餚。海魴鮮美多汁的肉配上地中海的調味料，如蕃茄、茴香、紅辣椒、橄欖油和番紅花粉正好。海魴片的作法跟鰈魚、菱鮃和庸鰈的作法一樣。倘若再配上紅酒、白酒或奶油醬的味道就更好。小塊的海魴片可以用來熬營養豐富的魚湯如法式海產什錦湯或海鮮湯，或跟其他的魚片一起用在烤肉大雜燴中。

備選

菱鮃、鰈魚、大比目魚和庸鰈可以代替海魴。

法式海產什錦湯

世界上最經典的菜餚之一就是普羅旺斯的魚湯，即法式海產什燴湯。與其說它是湯，還不如說它是雜燴。最初這道菜是漁夫們在海灘上用賣不出去的魚煮成，如多刺的蠍子魚。鮋魚被認為是這道料理最重要的材料。這湯還可以放入鮟鱇魚、鱸魚、海魴和其他地中海魚類，或加入小螃蟹和其他的甲殼類。這些全都與蕃茄、馬鈴薯和洋蔥一起煮，用大蒜、橄欖油和番紅花調味。有時，煮汁單獨作為湯和大蒜麵包一起呈上，但魚則作為另一道菜呈上。今日，法式海產什燴湯不再是漁夫的雜燴，而是高級餐館中一道非常昂貴的菜。

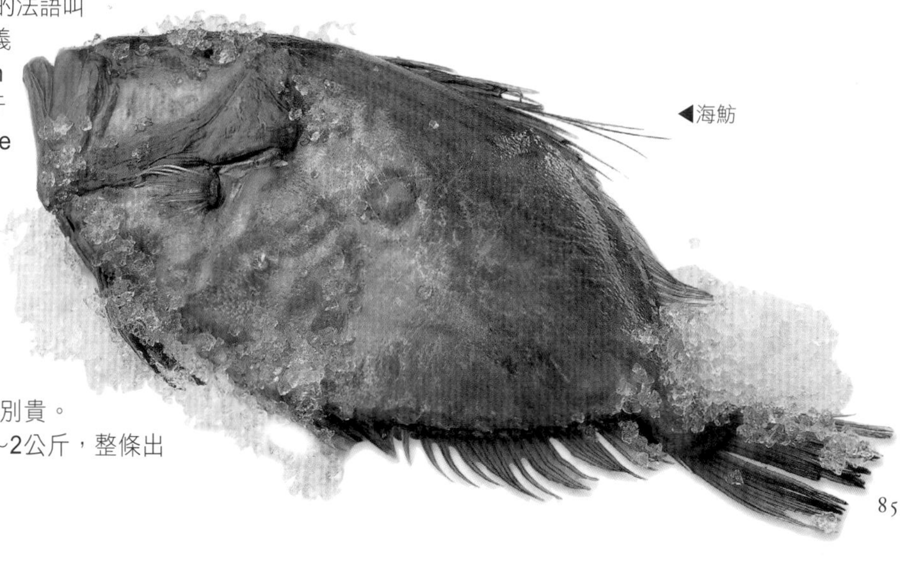

◀海魴

鮟鱇魚

這種魚鮟鱇魚（monkfish）極其醜陋，有個巨大的頭部，上面有所謂的「魚竿和誘餌」能捕捉到獵物，因此又被叫做琵琶魚（angelfish）。他有一個巨大的嘴，邊上都是致命的尖牙，鼻子上還有一條來回搖擺的「魚竿」（實際上是它背鰭上的第一根脊骨）。棕色無鱗的皮膚裹著小小的身體。由於頭部醜陋不對稱，總是先被去除，所以一般人在魚攤上只能看到它的尾巴。不同於它的頭，鮟鱇魚的尾巴是全身最好的部份。它的肌理結實美觀，味美甘甜，品嘗起來像吃龍蝦肉。其實有些投機者就把鮟鱇魚當成龍蝦或挪威海螫蝦賣。它的尾部只有脊椎一根骨頭，所以處理方便味道極好。鮟鱇魚的肝臟，據說是最美味的菜餚。

產地

鮟鱇魚生活於大西洋和地中海。他們潛伏在海底，用他們的「釣竿」去誘惑經過的魚。是完全的食肉動物，有時還會游出水面捕食小鳥。

種類

最好的鮟鱇魚是海惡魔（Lophius piscatorius）和相似的黑腹琵琶魚（L. budegassa）。後者在西班牙價格極為昂貴。美國鮟鱇（L.americanus）稍次，紐西蘭的鮟鱇魚更是敬陪末座。

別名

鮟鱇魚又叫修士或釣者。它的法語是lotte或baudroie，crapaud或diable de mer（「海蟾蜍」或「惡魔」），義大利語是coda di rospo或rana pescatrice（捕魚的青蛙），而西班牙語則為rape。

▼鮟鱇魚

購買

一年四季都可以買到鮟鱇魚，但最好的購買時節是在春夏產卵前。一般買整條尾巴或魚片，也可以買切成薄圓的魚片。一般來說，尾巴越大，品質越好；避免購買那些瘦弱、皮包骨的尾巴。帶骨的尾巴，每人大概200公克的量。一條1.5公斤重的尾巴可以供4～6個人食用。購買時可叫供應商把尾巴上的皮和膜去掉。

料理

烹飪整條鮟鱇魚尾巴最好方法之一就是把它當成一條羊腿；用細繩綁起來，灑上大蒜蓉和百里香或迷迭香葉，塗上橄欖油後放到預熱的烤箱烘烤。這道菜又叫海中羊腿（gigot de mer）。鮟鱇魚還可以烤成肉串或用鍋煎，或水煮後冷凍再加上大蒜味蛋黃醬，或用地中海的蔬菜或白酒、番紅花和奶油蒸。還可以跟鮭魚、紅鰹魚和甲殼類等海產搭配食用，以前它還用來熬法式海產什錦湯和其他營養豐富的魚湯。把鮟鱇魚片泡在橄欖油和檸檬汁中，然後塗上麵粉，用奶油炒鮟鱇魚魚片也非常美味。

▲圓厚的鮟鱇魚片有時可以在識貨的行家處買到

備選

沒有別的魚能跟鮟鱇魚結實美味的肉質相比，但是康吉鰻、海魴、鯊魚或鱈魚可以取代之。

處理鮟鱇魚尾

尾巴是鮟鱇魚最好的部份。因為它富含水份，所以烹飪魚片時應少放液體。他們處理起來很簡單。

1 用一隻手牢牢地抓住尾巴上厚的一端，用另一隻手從厚的一端剝去魚皮。

2 小心地剝去黑色或略帶粉紅色的薄膜。

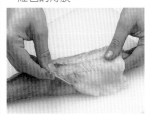

3 沿脊椎（沒有其他的小骨頭）把尾巴切成兩塊，用一把鋒利的刀把他們切成魚片。剩下的脊椎可以用來做高湯。

月魚

月魚（opah）也叫月亮魚、太陽魚或斑點月魚。這種橢圓形的魚美麗而細長，青色的背部就像淡粉紅色的胃，全身布滿銀色的斑點。鰭呈紅色，還有美麗的頸和尾巴。通常獨成一科，月魚無齒無鱗，可以長成龐大的體積。典型的重量可達200公斤，2公尺長。然而，一般捕獲的月鮃均只重20公斤。肉像鮭魚粉紅色，味似鮪魚。

產地

月魚分布在世界的各個暖水海洋中，到現在為止，只能抓一些單一樣品，人們對月魚的瞭解還非常少。

別名

月魚的法文為poisson lune，義大利lampride或pescre re，西班牙語則是luna real。

購買

要是你夠幸運，能在魚攤上找到月魚的話，請供應商把它切成魚片。

料理

作法跟鮭魚和鮪魚一樣，切記不要過火，沾料可用奶油醬或蛋黃醬。

備選

鮪魚、鯊魚或鮭魚。

▼鮟鱇魚尾可被切成片狀，然後加上橄欖油，香草和大蒜像羊腿一樣在烤箱中烘烤

淡水魚

淡水魚的風味獨特，如果是你自己捕獲的，鮮度尤佳。從湖裡或河裡捕魚、清洗到烹飪，幾個小時就可以搞定。淡水魚的肉易腐，一般說來，只有十分新鮮的淡水魚味道才好。難過的是，許多河流都被汙染了，品質上等沒被汙染過的魚，供給量很少，所以我們買的淡水魚大都是飼養的。所有淡水魚的共同問題在他們含有大量又小又細的魚刺。除了鱒魚、尖梭鱸，你會發現這一章要介紹的魚都很難在魚攤上找到；它們大多數都被貪玩的釣魚者抓到吃掉了。如果你有幸得到一條剛捉到的魚，那將會是你津津樂道的一段經歷。

魢魚

魢魚（Barbus）生活在激流中。背棕色，邊緣微黃，腹部白色。魢魚的肉無味又多刺，因此並非淡水魚主要之選。但是他們在法國中部的羅亞爾河地區和法國東南部的勃艮地地區很流行，經典作法是以紅酒醬燉煮。

▶紅鯉魚

料理

烹飪魢魚需要味道強烈的調味料來增強它溫和的味道。小的嫩魚可以加上調味奶油來烤；大的魚（1.75公斤重）最好用來燉，如馬拉特醬燉魚（將魚以葡萄酒、油、洋蔥、香菇等燉煮的菜餚）。

鯿魚

鯿魚（bream）身體扁平，呈橢圓形，棕綠色，表面覆蓋著金色的魚鱗，它的外表比味道更吸引人。多骨的肉柔軟而味道溫和，但有時會帶有泥土的味道。那是因為鯿魚生活在靠近荷塘底或水流緩慢的河底裂縫中。儘管如此，鯿魚在中世紀是很受歡迎的。它可以在鄉村附近的魚塘捉到並使用於大量的食譜中。鯿魚最好用在燉品中。在烹飪前應把鯿魚浸泡在帶酸性的水中以除掉它的泥味。

鯉魚

鯉魚是（corp）1,500多種鯉科小魚中的一員。它們是所有魚中最耐寒的品種之一，可以存活上千年。任何比它大的魚或鮟鱇魚壽命都沒有它長。儘管有的鯉魚重35公斤，但大部份被捉到的鯉魚只有約2公斤重。鯉魚主要有三種，有鱗鯉、無鱗鯉和鏡鯉。鏡鯉只有一些呈不規則分布的魚鱗，用指甲就可以剝下。鯉魚是粗壯多肉又好看的魚，它的味道因料理而異。亞洲原生種的

▲魢魚

▶鯉魚

鯉魚卵

　　鯉魚卵（corp roe）肌理細膩，味道精緻，在法國很受歡迎。煮熟的魚卵用餡餅皮或小乾酪蛋糕包著吃，或做成帶餡油炸麵糰、煎蛋捲或蛋白牛奶酥。經典的菜餚是tourte de laitance（軟魚卵或魚精），這道菜是把做成泥狀的鯉魚和梭形魚跟發軟的魚卵混成一體後，再放到蓬鬆的油酥餡餅中烘烤。

鯉魚是中國皇帝珍貴的觀賞性魚類和食物；常被用於喜慶的盛大筵席中。絲路的旅行者把它帶到歐洲，在無汙染的淡水中繁殖，成為東歐猶太人的主食。這些猶太人雖居住在遠離海洋的地方，但是他們把鯉魚放到塘中飼養。鯉魚的舌頭是公認的美食。今天鯉魚在中國的飲食中仍然非常受歡迎；嘴被認為是最好的部份，餐館鯉魚的價位通常都很高。

產地

　　在自然狀態下，鯉魚能生活在污水中，但它們似乎更喜歡清澈的河流或湖泊。目前，他們在池塘中被廣泛地飼養。在野外，他們被公認是所有淡水魚中最難捕捉的魚。儘管它們沒有牙齒，卻生性凶猛，經常破壞捕魚工具。

別名

　　鯉魚的法語叫carpe，義大利語和西班牙語則為carpa。

購買

　　市售的鯉魚基本上是飼養的，一般重1～2公斤。一條2公斤的鯉魚足夠4個人吃。挑肥碩一點的魚，最好含有魚卵或魚白，那才是真正的美食。如果能買到活的鯉魚，要請供應商取出內臟，並從喉底取出苦澀的膽。如果買到有鱗的鯉魚，則請供應商把鱗刮掉。

處理

　　刮魚鱗前，應先用沸水煮，魚鱗會變得容易脫落。

料理

　　鯉魚的料理方法很多，調味得好，鯉魚就很美味。可以填充鮮魚肉醬或五香碎肉到魚肚中，然後烘熟。燉爛、或烤、油炸、用酸甜醬煮，同樣美味無窮。在德國或波蘭，傳統的聖誕夜大餐是用啤酒或白酒料理的鯉魚。亞洲的調味料如薑、醬油和米酒可以讓已經用蕃茄和大蒜調的燉品或湯更加美味。正如我們在〈魚的購買和處理〉一章節中介紹的，鯉魚可以煮成五分熟，或用紅酒和蘑菇燉紅酒煮魚。鯉魚最經典菜餚是「猶太人的鯉魚」一道又甜又酸的涼菜，用整條或厚的魚片燉洋蔥、大蒜、醋、葡萄乾和杏仁。烹飪後，魚身（或保持原形的魚片）留在凝固成果凍狀的醬汁中待涼。

備選

　　鯰魚、河鱸、尖梭鱸皆可以代替。

鯰魚

　　鯰魚（Catfish）的名字來自它長長的鬍鬚，這些鬍鬚可以把獵物固定在他們生活的泥濘水域中。鯰魚有小的，也有重達幾百磅的大魚，品種多達幾十種。

▲鯰魚

鯰魚十分耐旱，可以在無水的環境中生活很長的時間。鯰魚遍布全世界，但最好的要算美國的大頭魚。它的肉結實，少刺，豐富，富含脂肪且透著白色。

產地

鯰魚生活在水底，以活的或死的獵物為生。他們棲息於全世界的泥濘水域中，而且已在美國和加拿大養殖成功。

別名

鯰魚的法語是silure，義大利語為pesce gatto，西班牙語則則叫siluro。

購買

鯰魚是連皮一起出售，通常買到的是魚片。肉多結實，175公克就足夠一個人吃。買之前先聞一聞確保你買的是新鮮的肉。大魚的魚片可能很粗糙，應避免購買。

料理

在美國南部，鯰魚的經典作法是：先用玉米粉塗抹然後油炸，以塔塔醬為配料。也可以烤或奶油煎或烘烤，或與肉質相似的鰻魚烹飪手法處理。烹飪前必須去掉堅韌的表皮。用大蒜、蕃茄或加勒比海香料的調味料煮鯰魚會使魚湯或燉品更加鮮美有營養。

備選

任何鱒魚或河鱸的烹飪法都適用於鯰魚。

嘉魚

貌似鮭魚的嘉魚（char）是鮭科中的一員。身體兩側呈

罐燜嘉魚

18、19世紀，嘉魚在英格蘭的湖區大量繁殖，罐燜嘉魚（Potted Char）成為一道受歡迎的美食。以白色的瓷罐子裝，外面畫有魚的裝飾。

1 用剩下的烹飪過的嘉魚作材料，先去掉魚皮和魚骨，剝成薄片。

2 秤去骨後的魚重量。在燉鍋中溶化相同重量的奶油，加上肉豆蔻或荳蔻香料、鹽和胡椒粉調味。把調好味的奶油倒在魚片上。

3 把準備好的魚片放入小盤子中，用保鮮膜包上冷凍直到變硬。

4 用一層薄薄的經過淨化的奶油封口，再把蓋蓋上；放入冰箱冷藏一星期。鮭魚、鱒魚、白鮭和北極茴魚的作法同上述一樣。

銀綠色，並布滿了黯淡的斑點，腹部呈淡粉紅色。肉白色、結實多汁、口味精美。這些魚曾大量居住在淡水的冷水域中，但可悲的是，野生的數量已經劇減，而變得十分稀少了。幸好它們已被成功養殖。最常見的種類有北極嘉魚、嘉魚、溪紅點鮭和湖紅點鮭。它們較小的鱗片和較圓的身體很容易跟鮭魚區分。

產地

北極嘉魚在北美、加拿大、英格蘭和冰島的冷水湖中都

可以找到。其他品種的嘉魚可在法國北部和瑞士阿爾卑斯山的湖泊中找到。溪紅點鮭和湖紅點鮭（實際上都是嘉魚）生活在北美的湖泊中；馬氏紅點鮭來自北美西海岸到亞洲海岸。

別名

嘉魚的法語又叫omble chevalier，義大利語salmerino，而西班牙語則是salvelino。

購買

夏天或初秋也許能買到野生的嘉魚。冰島和美國飼養的

北極嘉魚則一年四季都可以買到。小的整條賣；大的嘉魚可能被切成片狀。

料理

嘉魚的料理跟鮭魚和海鱒一樣。可以水煮、烘烤、蒸、煎或烤。

北極茴魚

北極茴魚（grayling）是鱒魚的近親，身體呈引人注目的銀色，嘴小，背鰭長而高，有金色的斑點。這些小魚（甚少有超過1.2公斤重）的肉白而結實，口味溫和，與鮭魚差不多；據說剛捉到的北極茴魚聞起來像百里香，但是香氣會隨時間逐漸消失，因此北極茴魚的最佳賞味期間是捕獲後的幾個小時內。

產地

在歐洲和北美的湖泊以及亞洲的北海岸都能找到北極茴魚。但由於汙染，它們的數量變得越來越少。

別名

在法國將北極茴魚叫做ombre，義大利叫做temolo，西班牙叫做salvelino或者timalo。

料理

北極茴魚在烹飪前必須先去鱗。用沸水淋到魚身上，然後用一把鈍刀把魚鱗刮掉。刷上溶化奶油，烤一下或放在平底鍋煎一下，北極茴魚將變得美味無比，尤其是在它們被捕撈後立刻料理，鮮味無窮。為了增強那醉人的香味，可以在魚裡面放些新鮮的

▲擬鯉

百里香葉子。北極茴魚也可以烘烤成焦炭一樣裝在罐子裡。

鮈魚

鮈魚（gudgeon）體型嬌小，卻有著大大的腦袋和厚厚的嘴唇，鮮美可口。生活在歐洲的河湖中。新鮮的鮈魚炸起來又香又脆，在法國河畔的咖啡館裡曾經風行一時。

別名

鮈魚在法國叫做goujon，而且這個名稱更普遍。現今許多油炸魚塊都被稱作goujon。

料理

料理之前，鮈魚要先清洗乾淨、去除內臟。裹上麵粉或少量麵糊，放到鍋裡油炸，直至變得金黃。灑上鹽和檸檬角就可以品嘗了。

擬鯉

擬鯉（roach）屬於鯉科魚中的一種，有著灰綠色的表皮和金黃色的眼睛。它可重達1.75公斤，魚肉鮮韌美味。它綠色的卵（煮了之後會變成紅色）更是上品佳餚。擬鯉多

▼尖梭鱸

刺，吃起來不容易。在煮之前最好用鑷子盡量把魚刺去掉。

產地

擬鯉生活在歐洲和北美一些流動緩慢的河中。和其他鯉科魚不同的是，有時候可以生活在海岸邊的鹹水中。

別名

在法國擬鯉叫做gardon，在義大利叫triotto，在西班牙叫bermejuela。

料理

小擬鯉可以和其他小魚一起油炸。如果你能夠處理好魚刺，大的擬鯉可以燒烤，用平底鍋煎，或澆上白酒烘烤。

尖梭鱸

尖梭鱸（pike-perch）介於河鱸和狗魚之間，但口味比它們更加鮮美。它灰綠色的背部上有著深色的條紋、堅硬帶刺的背鰭和鰓。尖梭鱸可以長到很大，有時可以達到5公斤左右，這樣的魚身上的肉又多又美味。美國的尖梭鱸以大眼聞名。尖梭鱸可以被人工養殖，料理方法與河鱸相似。

▼狗魚是又大又可怕的淡水魚。

河鱸

河鱸（perch）有著黃綠色的表皮和珊瑚似的鰭。它們凸起的背上有著尖銳的背鰭，這使它們變得不好對付。河鱸以其肉質鮮美而聞名遐邇，是淡水魚中的佳品。它生長緩慢，但可長到3公斤，其平均重量為500公克。

產地

河鱸生活在歐洲和北美一些流動緩慢的溪流、水塘和湖泊裡，在北部的西伯利亞也可以找到。

別名

美國的黃河鱸和普通的河鱸很相似，經常被直接稱為河鱸。法國人稱河鱸為perche，義大利人稱為pesce persico（波斯魚），西班牙則人稱之為perca。

料理

河鱸一旦捕捉，就要馬上去鱗，不然時間一長就更難去除。唯一的辦法是將它在燒開帶酸性的水中泡一段時間，然後把皮全部去掉。小河鱸可用平底鍋煎或油炸。魚片可用平底鍋煎或拌入荷蘭酸味沾醬、法式伯那西醬汁（沾肉或魚食用）或配海產用的奶油醬。大的鱸魚可以烘烤、水煮或燒烤，也可以塞滿麵包粉放到酒裡燉。

狗魚

狗魚（pike）有著拉長且上翻的鼻子，下頜武裝著成百的尖銳牙齒，在艾薩克·沃爾頓的《垂釣大全》裡，被描述為淡水裡的暴君。狗魚確實是一種可怕的生物。它可長很大，有時可以達到1.5公尺長。魚越大對垂釣者來說是越好的運動，但這麼大的魚並不好吃，它的肉又乾又硬。1～2公斤的魚最適品嘗。狗魚柔軟的白肉裡藏滿致命的尖銳骨頭。儘管如此，在法國它仍擁有很高的地位。在產卵季，雌狗魚的卵有毒，千萬不能吃。中世紀時，狗魚在法國享譽極高，常被養在羅浮宮的魚池裡供君王享樂。和尚也養狗魚來度過他們素食的日子。狗魚的巨大食量替它們贏得了大水狼的稱號。

產地

狗魚潛藏在東歐、英國和法國等國家的溪流和水池裡。它們是孤獨好鬥的肉食者，喜歡吃小鴨子和河鼠。它們的近親，大梭子魚和小梭子魚產在美國和加拿大。急流裡的魚通常比小池子裡的魚美味。

別名

美國的大狗魚——大梭子魚，以帶有麝香味而聞名。在法國，狗魚又被稱為竹籤魚（小梭子魚）。在義

狗魚丸

狗魚最有名的食譜是狗魚丸（pike quenelles），把精巧的橢圓形魚肉團放到水裡或魚湯裡煮。要做足夠4個人吃的魚丸，你需要450公克的去皮狗魚肉、4個蛋白、475ml冷凍濃味鮮奶油、鹽、白胡椒和肉豆蔻。

1 用食物調理機把魚漿打柔順，慢慢地加入蛋白，直至完全融合、冷卻。

2 攪打鮮奶油直至變硬，然後把它倒入魚漿中調和，冷卻至少1個小時。

3 把一鍋水或魚湯煮到快要沸騰的狀態。用2把湯匙伸到熱水中把魚漿弄成橢圓形，放進滾動的液體中（還沒有沸騰），一次放一點。

4 煮約10分鐘，直到魚丸煮透，但其中心還是乳狀的。用漏杓把魚丸撈上來，瀝乾水後放到紙巾上。

5 魚丸拌上奶油醬後味道鮮美。也可以把它們灑上麵包屑烘烤。

大利，它們叫luccio（luccio giovane）。在西班牙，叫lucio（lucio joven）。

購買

秋季和初冬的狗魚是最好的。買整條重1.2～1.7公斤的魚，這足夠4～6個人吃。大的

狗魚通常被切成片出售，這樣的肉有點硬。

料理

料理狗魚之前要先去鱗。並淋上一些沸水，但是不能太多，使魚身上的表皮保持柔軟。全魚可以烤或燉。小狗魚

半生不熟時是最好的，也可以把它放到葡萄酒奶油湯汁中煮，或加在海鮮料湯中，然後拌上配海產用的奶油醬。傳統會將狗魚像鯉魚般作成a la Juive。酸模、辣根和同樣味道濃烈的調味料都是上好的佐料。魚片和魚排在煮之前最好先泡上幾個小時，使其肉不那麼乾硬。它可以用白酒煎、燉、烤，然後拌上乳脂狀的甲殼醬。也可以做成魚醬、陶燜食品或魚糕。

鯡魚

鯡魚（shad）是鯡科魚中最大的品種。屬於遷移的魚類，在淡水中產卵。它看起來像肥大的銀綠色的鯡科魚，可重達5公斤。鯡魚的三個主要品種是黍鯡，新鯡魚和美國鯡魚。它們都是肥大的銀綠色鯡科魚。它雪白的肉口味極佳，但卻長滿了骨頭，使得它不易吃。鯡魚身上最好的東西是它肚子裡的魚卵，它們鮮脆可口如魚子醬，而且據說有壯陽的功效。

產地

產卵季時，在法國的羅亞爾河和加倫河中可以捕到黍鯡和新鯡魚。美國鯡魚產自加拿大到佛羅里達的海岸邊。19世紀時，美國鯡魚傳到太平洋地區，現在自阿拉斯加到加州南部都可以捕到。汙染和因高價值魚卵而過度捕撈使得這一地區的鯡魚數量不斷下降。

別名

法國鯡魚叫alose；義大利叫alosa；西班牙則叫sabalo。

購買

春季是鯡魚的旺季，它們肚子滿是魚卵，一般是整條出售。一條1.5公斤的魚就足夠4個人吃。請供應商清洗並去鱗，如果可以也請他們替魚去骨。記住，魚卵很有營養，千萬不要丟掉。

料理

在料理鯡魚前，先在魚身上劃幾道切口，每隔約10公分一個，盡量把魚骨頭去掉。料理一整條鯡魚時，可以在裡面塞滿魚醬（一般用鱈魚）、菠菜或酸模然後烘烤，或者水煮後拌上酸模和配海產用的奶油醬。魚片和魚排烤、油炸或煎之後拌上蕃茄醬味道極佳。吃之前注意魚身上的小骨頭。鯡魚卵稍微水煮後沾上奶油、碎蔥、奶油、蛋黃和檸檬汁後味道更好。它們烤過後可以作為開胃菜，也可以作為吃鯡魚時的配料。

鱘魚

你看到鱘魚（sturgeon）後就會覺得它們確實是「活化石」，它們的種族在史前時期就相當豐富。細長的身體從頭到尾武裝著好幾排多刺鱗。有

著長長的鏟狀鼻，長著四根鬍鬚狀，可用來探測食物的觸鬚。鱘魚因長壽而備受關注，有的可以活到150年以上，長到9公尺，1,400公斤。大約有24種鱘魚，包括歐洲鱘、白鱘、閃光鱘、小體鱘和俄羅斯黑鱘（生活在俄羅斯河流中）。它們雪白的肉質布滿紋理，但肉質很乾，不易消化。經常燻製後出售，但真正有價值的是它們的卵（魚子醬），一種奢侈的食品。在俄羅斯，魚的骨髓曬乾後沿用古法做成大烤餅。

產地

鱘魚屬於遷移魚類，生活在海裡但是游到河裡產卵。曾經，歐洲和美國的河裡有很多鱘魚，現在則主要分布在注入黑海和裏海的河流裡。最近，在法國和加州已被成功養殖。

別名

在法國鱘魚叫esturgeon，義大利叫storione，西班牙叫esturion。

購買

春季初夏是購買野生鱘魚的最佳時節。四季都有供應人工養殖的鱘魚，它一般是以魚片或一大塊一大塊地出售。

料理

鱘魚需要細心料理使其美味可口，並且要把它泡到鰻魚肉做成的罐頭裡，使之保持溼潤。它的肉質和牛肉差不多，作法也差不多。可以沾麵包粉做成魚片，或做烤魚排。或放到白酒（或奢侈一點，放入香檳）裡煮，亦或拌入洋蔥奶油醬烤。在俄羅斯，傳統作法是把鱘魚和蔬菜一起煮，熱食拌上蕃茄醬，冷食則拌上蘑菇、海螯蝦、辣根、檸檬、醃黃瓜和橄欖等開胃的調味料。在家也可以自己燻製鱘魚。

丁鱥

體型碩大的丁鱥（tench）是鯉科小魚的近親，它銅綠色的身體上覆蓋著小小的鱗片和一層厚厚的黏液。丁鱥是好鬥

▼鱘魚排

◀褐鱒和虹鱒

的魚類，是垂釣者的勁敵。生活在流動緩慢的溪流中，喜歡吃泥土，也是一道魚類佳餚。可以烤或煎，但必須拌上味道濃烈的醬使它乏味的魚肉變得美味。烹飪前必須去鱗並清洗乾淨，用開水汆燙一下有助於去除魚鱗。

鱒魚

在眾多有名的淡水魚類中，鱒魚（trout）很受美食家和釣者的喜愛。鱒的兩個主要種類是褐鱒和虹鱒，虹鱒因為被廣泛養殖且到處都有供應廣為人知。它們銀綠色的身體有著深色斑點，兩邊還有粉色條紋。野生鱒魚口感滑膩甜美，人工養殖的虹鱒以特殊飼料餵養，魚肉帶有淡淡的粉色，看來更具吸引力。

褐鱒產於寒冷的高山河流湖泊中。它們銅褐色的表皮上點綴著紅色或橙色的斑點。它們的肉粉嫩粉嫩、口感細膩，可惜的是在商店裡很少能夠買到；為了品嘗褐鱒的美味，就要與垂釣者為友。黃鱒和珊瑚鱒是人工養殖的雜種鱒，有漂亮鮮艷的表皮。粉色的魚肉和虹鱒很像，口味也差不多。

產地

虹鱒源自美國，且已被介紹到世界各地。褐鱒源自歐洲，也傳到了美國。黃鱒沒有野生的，但由於它們迷人的色彩也被越來越多地方養殖。

別名

在法國鱒魚叫truite，義大利叫trota，西班牙叫trucha。

購買

正常養殖時，鱒魚四季都有供應。和很多其他魚不一樣，

▲珊瑚鱒

它們很活躍而且結冰之後仍鮮美，所以冷凍鱒魚很受歡迎。活的鱒魚外面裹著黏液，圓睜著雪亮的眼睛，有著紅色的鰓。鱒魚一般都是整條出售。它們很便宜，如果魚不是太大的話，你可以給每個人都買一條。

作法

鱒魚在魚類中是萬能的，料理方法有無數種。吃起來很容易，因為一煮魚肉就自動脫離魚骨頭。新鮮鱒魚的最佳料理方法是油炸：灑上麵粉，放到已過濾的奶油中油炸至變成黃褐色，用檸檬汁與巴西里葉調和。活鱒魚可以煮到半熟，再搭配其他料理方法，如在肉湯中煮、烘烤、燉、油炸和炙烤。鱒魚可以和很多種調味料搭配，如培根、洋蔥、大蒜、蘑菇和松露。在諾曼第，它們經常和蘋果、蘋果酒、奶油一

起放在油包紙上烤。在家也可以燻製出美味的燻魚，也可以做成美味的魚醬和罐燜魚。一個典型的食譜是把鱒魚和杏仁（或榛子）放在一起。如果魚有卵，你可以把它們和調味麵包粉一起做成濃湯，然後塞到魚肚裡作為調味品。

備選

幾乎所有淡水魚都可以替代鱒魚。

白鮭

白鮭（whitefish）屬於鮭科魚的一種，全身銀白。它看起來和鮭魚很像，但魚鱗比它們大，嘴比它們小些。白鮭生活在北歐和美國寒冷清澈的海灣河湖裡。在英國鮭魚叫做英格蘭白鮭或蘇格蘭白鮭。它們的肉質柔和鮮美，介於鱒魚和北極茴魚之間，但略遜一籌。

▼黃鱒外表奇美，有著難以形容的金黃表皮

魚乾和鹹魚

從史前時期開始，似乎是自然而然的，人們就利用太陽和風的脫水作用保存魚。現在，在某個遙遠的社會群落裡，長繩上晾曬著分開的醃製鹹魚就像晾曬衣服一樣常見。任何魚都可以醃製，在人們還沒用冷凍的方法儲存魚時，漁民們把他們網到的所有魚：鱈魚、黑線鱈、鯡魚、鯖魚，甚至如鰻魚、狗魚、鮭魚與鱒魚等魚都晾乾醃製。

鱈魚乾

市場上最常見的魚乾，是鱈魚和它的近親黑線鱈、舒鱈及青鱈。乾製後，它們看起來和摸起來都像老鞋皮，但把它們重新放入水中後，它們的肉又會變軟，煮後仍然很鮮美。由於國家地域的限制，乾鱈魚以baccala（義大利）、bacalhau（葡萄牙）、stockfish（斯堪地那維亞半島、北歐、加勒比海和非洲）而聞名。

淡鱈魚乾和其他乾鱈魚不同之處，是它們在曬乾之前沒有被醃製。不管是哪一種，乾鱈魚都要在新鮮的冷水裡泡上

▲龍頭魚乾

很長時間——有時甚至要幾個星期，才能做成料理。淡鱈魚乾需要用麵棍把它拍打軟化，然後要用鋸子才能把它切開。葡萄牙人自誇每年的每一天他們都有不同的食譜。斯堪地那維亞人和北義大利人也喜歡鹹鱈魚，但法國人喜歡把它們搗爛做成魚醬、魚羹和橄欖油、大蒜放在一起。

購買

因購買地方不同，有的鹹鱈魚是從背脊中切開後賣，有的整條出售。要買品質上等的魚，不管怎麼浸泡都能恢復它原有質地和美味。厚實的中段比尾部的肉好。在乾燥地方，鹹鱈魚能夠放上好幾個月。

▶鹹鱈魚

準備

鹹鱈魷淡鱈魚乾需要的浸泡時間短，但也要在冷水中浸泡至少24小時使之軟化。使鱈魚乾恢復柔軟的最佳方法是把泡鱈魚乾的水放在水龍頭底下沖，如果不這樣做，每隔8～12小時就要換一次水。在料理前先嘗一下，確保它不會太鹹，如果還是很鹹的話就要再繼續浸泡。

料理

乾鱈魚和鹹鱈魚可以水煮或烤。但不要把它放到沸水中煮，那會使它變得更硬。它是普羅旺斯魚醬的固定成分，可和蔬菜與全熟水煮蛋做成沙拉，拌大蒜蛋黃醬一起吃。橄欖油是很適合的佐料。在葡萄牙和西班牙，鹹鱈魚經常和蕃茄、胡椒、橄欖、洋蔥與大蒜一起煮。與馬鈴薯和豌豆也很搭，一起燉或放入馬鈴薯泥裡。可以做成美味的魚糕、餡餅和魚醬。

龍頭魚

為什麼這種產在印度半島的透明小乾魚會被叫做龍頭魚

▶金槍魚乾

陽曬乾之後儲存在石灰裡。乾魚翅看起來像濃密的鬍鬚，但經過長時間的浸泡之後，它會變成凝膠狀，其黏性就像小牛腿肉做成的果凍。營養價值極高，被當作滋補佳品。

鹹魚子

最名貴的鹹魚子（salted fish roe）是魚子醬——鱘魚的卵。其他鹹魚子有灰鯔魚、鱈魚、圓鰭魚和鮭魚。在瑞典，歐白魚卵被壓成魚子醬糊，叫做lojrom或者kaviar，有著好看的粉橙色。它很甜，吃起來有著因人而異的美味。

魚子醬

鱘魚卵加上少量的鹽和硼砂做成的魚子醬（caviar）是世界上最貴的奢侈品。它質地獨特，微小的魚卵在嘴裡爆裂開來，美味得筆難以形容的汁液，口味無以倫比。3種主要的魚子醬都是根據魚卵來源的鱘魚種類命名的。最稀有最貴的是白鱘魚子醬，產自最大的魚；一隻白鱘可以含有50公斤的魚卵。深灰色的魚卵很大且相互之間不沾黏。Oscietra魚子醬是黃褐色的，顆粒小一點，質地油滑，它比白鱘魚子醬受歡迎是因為它最便宜。它

鮪魚乾

鮪魚乾（mojama）在西班牙、西西里和一些受阿拉伯影響的國家裡mojama很受歡迎。Majama、mosciame或是missama都是用醃製的鮪魚肉製成，放在太陽底下曬上3個星期。通常被當小吃，配上一杯冷凍的雪利酒，或放到灑了大蒜蓉和橄欖油的法國麵包的切片裡。

▲魚翅

（bombay）呢？沒有人知道確切的答案；那似乎是孟買一個叫Bommaloe Macchli的貪官給它取的名字。龍頭魚被捕獲之後隨即被切成肉片晾乾。它看起來和嘗起來都有點像烤豬肉，被用作開胃菜或當咖哩和飯菜的配料。生的龍頭魚有著讓人不舒服的刺鼻味，烤過之後味道會有所減輕，但油炸之後味道反而會更強。烤龍頭魚時，溫度要低一點。當它變脆，邊緣捲起來時就好了。待涼，配飲料或和咖哩、米飯一起弄碎。

魚翅

魚翅（shark's fin）在中國價值很高，一般只在宴會上享用，蒸或作為高湯的主要成分。產自印度洋至西太平洋海域的各種鯊魚的魚翅經過太

◀順時針方向從左往右：閃光鱘魚子醬，oscietra魚子醬，白鱘魚子醬。

97

來自最小多產的魚，暗淡的灰綠色顆粒有著明顯的鹹味。最好的魚子醬產自伊朗，以上品魚子作「皇家魚子醬」出售，每罐都來自同一條魚的卵。最好的魚子醬是從將要產卵的魚身上「收成」的，其卵顏色暗淡，味道十足。

魚子醬有分等級，最上等的口味微鹹。第二等的稍鹹一些，而且可能是跟不同魚身上的卵混合在一起的。品質較差的閃光鱘魚子醬被壓成固體塊（壓縮魚子醬），魚卵被壓碎，口味又濃又鹹，而且有點油膩，但也是烹飪的佳品，而且便宜些。最好的魚子醬一般都是新鮮的；加熱殺菌法可以延長保存期限，但其品質會有所折損。

魚子醬儘管很貴但仍很受歡迎，世界上的鱘鰉於過度捕撈、偷獵、汙染而瀕臨滅絕。鱘魚曾經在歐洲的河流中很常見，如今幾乎只有在裏海可以發現鱘魚。最近鱘魚在法國被成功養殖，因此魚子醬仍有很好的發展前景。

購買

千萬不要買看起來特別便宜的魚子醬，它可能並未適配比例，或是用劣質魚子做成的。有很多次等魚子醬的非法貿易，它們嘗起來極為油膩，而且鹹。更糟的是，它們有可能使你中毒。物有所值，所以根據你的預算從聲譽良好的商家處購買。魚子醬應該存放在0～3℃的冰箱裡；溫度過高會使它變得油膩。魚子醬一旦打開，最好在一星期內把它吃完。

搭配

魚子醬應該冷凍，以碎冰保存。千萬不要用銀湯匙吃魚子醬，因為魚子醬會和湯匙發生化學反應，吃起來會有金屬味道。魚子醬專用的湯匙應是由骨頭製成，沒有的話也可用塑膠湯匙。魚子醬的傳統吃法是著俄式薄煎餅和酸奶油。搭配全熟的水煮蛋碎末和洋蔥也很好。配烤麵包片和無鹽奶油也很美味。有些人認為檸檬汁可以使之變得更鮮美，但有人認為這樣會破壞其原有的味道。作菜時每個人約需25公克的魚子醬。也可以用少量魚子醬配著海產或雞蛋吃。

▼黑色和紅色的圓鰭魚子

圓鰭魚子

圓鰭魚子醬（lumpfish）有時被稱作「仿製品」或丹麥魚子醬，它是北極圓鰭魚的卵，看起來和它的名字一樣讓人感到不舒服。微小的卵染成黑色或橘紅色，是烤麵包片的好配料。它們可以配酸奶油和俄式薄煎餅吃，但不要把它們和真正的魚子醬比較。圓鰭魚子一般以玻璃瓶裝出售。

▼烏魚子

魚子

乾的灰鯔魚子（grey mullet roe）美味且營養豐富。橙色的魚子是鹹的，曬乾壓製而成。它經常被裝在香腸狀的薄皮裡，吃之前再取出。裹在塑膠包裝袋裡面可以保存好幾個月。灰鯔魚子是傳統的塔拉瑪希臘海鮮沾醬的固定成分，但現在已經被燻鱈魚子（tarama）代替。在地中海國家，它也叫烏魚子（bottarga）或poutargue。

鮭魚子醬

它是鮮亮的粉橙色鮭魚卵。鮭魚子醬比鱒魚子醬大很多，口味鮮美，品質絕佳。是魚肉糊和魚醬的上好配料，也可以像魚子醬那樣配著酸奶油和俄式薄煎餅吃。新鮮的檸檬汁可以使其口味更加鮮美。大馬哈魚的名字源自俄羅斯的馬蘇大馬哈魚。鮭魚子醬以罐裝出售。鱒魚子醬也有販售。

▼鱒魚子醬

▼鮭魚魚子醬，也叫大馬哈魚魚子醬

醃製魚

把魚在醋或鹽水中浸泡是另外一種保存魚肉的有效方法。尤其適用於富含油脂的魚類，例如鯖魚和鰻魚。

醋漬鯡魚片

把鯡魚切片，浸在白醋和香料中。在魚片上放洋蔥圈和胡蘿蔔片醃24個小時。配酸奶油吃味道相當好。

馬特吉鯡魚

把肥美鮮嫩的雌鯡魚（荷蘭語中名字含義為「少女」或「處女」）在鹽、糖、香料和胡椒鹽中，這些佐料會把魚肉變為粉棕色。在荷蘭和比利時，這種魚會配著切碎的生洋蔥一起吃。斯堪地那維亞語中叫做馬特魚，其味道更濃，通常可以搭配酸奶油和水煮蛋碎末一起食用。

醃鯡魚

把鯡魚片浸泡在醋和香料中，然後外面裹上酸奶油。

醃鯡魚和布哈桑林魚

這種醃製鯡魚作法簡單，適合在家中嘗試。在德式作法中，把布哈桑林魚、鯡魚片沾少許麵粉炸至金黃。然後泡在一種煮過的混合醋，醃漬香料和香草的醬汁中。在炸鯡魚之前要先在醬汁中浸泡一會兒。

▼馬特吉鯡魚

▼醃鯡魚

魚捲

　　包括鯡魚捲，魚皮朝外，裡面包裹胡椒粒和醃漬香料，並且用木製取食籤固定。魚捲和洋蔥絲浸泡在白醋中，有時還有醃黃瓜。魚捲上桌時一般配黑麥麵包和奶油，或酸奶油黃瓜沙拉和蒔蘿醬。

醃漬鮭魚

　　這是一道汁多味美的瑞典特色菜，醃漬鮭魚非常受歡迎。它是把新鮮的生鮭魚肉用蒔蘿、糖、鹽和粗胡椒粒醃製而成的。醃漬鮭魷較常見，通常和蒔蘿風味的芥末醬搭配販售，這種醬搭配醃漬鮭魚味道相當好。

鱔魚凍

　　在英國，販售這道傳統倫敦菜的商店越來越少見了，但還可以見到冷凍或罐頭裝鱔魚凍。這道菜是先把鱔魚在白醋和香草調配的醬汁中煮熟，然後加入切碎的巴西里葉，直到湯汁呈現凝膠狀。上桌時搭配厚麵包片和奶油。

▶鱔魚凍

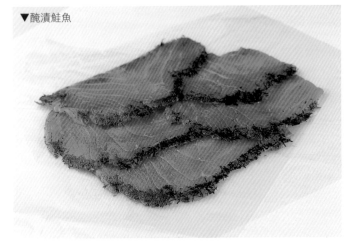

▼醃漬鮭魚

鯡魚捲

　　鯡魚捲和三明治相似，都不需要加熱烹製，但是醋能發揮很大作用。如果要做4人份的鯡魚捲，把8片鯡魚縱向切開，各切成2片，在鹽水中浸泡幾個小時。然後用600ml醋、2片月桂葉，2.5ml白胡椒粗粒、15ml醃漬香料和一個切成薄片的甜洋蔥，在一個長柄平底鍋中調製汁。醬汁煮沸後放涼。把鯡魚片瀝盡水份晾乾備用。再把一個洋蔥切片。在每個鯡魚片中包裹一些洋蔥絲、胡椒粒和香料捲成捲。把鯡魚捲用牙籤固定並且壓緊裝進保鮮罐。把剛才調好的醬汁倒入，放置至少5天後食用。

家常醃漬鮭魚

　　儘管幾乎每間超市都有賣醃好的醃漬鮭魚，但在家中自己動手做這道菜也不難。如果要準備8人份，需要1～1.2公斤的新鮮鮭魚，對剖去骨，並縱向從中間切成兩半。調配醃製佐料時，把30g粗海鹽、30g糖、15～30g粗胡椒粒（黑胡椒或白胡椒均可）和滿滿一把新鮮蒔蘿碎末。把一片鮭魚放在非金屬的盤子上，魚皮朝下均勻灑上醃製的佐料。蓋上第二片鮭魚，魚皮朝上，灑上佐料。用保鮮膜覆蓋魚。然後在鮭魚上放一個比魚稍大的木板，用較沈的易開罐或其他重物壓實。把魚放在冰箱裡至少72小時，每隔12小時把鮭魚翻動一次，用滲出的汁液使魚肉變軟。上桌時，在一塊斜紋布上把醃漬鮭魚切片，要比燻魚切得稍微厚一點。上桌時搭配甜芥末醬和蒔蘿醬。

罐裝魚

魚罐頭是家中必備食材。雖然罐裝魚沒有鮮魚那樣的肉質和口味，但是罐裝魚的好處在於物美價廉，尤其是適合做沙拉和三明治。

鯷魚

這種魚常被切片放在橢圓形罐或密封罐裡，魚肉浸泡在油中（橄欖油為最佳）。較鹹的魚片是做尼斯沙拉和tapenade義式風味醬（橄欖和鯷魚做成）的主要材料，常被用來做披薩和義式料理中搭配主食的小麵包的餡料。鯷魚也可以被搗爛做成肉醬塗在烤魚上，或剁碎同蕃茄醬混在一起。鯷魚可以為料理提味（如烤羔羊肉）又不會使菜有魚腥味。鯷魚罐頭一旦打開會很快變質，所以必須盡快食用。如有剩則浸泡在油中，只能保存1～2天。鹹鯷魚可做為鯷魚罐的備選。鹹鯷魚一般用鹽醃製在桶裡，而且往往醃製幾個月。所以在料理前應仔細清洗一下。

莎瑙魚

這是指體形較大，較為成熟的沙丁魚，它們沒有沙丁幼魚的鮮美口感，所以常被放進蕃茄醬罐頭裡。

▼鮪魚罐頭

▶鯷魚罐頭

鮭魚

罐裝鮭魚在口味和肉質上與新鮮鮭魚很不同，但廚房中備有罐裝鮭魚也很方便。與新鮮鮭魚相比，它含有更豐富的鈣質，因為魚骨在裝罐過程中被軟化了，方便食用。罐裝鮭魚曾是三明治、沙拉、魚糕和魚肉派的主要材料，但它的風頭逐漸被便宜的水產養殖鮭魚所掩蓋。罐裝鮭魚有分不同等級，從最便宜的紅餌鮭魚到品質最高的野生阿拉斯加紅鮭魚，後者在口感和肉質上更勝一籌。罐裝鮭魚是製作魚醬、蛋白牛奶酥和魚糕的好材料。

沙丁魚

第一種被做成罐頭食品的魚。1834年，一家罐頭工廠在不列塔尼開業，對不列塔尼海岸周圍豐富的沙丁魚進行加工。幾十年來不列塔尼小沙丁魚品質最佳，但這種魚在當地已絕跡，現在法國大部份罐裝沙丁魚來自北非，西班牙和葡萄牙也大量出產沙丁魚罐。最好的沙丁魚在裝罐之前會用橄欖油炸過，這相當耗時，也使沙丁魚罐頭價格昂貴。大多數沙丁魚先被去頭清理過，只保留完整的脊椎骨，然後放進花生油或橄欖油中炸。品質

▲第一種被製成罐頭的魚浸，泡在橄欖油中的沙丁魚

較差或不完整的沙丁魚則與蕃茄醬或芥末醬裝罐。浸泡在橄欖油中的沙丁魚最好。比較貴的品種會先擱置一年再販售，這樣魚骨會變得柔軟，口味也會更加濃郁。品嘗沙丁魚罐頭最好的方法是把它們整條放在熱吐司上吃。沙丁魚罐頭也可以加檸檬汁和辣椒做成肉醬，填入水煮蛋或做成三明治。

鮪魚

近年來，鮪魚罐頭產業面臨巨大壓力，因為在捕撈鮪魚時，常不必要地誤捕、誤殺海豚。現在，鮪魚製造商生態保護意識增強，大多數鮪魚透過垂釣獲得。最好的鮪魚罐頭是整條的白色長鰭金槍，比較便宜的品種如飛魚和黃鰭金槍，是被切成厚片或不規則切片賣的。鮪魚裝罐時泡在橄欖油（為最佳）、植物油或海水中。泡在海水中口味較清淡，也較健康。鮪魚罐頭用途非常廣泛，例如可用來做義大利麵、三明治與沙拉，還可以用來做一種餡餅或魚肉長麵包。鮪魚可用來做一道傳統的義大利菜品：vitello tonnato。作法是將小牛的腰間肉裹上一層厚厚的鮪魚蛋黃醬。

燻魚

另一種保存魚肉的傳統方法是製成燻魚。現在這種方法並不是主要用來保存魚,而是為了使魚肉具有一種獨特風味。製作燻魚有兩種方法──冷燻和熱燻。方法不同,燻魚的味道也有所不同。無論用哪種方法,魚都要放在鹽或鹽水中醃製幾天。然後吊在不同的木柴上燻製。木柴不同,魚的風味也不同,每種燻魚都有不同的口感和風味。

冷燻魚

若要獲得純正的口感和風味,製作冷燻魚時需要相當高的技巧。燻魚的溫度要控制在30～35℃。在這種溫度下,魚既可以被燻製而又不至於被煮熟。一些冷燻魚如鮭魚、大比目魚和鱒魚適合生食;其他品種,如紅大馬哈魚和黑線鱈則需烹製後再食用,儘管它們也可以沾醬料直接食用。

燻鮭魚

在所有燻魚中,燻鮭魚最受歡迎。作法是先用鹽水將其浸泡,然後放在糖蜜或威士忌風味的糖中乾醃,最後以木片燻製(一般用橡木)。用不同木柴製作出來風味不同。一些

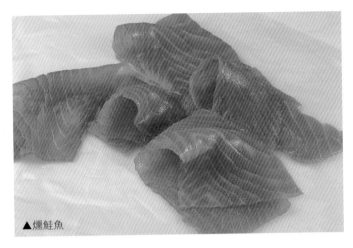
▲燻鮭魚

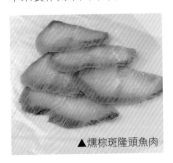
▲燻棕斑隆頭魚肉

蘇格蘭和愛爾蘭鮭魚是用舊威士忌酒桶作木材燻製,這樣做出來的魚別有一番風味。由於醃製時鹹淡不等,所用的木柴不同和燻製時間長短不同,燻鮭魚的顏色也會有所差別,從淡粉色到深棕紅色不等。最好的燻鮭魚口感溫和,肉質鮮美多汁。

購買

燻鮭魚在販售時一般已切好,用保鮮膜包妥,所有魚片都被切成薄片後重新擺成魚片的形狀。不要選購沒用保鮮膜包好的薄魚片,因為魚片都黏在一起。鮭魚片切得越薄品質越好,切得厚厚的魚片比較低劣。有時大魚片會未經切片整條販售,這種比較便宜,但你將會需要一把鋒利靈活的刀和一定的刀功。最貴的燻鮭魚用的材料是野生的,品質上等的養殖鮭魚也相當不錯,要區分這兩者也比較困難。新鮮切片的燻鮭魚是最好的,但是真空包裝的便宜一些。如果賣家可靠的話,真空包裝的也是一個不錯的選擇。冷凍燻鮭魚比較常見,緊急時也可以派上用

場。燻鮭魚屑比燻鮭魚片便宜很多,是製作魚醬、餡餅和煎蛋捲的上好材料。猶太人有一種受歡迎的深金紅色鹹鮭魚。

食用指南

頂級燻鮭魚不應做任何加工直接食用,搭配切得薄薄的黑麵包和奶油一起吃。便宜一些的鮭魚可做成傳統的猶太料理,配著奶油起司抹在貝果上(根據個人口味不同,可以加一些切得薄薄的生洋蔥圈)或做成三明治。燻鮭魚也可以做成美味的沙拉,碎片可攪碎做煎蛋餅,乳蛋餅或果餡餅,拌義大利麵、打碎做魚醬,或加入水煮蛋黃,再裝入蛋白中上桌。如果是自己親自把燻鮭魚切片,要按照魚肉的紋理從頭至尾薄薄地切,切魚的刀要鋒利、靈活,刀刃要長。

冷燻鱒魚

冷燻鱒魚是燻鮭魚的較便宜的備選。它的外觀很像鮭魚,但口味更佳。鱒魚可以和鮭魚用一樣的方法食用,即切成薄片配著黑麵包和奶油吃。

燻大比目魚

這種魚販售時，如燻鮭魚般切成薄片。燻大比目魚的肉質呈白色、半透明，味道非常鮮美。在各式各樣的燻魚中，大比目魚的風味絕佳，也可以像黑線鱈一樣食用。加入較清淡的辣根奶油醬口味更佳。

燻鱒魚

這種燻魚肉質粉白，口感濃郁多汁。食用方法像燻鮭魚一樣，應該按照魚肉肌理切成薄片。由於這是一種昂貴的魚，所以應以最好的燻鮭魚製作方法製作和食用。食用時應搭配薄黑麵包片和奶油。

▼燻鱒魚

燻黑線鱈

這種魚有很多種類，有染色的螢光黃魚片，有白色的自然醃製魚片，還有芬頓燻黑線鱈（燻黑線鱈）或haddie（燻鱈魚），看上去就像淺金色的紅大馬哈魚。然而，現在有研究顯示，用來給燻黑線鱈染色的染料可能致癌。染色的魚片也常有化學藥品的味道，與燻魚本身的味道混淆。所以別購買這種染色魚，選擇天然的淺棕色魚片。

芬頓燻黑線鱈或燻鱈魚

這是以這種燻魚的發源地——蘇格蘭小村莊芬頓命名的。這種魚的製作過程使魚具有一種美麗的淡黃色和淡淡的煙燻味。芬頓燻黑線鱈可以像其他燻黑線鱈一樣食用，但必須在起鍋後去皮去骨。上桌時加一個水煮蛋味道會非常好。

格拉斯哥白燻魚

這種魚和芬頓燻黑線鱈相似，也是稍微醃製後燻烤的，

▲燻黑線鱈魚片

▲芬頓燻黑線鱈

有一種非常鮮美的風味。

購買

盡量避免選購染色的燻黑線鱈。這種染色魚唯一的優點就是使魚肉餡餅或其他料理色澤鮮豔。未經染色的燻魚更適合入菜，但若是一般的烤食或煮食，這種魷起芬頓黑線鱈還是略遜一籌。

料理

燻黑線鱈味美多汁，常被加熱食用，但魚片可切成薄片醃製（用一種威士忌調味料）作為一道開胃菜生吃。另外它也可以用燻鮭魚的方法烤食或在牛奶及水中煮食，上桌時澆上奶油或水煮蛋。或者按照佛羅倫斯的作法，在魚下面鋪一層菠菜泥。有一道傳統的蘇格蘭料理叫做ham 'n' haddie，作法是將芬頓燻黑線鱈放在火腿油脂中煎炸，起鍋後灑上炸火腿絲。

燻黑線鱈也可用來做另外一道蘇格蘭料理cullen skink，這是一道大雜燴。此外，它可以用來做很棒的魚醬或小餡餅，或印度燴飯和煎蛋捲的材料。這是一道用起司、乳脂和燻黑線鱈做成的昂貴菜品。

▲燻鹹鯡魚

且沒有腥味，但是肉質沒有彈性，味道淡，實在不值得一嘗。

料理

許多人為烹製燻魚而困擾，他們害怕那股難聞的味道。要去掉腥味很簡單，只需把魚頭朝下放在一只深碗中，用沸水燙10分鐘左右，這段時間足以把燻魚燙熟。如果經常做燻魚的話，最好準備一只專用的碗。用微波爐烤鹹鯡魚效果也非常好（魚皮朝上），或者用奶油稍微炸一下。烤鹹鯡魚配水煮蛋，就是一道美味的早餐。煮熟的鹹鯡魚是魚醬和餡餅的上等材料，生的烤鹹鯡魚可以被醃製做成開胃菜。

燻醃鯡魚

簡單醃製之前沒有把內臟清理出來，然後燻烤12小時的鯡魚，叫做燻醃鯡魚。魚的內臟會釋出一種奇特的風味，並且內臟中所含的酶會使鯡魚在燻烤的過程中蓬鬆。由於沒有清除內臟，燻醃鯡魚不像其他烤鯡魚一樣容易存放，所以應該在幾天內盡快食用。燻醃鯡魚外觀非常漂亮，與他們平凡的名字截然不同，擁有銀色的魚皮和多汁的魚肉。

燻醃鯡魚／烤鹹鯡魚

這道菜是把鯡魚片先用鹽水簡單醃製一下，成對懸掛風乾後，用橡木燻烤4～18小時。鹽水中常常加入染色劑，所以魚會變成深紅棕色，但好的烤鹹鯡魚應該是未經染色的。烤鹹鯡魚也許會因為其多刺而不太受歡迎，但是如果掌握方法，剔除魚骨並不困難。

購買

市面上肥美的烤鹹鯡魚比較常見；瘦肉較多的烤鹹鯡魚可能是風乾的。選購時要謹記，魚的顏色越深，品質越低劣。可以的話一定要選購未經染色的烤鹹鯡魚。冷凍的袋裝熟燻魚片食用方便，沒有骨頭

燻魚的其他種類

海倫蘇燻魚是一道布洛涅地區的特色菜。這種魚燻烤的時間比英格蘭燻醃鯡魚燻製的時間更長。燻製時間最長的是一種叫做瑞典燻醃鯡魚。它的吃法同海倫蘇燻魚一樣，也是和馬鈴薯一起吃。

料理

燻醃鯡魚可做成沙拉或三明治食用，也可用檸檬汁和辣椒做成肉糊，或用奶油烤後上桌。如果要去燻醃鯡魚皮，則要把它放在沸水中泡2分鐘，就可以輕鬆地剝掉魚皮。

烤鹹鯡魚去骨

1 把烤鹹鯡魚放在盤子上，魚皮朝上。用刀沿魚的邊緣切一圈，把魚皮沿邊緣揭起。

2 刀鋒朝下，沿著魚的脊椎骨往下切。食用時取在魚骨上方的新鮮魚肉。

▼燻醃鯡魚

熱燻魚

　　經過醃曬或以80～85℃燻製的魚肉,無需再作進一步的烹飪加工。鱒魚、鯖魚、鰻魚和鯡魚均可進行熱燻處理。近來十分流行熱燻鮭魚,無論味道和肉質,均與冷燻作法有很大區別。

阿勃斯燻魚

　　這些整條的熱燻黑線鱈已經被去了頭,且清理乾淨內臟。它們有著深金色魚皮和淺金色魚肉,味道與冷燻黑線鱈相比更令人垂涎。在它們的原產地蘇格蘭,黑線鱈是早餐和晚餐飯桌上的佳餚。通常,燻魚是整條販售的。所以最好叫供應商幫你將魚先剖開。炙烤後佐以大量奶油。你還可以用阿勃斯燻魚製作一種美味的法國小點心,方法是將其搗成糊狀,佐以奶油和檸檬汁。

燻鰻魚

　　這種魚有著非常豐富且厚密的肉質,但是不宜食用過量。鰻魚皮呈有光澤的黑色,很容易剝開。魚肉是淺粉色的。鰻魚本身可以作為餐前開胃菜,配辣根或芥末醬以除去其濃郁的味道。或搭配沙拉、

▲燻鰻魚片

◀燻鰻魚

法式小餡餅。當它佐以塊根芹菜蛋黃醬(把研碎的塊根芹菜加入芥末口味蛋黃醬中)時,味道尤其鮮美。將燻鰻魚加入燻肉大拼盤中也是一明智的選擇。

　　在購買鰻魚時,要確定鰻魚皮是有光澤的,沒有變乾。90公克鰻魚肉足夠一人食用量。

小沙丁魚、挪威沙丁魚和黍鯡

　　這些體形較小的熱燻魚通常去皮、切成片狀,搭配麵包和奶油製成開胃涼菜。牠們的肉質多油,不一定能被每個人所接受。也可用少量融化的奶油塗抹於魚身,再稍微炙烤一下,趁熱與吐司一起食用。

▲阿勃斯燻魚總是以細繩繫好、成對出售的

▲小沙丁魚、挪威沙丁魚和黍鯡

▲白金魚

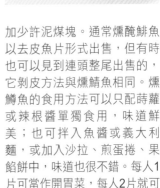
▲鰻魚

白金魚

這是一種體型較大、魚肉肥厚、沒有腥味，味道醇厚的鯡魚，搭配奶油和麵包生食，味道最佳，也可以切碎加入義大利麵，或烤熟後與炒蛋一同享用。

燻鯖魚

味道醇厚，肉質鮮嫩多汁。魚片可以零賣也可以預先包裝後出售，有時也會用一層厚厚碾碎的胡椒粒裹滿魚肉。可製成沙拉冷食，或配辣根醬及檸檬食用。此魚製成魚肉醬味道極佳，切成薄片加入煎蛋捲或乳酪餅中也別具風味。做印度燴飯時可嘗試用它代替燻黑線鱈，可以每人份一片魚肉。給燻鯖魚去皮時，將魚皮面朝上置於砧板上，從尾端開始，朝著頭部的方向將魚皮連魚骨一起剝下。

燻鱒魚

燻鱒魚肉質肥厚、潮濕，顏色為漂亮的金粉色，屬最上等的熱燻魚。肉質細嫩，口感不像燻醃鯡魚或鯖魚那般醇厚。最上等的燻鱒魚應先用鹽水浸泡處理，再去掉內臟，以樺樹枝燻烤，為了使其煙燻味更濃厚，要添加少許泥煤塊。通常燻醃鯡魚以去皮魚片形式出售，但有時也可以見到連頭整尾出售的，它剝皮方法與燻鯖魚相同。燻鱒魚的食用方法可以只配蒔蘿或辣根醬單獨食用，味道鮮美；也可拌入魚醬或義大利麵，或加入沙拉、煎蛋捲、果餡餅中，味道也很不錯。每人1片可當作開胃菜，每人2片就可以當作主菜了。

▲燻鯖魚片

▲燻鱒魚

▲燻鯖魚

魚料理的醬汁與沾醬

幾世紀以來，魚露是將整隻魚或其不同的部位發酵而製成的調味品，例如將魚的內臟發酵於鮮美多鹽的湯料中，來增加魚的口感。羅馬人最喜愛的一種調味料叫做garum，這種調味料味道辛辣，是將帶內臟的油魚類浸泡於含有香草的鹽水中而製成。如今仍能找到與之相似的調味料，特別是在遠東地區。而尼斯一帶也以盛產pissalat而聞名遐邇，主要是由鯷魚發酵而製成。千萬不要將「魚露」與之混淆，魚露只能被視為搭配料理的調味料和佐料。

鯷魚醬

將鹽鯷魚放於濃稠且鹽份高的粉棕色調味料中加工製成，只需幾滴便可增添調味料的美味，但同時要注意適量加入，否則會掩蓋其他配料的味道。

魚露

從前西方人並不知道這種調味料，但如今卻已成為各種配菜中的精髓，並且在所有東方風味料理中成為主要的配料。在越南，它叫做nuoc cham。它味道辛辣、略鹹、呈棕色的液體狀，是將小魚（如鯷魚）捆紮起來放於盛有鹽水的桶中浸泡，然後於陽光下發酵幾個月製成。奇怪的是，這樣配製出來的調味料食用起來並沒有魚味；更像是在品嘗一種醬料。它可以加入各種調味料中食用，也可與其他香料，如大蒜、萊姆汁與辣椒做成調味品，或拿來做成沙拉沾醬。魚露的顏色應呈清亮的琥珀色；若呈深棕色味道則會略帶腥味。

蝦醬

蝦醬是馬來西亞和印尼特有的香料，由蝦經鹽泡及發酵製成。其中一種味道很濃的蝦醬叫做blachan terasi，或稱belancan，這種蝦醬常成批出售，搭配其他配料，放於炒菜、湯和開胃菜中調味。

烏醋

你可能會對烏醋中含有鯷魚的成份感到吃驚。它原產於印度，除了鯷魚之外，其中至少含有麥芽、酒醋、糖蜜、羅望子、洋蔥及香料。

烏醋可以為所有開胃菜增色，並且可以使醃泡過的魚和肉變得鮮美。另外在做血腥瑪麗時也是絕不可少的配料。風味最為純正的是李派林伍斯特（Lea&Perrins worcestershire）醬汁，其他仿製者均無法望其項背。

▼蝦醬

◀從左至右：
魚露、
烏醋、
鯷魚醬。

甲殼類

所有甲殼類動物都屬十足類（甲殼綱），這些十足類動物被認為是由無脊椎動物繁衍進化而成，在地球上已經生存了超過2億年，更有可能達到3億9,000萬年。如今人們只能驚歎於第一位想到食用此類動物的人的創意。它們看上去稀奇古怪，帶著硬硬的殼以及像蜘蛛一樣細長的足，絕不會令人覺得此乃人間美食，但它香甜美味的肉質就隱藏在殼裡。

蟹與龍蝦

螃蟹

蟹的種類很多，包括從可供幾個人共食的普通螃蟹到只可做湯的小海蟹。它們是厲害的漂流者，每年都會從寄居地漂流幾百英里來到產卵地。也因如此，螃蟹會在距海床較遠的地域因誘餌而被捕撈。在它們的成長過程中，當新的殼出來時，原來的殼就會褪去。新長出來的殼還很軟，這些嬌嫩的「軟殼」螃蟹可帶殼一起食用。雌蟹如母雞般，肉質比公雞要鮮美許多，但是體型略

▲普通的螃蟹或稱為棕蟹

小，螯中的肉也較少。

別名

在法國螃蟹拼為crabe，tourteau（可食用的螃蟹）或者是araignee（蜘蛛蟹），在義大利稱為granchio或granseola，在西班牙則叫cangrejo或者centolla。

藍蟹

這種蟹身體呈鐵灰色，蟹腳與螯光亮且能導電。藍蟹源自美洲水域，因為白皙的肉質而被讚賞。

軟殼蟹

軟殼蟹是脫殼後的藍蟹，肉質柔軟鮮滑可口。在美國即

▼軟殼蟹

使夏季有出產新鮮的軟殼蟹，但由於此蟹肉貴在鮮美，不宜保存和運輸，所以仍經常看到以冷凍方式販售。

普通可食用蟹或棕蟹

這些較大的棕紅色蟹身長可超過20公分，它們的螯很大，雖然會夾住些髒東西，但卻包裹著許多可口的蟹肉。普通可食用蟹生存在大西洋海岸以及地中海的部份海域。

料理

這種蟹水煮後冷卻佐以蛋黃醬食用堪稱完美。螯中包裹著許多緊實有彈性的蟹肉。料理後，將一整隻蟹浸泡在裝有調味料的容器裡，調味料一般為烏醋和塔巴斯科辣醬。把它作為餐後小點是上上之選，這種蟹的肉味也非常鮮美。

▼藍蟹

▶蜘蛛蟹

蜘蛛蟹

蜘蛛蟹具有令人害怕的外形，外殼多刺、螯細長。這些特徵使其外形酷似一隻朱紅色的蜘蛛，因此它們有個名字叫「海洋蜘蛛」。這種蟹可以在大西洋海岸邊找到，身長20公分。但這像怪物般的物種，在日本海域裡身長可達40公分，並帶有將近3公尺長的螯——這是蜘蛛恐懼症患者的夢魘。

丹金尼斯巨蟹／加州蟹

這種外觀呈梯形的蟹只有在墨西哥到美國阿拉斯加的太平洋海岸才可以找到。他們與普通可食用肉蟹非常相似，也可採用相同的方法料理。

帝王蟹

帝王蟹外形很像一隻巨大的帶刺蜘蛛，看起來很醜陋，但是味道很鮮美。他們普遍的大小很令人吃驚；一隻成年的雄帝王蟹一般重量可達12公斤，長度可達1公尺，形狀似三角形，外殼鮮紅，殼裡是淡淡的奶油白色。帝王蟹每部份的味道都非常鮮美誘人，從它的兩隻大螯到又長又危險的腳，蟹肉都非常鮮美可口。

帝王蟹來自美國阿拉斯加、日本和俄羅斯，俄羅斯的品種在販售時被稱為堪察加半島帝王蟹。

雪蟹

雪蟹也稱為皇后蟹，這種蟹是來自於北太平洋海岸。具有圓形粉棕色外殼和異常罕見的長螯。鮮美的滋味很難從它身體部位的肉中體會得到，但它螯上的肉就美味得多。雪蟹通常都以罐裝或冷凍出售。

石蟹

石蟹外形與帝王蟹很相似。石蟹一般居住在很深的海底，它們具有極鮮美的味道，但很少新鮮出售，多為罐裝或冷凍。

購買

在市場上，只能買到雄帝王蟹，它們比雌帝王蟹個頭大、肉多，料理過的大螯適宜冷凍，帝王蟹的肉通常也用罐裝保存。和大多蟹肉不同的是，罐裝的帝王蟹肉保留了極高的營養價值和品質，最好的

▼帝王蟹螯

梭子蟹

　　最令人生厭的，當屬梭子蟹（swimming crab）那一對狀似船槳的足。梭子蟹的龐大家族中常見的成員有泥蟹（砂蟳、紅蟳）、紅樹林蟹、濱蟹和天鵝絨蟹。在義大利，濱蟹一般製成醉蟹，做湯味道也很好。泥蟹的蟹肉最為鮮美，在澳洲和東南亞很受歡迎。

料理

　　蟹的料理方法有很多種。蟹肉甜嫩多汁，味道鮮美，易有飽足感，因此料理時需用清淡的佐料，使用清淡的調味料優於黏滑的調味醬。由殼中取出蟹肉是很麻煩的工作，但為了美味佳餚，還是值得一試。蟹肉製成的菜餚包括香辣蟹（將蟹肉取出後與芥末醬、辣根、香料及麵包粉一同料理而成）、奶油蛋黃蟹（蟹肉與摻入雪利酒、蘑菇的庫耶爾起司混合而成）以及醉蟹。鮮嫩的蟹肉搭配口味淡雅的亞洲調味料，如酸橙汁、胡荽及辣椒等製成完美的夏季沙拉，能突出其口感特點。蟹肉還可製作美味的魚餅，馬里蘭或泰式魚餅

就是這樣做的。用以煲湯也是絕佳選擇，有一道經典的蘇格蘭菜，名為partan bree，就是以魚肉、牛奶和米製成的奶油蟹肉湯。若不把殼去掉，蟹可以水煮或配上蛋黃醬食用，還可加香料清蒸，或放生薑與大蔥烤製。軟殼蟹一般要薄薄裹上一層麵粉油炸。威尼斯有道名菜叫做molecchie fritte，製作時要先將蟹浸入打好的蛋液中再炸。在中國，軟殼蟹要搭配辣椒或薑這類的佐料食用。也可以奶油煎製，再灑上烤杏仁，或刷上融化的奶油及檸檬汁後薄薄灑上一層麵粉，再用火烤製。

小龍蝦

　　小龍蝦（crawfish）與龍蝦類似，區別在於它長有多刺的殼，無螯。它擁有許多稱呼：刺龍蝦、岩石龍蝦、龍蝦及螯蝦（但不要與淡水螯蝦相混淆）。小龍蝦在世界各處多岩石的海床都能找到。產地不同，甲殼顏色也不同：亞特蘭大小龍蝦呈深棕紅色，來自佛羅里達海濱的則呈棕色，並帶有白斑。在溫暖水域中生長的

諸多種類，可能是粉色或淺青色，在料理後則會變為粉色或紅色。小龍蝦肉質潔白，質地緊密，類似龍蝦肉，但口感要淡一些。產自亞特蘭大的最肥美可口，產自溫暖水域的口感較差。

別名

　　法國稱langouste，義大利aragosta，西班牙則langosta

購買

　　小龍蝦一般是烹製好後再出售的。雌蟹味道更佳，所以要挑選胸腔下有卵囊的。因為小龍蝦沒有螯，因此按照每人450公克來準備即可。佛羅里達小龍蝦則通常以凍「龍蝦尾」的形式出售。

料理

　　按照龍蝦的調理方法料理，小龍蝦佐以辣椒調味料就能彰顯特色，以亞洲菜方法料理味道最佳。

淡水螯蝦及小型蜇蝦

　　淡水螯蝦（crayfish）屬小型淡水龍蝦，體長最多不超過10公分。產於澳洲東南部塔斯馬尼亞島的例外，重量可達6公斤。淡水螯蝦的口感絕佳，不論活體的甲殼顏色為何，烹製時均會變成深緋紅色。在歐洲、美洲及澳洲境內氧氣充足的溪流中依然生活著大約200種淡水螯蝦但也有許多已因汙染及疾病而滅絕。淡水螯蝦已可人工養殖，可惜產量最豐卻最貪吃的美國信號蝦，很容易攝入足以致命的疾病原，繼而傳染給野生淡水螯蝦，導致近乎滅絕的後果。

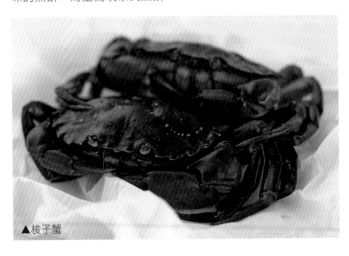

▲梭子蟹

▲淡水螯蝦是很小的淡水龍蝦，有幾百個不同的種類

別名

最常見的淡水螯蝦有歐洲淡水螯蝦、淡水紅螯蝦、美國信號蝦、紅色路易斯安那沼澤蝦、澳洲小型蜇蝦及具有深紫灰色外殼的「大歐洲栗」。在法國，淡水螯蝦被稱為ecrerisse，在義大利是gambero di fiume，在西班牙則是cangrejo de rio。

購買

要新鮮，就一定要選擇活淡水螯蝦。由於在烹飪過程中會有較多的損耗，每份餐需要準備8～12隻。淡水螯蝦外殼還可以用來做配料、湯或是沾醬。冷凍淡水螯蝦可以放於配菜中，但不適合單獨食用。

料理

淡水螯蝦一向在許多奢華的菜品中扮演重要的角色，例如濃菜湯（一種昂貴的奶油湯品）、醬汁和魚醬。首先龍蝦需要在海鮮料湯中浸煮5分鐘，可以冷卻佐蛋黃醬，或是趁熱佐有檸檬味的融化奶油即可上菜。整個淡水螯蝦只有尾和螯可食用，頭部通常只是作為裝飾。清洗過的頭部和蝦殼也可用來做貝類配料或湯。

挪威小龍蝦

挪威小龍蝦（langoustines）龍蝦的親緣蝦種，又被稱作都柏林灣匙指蝦（dublin bay prawns）或挪威海螯蝦（scampi）。挪威小龍蝦的外殼平滑，身形狹窄，蝦螯細長成節，顏色呈鮭魚的粉紅色。最大可達23公分，但平均長度為12公分。挪威小龍蝦最初發現於挪威，有時仍被誤認是挪威種的龍蝦。如今，挪威小龍蝦常被撈捕於大西洋海岸，亞得里亞海和西地中海岸。它們生存的海域越寒冷，味道就會越鮮美。

別名

法國稱langoustine，義大利稱scampo，西班牙人叫cigala（蟬）或langostina（小龍蝦）。

於烤箱中烘烤3～5分鐘；取出
後，將蝦切開分別在各個側面
烤2分鐘，或浸煮於海鮮料湯
中，最後再配以軟化奶油就可
食用了。一般販售的大多數挪
威小龍蝦都是已經煮過的，所
以切記盡量用低溫加熱。將整
隻挪威小龍蝦佐以蛋黃醬冷食
也很可口，也可為海鮮拼盤增
添色彩。挪威小龍蝦尾也可以
灑上麵包粉後，再加入蘑菇和
庫耶爾起司的奶油醬中一起烘
烤，或是依照英格蘭風格採用
有威士忌香味的調味料。也可
以將它們油炸再配檸檬角，但
需注意掌握火候。

購買

由於挪威小龍蝦捕撈之後
很快就會變質，所以通常在海
上就要料理或冷凍。也因此，
即便在歐洲很容易找到挪威小
龍蝦，但活挪威小龍蝦在英國
的魚市場也是稀有珍品。如果
你夠幸運能夠找到活的挪威小
龍蝦，而且保證能在購買後馬
上料理，那麼這便是你
的最佳之選。檢查一下
它們是否仍然在動；如果
已死了，身上就會有難看
的、羊毛似的紋理。不像
其他的甲殼類動物，挪
威小龍蝦在烹飪前後沒
有顏色變化，所以要確
保自己買的種類沒錯。
挪威小龍蝦根據大小分
為不同級別，較大的種類
價格較高，因為它們含有
更多的蝦肉，而且也可如挪
威海螯蝦尾一樣冷藏。如果已
經去殼，每人大概需要125公
克，而如果尚未去殼則需2倍
的量。

料理

相信大多數人都曾經吃過
肉質無味，且調味不佳的挪威
海螯蝦。其實如果料理得當，
它的味道是十分美味可口的。
它的料理方法一定要簡單明
確。首先將蝦放於灑有大蒜末
的油中，再一併放

▼挪威小龍蝦又被稱作都柏林灣
匙指蝦或挪威海螯蝦

▼加拿大龍蝦

十分很危險,如果你買到活的龍蝦,要確保螯已用結實的橡膠帶綁住。

別名

在法國龍蝦稱homard,義大利叫astice,西班牙叫bagavante。

加拿大／美國龍蝦

這是龍蝦中最硬的品種,可以在加拿大和北美洲大西洋沿岸的水域裡找到大量此類龍蝦。它們類似歐洲龍蝦,但是顏色更綠些,螯更圓更豐滿。雖然可料理出精美的佳餚,但它們的味道卻比不上歐洲龍蝦。最出名的美國龍蝦要屬緬因州龍蝦。為了滿足供應需求,加拿大和緬因州的龍蝦都是活體空運去歐洲的。即使考慮運輸費用,它們也比歐洲龍蝦便宜許多。

龍蝦

龍蝦(lobster)可說是終極奢華的海產。它們緊實香甜的蝦肉味道可口。許多人視它們為甲殼類動物中的極品。最好的龍蝦生活在寒冷的水域。它們從堅固的海床中攝取食物。像蟹一樣,龍蝦也會每幾年就「脫皮」,不過是脫去它們過大的外殼。龍蝦會根據產地的不同而有顏色變化,從鐵藍色到綠棕色再到紅紫色;但經過烹煮後都會變為磚紅色。龍蝦的生長速度很慢,要6歲才到成熟期,這時的龍蝦有18公分長。如果你夠幸運能夠找到一隻1公斤的龍蝦的話,那它大概已經有10歲了,這也說明為何龍蝦如此供不應求。

的或是新鮮煮沸過的。龍蝦用來掠食和碾食的螯強而有力,

購買

購買龍蝦時一定要選擇活

▼緬因州龍蝦酷似歐洲龍蝦,但卻較便宜

歐洲龍蝦

　　此種龍蝦源自英格蘭、蘇格蘭、愛爾蘭、挪威和不列塔尼半島，被視為龍蝦中的極品。它有著與眾不同的藍黑色，有時身上點綴有亮藍色的斑點。如今歐洲龍蝦變得日益稀有和昂貴，只可在夏季時合理捕撈，這些龍蝦通常會養於生態飼養場或是通往海域的天然飼養場。

　　然而，這些龍蝦的飼養環境也會影響其進食情況，所以即便生態飼養場能夠確保全年供應龍蝦，但龍蝦的品質也會隨著季節的更替而有所下降。到了早春，龍蝦更趨瘦小和營養不良。

▶蝦蛄是一種源自澳洲的溫水域品種，在歐洲很少出售

▼歐洲龍蝦正日益稀少，價格昂貴，被視為龍蝦中的極品

蝦蛄

這種溫水域的蝦種大概還可分為50多個種類，它們身形寬平，螯腳細長。最有名的蝦蛄是澳洲稱為「甲蟲」的蝦蛄。這種蝦蛄中最出名的又是巴爾曼螯蝦（balmain bugs）及琵琶蝦（balmain and bugs），較小的螯腳中包裹著鮮甜的蝦肉。在歐洲幾乎少有蝦蛄出售，但在法國可以偶爾找到叫作cigales（蚱蜢）的蝦蛄。義大利人叫它水蟬，而西班牙則稱cigarra。

料理

每種龍蝦的最佳作法其實都很簡單，這樣才能體現龍蝦與生俱來的鮮美滋味。可以用鹽水或海鮮料湯浸煮龍蝦，然後趁熱佐以軟化奶油，或是冷卻後佐以蛋黃醬，連殼一起在油和奶油的混和油中輕炸一下便可上菜。水煮過的龍蝦在海鮮拼盤中可謂王者風範。

古典的法式料理中有許多製作大龍蝦的配方和食譜，說明龍蝦在甲殼類動物中的奢華品質。在一些菜餚中龍蝦常會搭配調料中和一下它們的貴氣，像是lobster cardinale中就搭配了用溫和調味料調製過的蘑菇和松露；紐伯式龍蝦搭配科涅克白蘭地和雪利酒奶油醬；還有不列塔尼龍蝦佐以白酒醬汁調味過的蝦和蘑菇；以及世界聞名的焗龍蝦，搭配了滑順的白蘭地和芥末調味料。更多現代的料理法以亞洲香料搭配龍蝦，如薑和大茴香，但是這些調味料也需適量使用。

龍蝦配以義大利麵可稱之極品，也可以作餛飩餡或以檸

如何處理龍蝦

你需要一把較大較沈的刀或切肉刀和一支龍蝦鑿以便挖出龍蝦腳裡的肉。

1 用一隻手握緊龍蝦的身體，然後一次擰斷它的一支螯。

2 將龍蝦的脊背朝上放於砧板上，將刀子以合適的角度插入頭與身體的接合處，用力按住龍蝦，縱向剖開身體和尾部。

3 將龍蝦平轉，也將蝦的頭部縱向切開，使整個龍蝦一份為二，除去腹部的液囊。

4 擰斷蝦腳，用餐刀的手把將腳輕輕壓平。再用龍蝦鑿將蝦腳中的肉挖出。

5 要移出螯中的蝦肉，要先將螯分解。用一隻手握住較大的部份，彎曲的一側向下，將較小的螯快速抽出，再於關節處擰斷下側的螯。

6 用一支棒槌或是麵棍的末端輕輕地敲裂蝦螯外殼，移出蝦肉。

7 另外龍蝦可以帶殼與奶油輕炸，還可以去殼將蝦肉切成方塊用於調味料中。

檬汁和奶油拌寬扁麵。將煮過的龍蝦冷卻再切成方塊可以製成義式凍龍蝦或加入沙拉中。

在料理龍蝦時，可以保留蝦殼保作為配料或湯料。

明蝦與小蝦

明蝦是世界上最普遍食用的殼類動物。在全球各大洋及淡水水域中生存著上千種的蝦。嚴格來說，明蝦與小蝦並無差異，名字只是代表其大小。在海鮮交易中，尺寸小於5公分的被稱作小蝦。大多數明蝦的身體狹窄，呈錐形，且在尾部成捲曲狀，觸角很長。與其他的甲殼類動物情況相同，來自冷水域的蝦要比溫水域的味道更鮮美。

◀ 紅蝦

冷水域蝦

紅蝦

紅蝦是一種半透明，外觀呈褐色的蝦，它的長度可達到10公分，只生存於大西洋和地中海的深水域中，但與它們相關的蝦種卻可在世界各地找到。法國人和義大利人視這種蝦為蝦中極品，不但味道異常鮮美，而且料理過後呈現赭紅色，因此身價不菲。

▶ 地中海蝦

別名

鮭魚蝦又稱劍蝦或阿爾吉利亞蝦，在法國叫做瘦蝦或對蝦；義大利叫做紅腳蝦，西班牙則叫做camaron or quisquilla。

深海蝦

這種蝦在出售時常被叫作「大蝦」。這種冷水蝦生存在北海的深水域中，這雌雄同體的蝦種。剛出生時是雄性，當成長到壽命的一半時就會變為雌性。深海蝦的身體呈粉色，且半透明，煮過後會變為淺橘紅色，鮮美可口，油滑多汁。

去除蝦殼與沙腸

1 握住蝦的中部，抽出頭部和腳，脫去外殼，可視需要保留蝦尾末端。

2 除去蝦的紋理，要使用一支小利刀在蝦彎曲的背部中心劃開一條淺淺的切口。再用刀尖剔除黑色的沙腸。

別名

在義大利這種蝦叫做gambero，而在西班牙則叫做camaron。

地中海蝦

這種大蝦的長度可達10公分。頭部顏色由血紅色到深珊瑚色都有，但一經煮過就會變為亮紅色，蝦肉鮮嫩多汁。地中海蝦也是經煮過出售，佐以蛋黃醬和法國麵包後上菜。3～4隻便可作為一道開胃菜。

別名

這種蝦也稱作紅蝦或藍蝦。在法國地中海蝦被叫做紅蝦，在義大利叫gambero rosso，而在西班牙則叫做carabinero。

褐蝦

這些小蝦的身體呈半透明的灰色，體長約只有5公分，生長在淺水中和細軟的沙灘上，會在傍晚昏暗夜色的掩護下出來覓食。料理後，蝦會變成灰褐色。這些蝦因為太小，不好去殼，但其實它們可連殼食用，且帶有強烈的海味，美味不可比擬。一般用這種蝦來做罐頭。

別名

在法國叫crevette grise（灰蝦或醉蝦）或boucaud。在義大利叫gamberetto grigio。在西班牙則叫quisquilla。

蝴蝶蝦

將蝦做成蝴蝶展翅形狀，擺盤起來很漂亮。

1 最簡單的方法是在切除沙腸時下刀更深一些，到進入蝦腹的大部份但不完全切過。

2 然後把蝦攤平。若是大一點的蝦，下刀需要切透蝦腹以便展開形狀更明顯些。

◀褐蝦

▼虎蝦

暖水域蝦

灣蝦

灣蝦產自墨西哥灣，通常灣蝦呈鮮紅色，但有時也會呈粉灰色。灣蝦可以長到極大，體重達40公克，這種蝦也非常肉美多汁。

▼灣蝦

車蝦

這種較大的蝦最長可達到23公分，黃尾巴上有黑色小斑點。這種蝦產自印度洋至西太平洋海域和紅海中，在蘇伊士運河和地中海也可以找到。

大明蝦

這些體形巨大的蝦也可以在印度洋至西太平洋海域找到。它們可達33公分長，是烤蝦最理想的選擇。在自然狀態下，這種蝦呈半透明灰褐色，雖然味道不及冷水蝦，但虎蝦也有

著鮮美肥厚的蝦肉。在歐洲，很少買得到新鮮的虎蝦，通常賣的都是冷凍、剝好或帶殼。剝蝦時不要剝掉尾巴末端，以便在食用時用手指拿著。

料理

料理時首要原則是不要過度，一般蝦煮過就可以食用，配菜也很簡單，只要檸檬、黑麵包和奶油即可，也可配上蝦做的開胃菜或沙拉。如果非要料理的話，把它們加入料理如義大利麵中，可避免直接加熱。它們還能為以魚為主的料理錦上添花，如魚派、罐燜蝦和魚醬餡餅。蝦與甲殼類動物的味道也可以完美結合。小蝦還可以做煎蛋捲、餡餅和小果餡餅的餡，味道都很不錯。

還可以用鹽水或海鮮湯煮熟，裹上一層麵糊後煎炸或烤。亦可和槍烏賊及其他魚類一起炸，大火炸過的蝦是義大利料理fritto mistro中不可或缺的部份。暖水域的蝦可煎炸後配咖哩和印度烤肉串食用。

腹足綱軟體動物

也稱作單殼軟體動物，這種和蝸牛類似的動物是單殼的。大多數水生腹足綱軟體動物都擁有類似蝸牛的形狀，螺形外殼，但有些看起來像雙殼類的動物，有些根本就沒有殼。所有腹足綱軟體動物都有一隻非常大的單足，它們用這只單足像蝸牛一樣爬行。可食用的腹足綱軟體動物從海螺到淡水螺大小不等，最長可達到30公分，烹飪適當的話，這些都是不錯的美味食材。

鮑

人們可能會誤認為鮑是雙殼類動物，因為它們形狀酷似耳殼，看起來像巨大的淡菜。此類生物包括鮑魚及九孔等。和所有腹足綱軟體動物一樣，它們有一隻巨大肌肉厚實的單足，用來吸附在岩石或峭壁上。這強大的單足可承受4,000倍於鮑本身的重量，所以從岩石上把它們撬下來要花很大的力氣，這也是鮑如此昂貴的原因之一。另外，因鮑只以海草為食，一旦它們的產地遭到汙染就會死去，所以變得越來越稀少，有些國家已經把鮑列為保護的物種。鮑之所以得到如此高的讚譽，不僅因他們的肉味鮮美，也由於他們美麗的外殼，有會發出光輝的珠母層紋理。全世界生長在暖水域中的鮑有100種之多，一般體長為20公分，但在北美近太平洋海域發現的紅鮑體長可達30公分。鮑肉堅實，在吃之前必須先軟化，帶有清淡的碘味。

別名

在南非稱為perlemoen或vennusear，法國人叫ormear或oreilles de st pierre，義大利是orecchia marina，西班牙則是oreja de mar。

購買

在歐洲，鮑有禁捕期，所以只能在早春極少量購得。在美國、澳洲和遠東較容易找到新鮮的鮑。鮑在販售前通常已被切成薄片或軟化。也可以做成罐頭、冷凍或風乾。

▶鮑，較大的甲殼類水生動物，最長可達30公分

準備和料理

料理前須切除腸、囊、深色的膜衣和邊緣。之後用鋒利的刀片在外殼和鮑肉之間下刀取下鮑肉。我們需要用木質的棒錘不斷地用力擊打鮑肉軟化它。在日本還會把鮑切成薄片，作為生魚片。如需料理，採用和料理槍烏賊類似的作法或簡單的煮製，也可花長時間用細膩的方法料理。而且薄鮑片可以用熱奶油嫩炒，或切條後加奶油和雞蛋和麵包粉油煎。在中國，會用乾蘑菇燉鮑魚；法國人會在鮑魚中加入青蔥和白酒燜製。在海峽群島上，傳統的作法是把鮑魚、培根和馬鈴薯一起放在烤盤上烤製，鮑還可以作出美妙的海鮮雜燴濃湯。

海螺

海螺是蛾螺的近親，有與眾不同的螺形外殼。和所有同類的腹足綱軟體動物一樣，他的開口處被堅硬的口蓋擋住，也叫做活板，所以想取出螺肉必須先弄掉活板。海螺生長在佛羅里達、太平洋海岸和加勒比海。它的殼可用來製作裝飾品或樂器。海螺嫩粉色的肉嚼起來很有滋味，同樣在料理前也需要軟化螺肉。

購買

在原產地，全年都可以買到海螺。最好的海螺種類是初生不久的，也叫做薄唇海螺，老一些的就叫做厚唇海螺。通常在販售之前會取下外殼。

▼帽貝

料理

海螺肉可以在軟化之後浸在醋汁中直接生食，也可以做成海鮮雜燴濃湯。一些海螺會引起胃痛，要減輕這種風險需換兩次水煮熟海螺。

帽貝

這種軟體動物有圓錐形的外殼，分布全世界，通常緊緊吸附在岩石上。退潮時會在沙間築巢。夜間出來覓食，範圍在自己巢穴方圓1公尺之內。帽貝的味道非常鮮美，但帽貝含肉量少，也很粗糙。從岩石上撬下帽貝需要花很大力氣。所以只有能保留較多肉的大帽貝才被食用。帽貝不在市場上販售，所以要是嘴饞的話，只有自己費工夫了。

料理

洗淨之後用海水或者濃鹽水煮5～7分鐘，或與海鮮搭配食用或煮湯。

蛾螺

蛾螺與海螺是近親，蛾螺的螺形殼大概有10公分，相當漂亮。蛾螺肉呈粉紅色，橡膠狀，味道鮮美。它們還有清道夫的別名，因為它們會鑽入其他甲殼類動物的殼中食用他們的肉。

別名

蛾螺的種類有很多。有普通蛾螺、犬蛾螺、盤蛾螺、圓頭螺和體長可達20公分的美國巨螺。法國稱為bulot、buccin和eacargot de mer（海蝸牛）；義大利稱buccina；西班牙則是bucina或caracola。

購買

購買時應挑選新鮮活蛾螺，檢查口蓋是否緊合。有時人們也會把蛾螺加工成半成品或去殼販售，但是這樣的蛾螺肉很乾。你還可以買到在醋中醃漬的蛾螺，或在鹽水瓶中浸泡著等待料理的蛾螺。

料理

料理蛾螺的最好辦法是用海水或者鹽水煮大概5分鐘，之後用牙籤從殼中挑出螺肉。一些大蛾螺的肉也可以在煮後繼續嫩炒或裹粉炸。在海鮮雜燴濃湯中，蛾螺還可以取代蛤蜊。蛾螺更可以做成海鮮料理和沙拉。

玉黍螺

這些小蝸牛生長在海水中，它們殼很厚，呈棕綠色或黑色。末端呈點狀。多數玉黍螺不會超過4公分，肉較少、耐咀嚼。

別名

在法國叫bigourneau或littorine。義大利叫chiocciola de mare。在西班牙叫bigaro。

取出並料理玉黍螺與蛾螺肉

1 將玉黍螺或蛾螺放入適量鹽水中煨燉，玉黍螺5分鐘，蛾螺10分鐘。

2 如果口蓋還未掉下，用牙籤或別針挑掉後，再挑出螺肉。

購買

購買時需選購新鮮的活玉黍螺，同樣要檢查口蓋。也有瓶裝或者醋醃的玉黍螺出售。

料理

和蛾螺一樣，玉黍螺只需要簡單加工便可以上桌，一般佐以醋或蛋黃醬作為開胃菜或作為海鮮拼盤的一部份。

▼玉黍螺

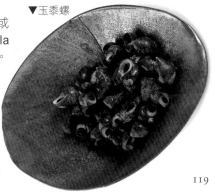

◀蛾螺

雙殼類軟體動物

軟體動物又分為雙殼類（如珠蚌、牡蠣）和腹足綱軟體動物（如蛾螺和玉黍螺）。前者有鉸鏈在一起的一對貝殼，而後者只有一個外殼（多呈螺形）。而頭足綱動物（如槍烏賊、烏賊和章魚）又是另外一個種類了。不同於雙殼類和腹足綱軟體動物，頭足綱的殼在體內。

▲海蚌肉質鮮嫩，可生吃

雙殼類

蛤蜊

蛤蜊的種類有上百種之多，有以外形命名的巨蛤，這種蛤蜊體長可達1.3公尺，也有小如卵石的山瓜仔和簾蛤，它們只有5公分。美國人喜食蛤蜊，各個種類的蛤蜊都會出現在他們的餐桌上，他們對蛤蜊的熱情甚至傳至歐洲，使歐洲掀起養殖蛤蜊的熱潮。大一點的如圓蛤，有厚且帶疣的外殼。小一點的蛤蜊外殼光滑，有漂亮的紋理。蛤蜊微甜，生吃或料理皆宜。

法國蜆／小簾蛤

這些可愛的小簾蛤外殼

▲法國蜆蛤蜊

棕白相間，屬於圓蛤，名如其形，來自於它較小的外形。剛出生的小簾蛤只有4.5公分長，稍大一點的則稱法國蜆，5年生的大約可長到7.5公分大，因維吉尼亞的櫻桃石小溪而得名。煮熟的小簾蛤可製作美味的義大利麵醬汁，大圓蛤一般在蒸熟後食用。因味濃，一般用來做海鮮雜燴濃湯或義大利麵醬汁。

別名

在法國叫palourde，義大利叫vongola dure，西班牙叫almeja或clame。

象拔蚌

這些巨大的蛤蚌是北美太平洋海域最大的有殼水生動物，重量可達4公斤。前端兩個長管形口器占了一半的重量，可伸長達1.3公尺吐出和吸入海水。同軟殼蛤蜊不同，象拔蚌的口器不能縮回，這些口器可以單獨出售。象拔蚌可以把自己埋入沙1.2公尺深，需要2個人才能把

它拉出來。料理之前，需先將口器和蛤肉切成薄片。

海蚌

這些小蛤（4～7.5公分）的殼呈棕色，上有溝槽和黃色的斜紋。這種蛤肉非常鮮嫩，可生吃，煮熟後食用也不錯。

別名

在法國叫palourde，義大利叫vongola verace，西班牙則叫almeja fina。

山瓜仔

這些長為2.5～7.5公分的小簾蛤並不起眼。它們厚厚的貝殼上有同軸的條紋，一些小的蛤外殼末端有疣狀的突出物。這些小的蛤在從歐洲到非洲的海灘上都有分布。可以生吃和煮熟後食用。義大利人稱之「生長在海中的松露」。

別名

有時也被稱作嬰蛤。法國人稱它為coque raye。義大利稱做verrucosa或tartufo di mare，西班牙則稱almeja vieja。

▼山瓜仔

竹蟶

這種蛤蜊的外形酷似老式剃刀，它們的外殼是管狀的，上有金色或褐色條紋。這種不起眼的蛤蜊味道非常鮮美。一般用來生吃，但也可像其他蛤蜊一樣料理後食用。退潮時能在沙灘上找到它們的蹤影，但是它們會迅速潛入沙中隱藏自己，所以如果你想捉住它們，動作要非常迅速。

別名

竹蟶又叫jack-nife clams，法國叫couteau，在義大利叫cannolicchro或cappa lunga，在西班牙叫navaja或longierron。

軟殼／長頸蛤蜊

這種卵形的蛤蜊外殼末端是張開的，所以也叫張口蛤蜊。它們深藏在沙子或淤泥中，所以也有一個長長的管形口器用來吸入和吐出海水。這種口器可以生吃，也可以做成海鮮雜燴濃湯或配上奶油醬料理。軟殼蛤蜊通常用來燒烤。

別名

在法國叫mye，在義大利叫vongola molle，在西班牙則叫almeja de rio。

料理

小的蛤和竹蟶可以生吃、蒸、煮湯或做成醬汁。大的蛤蜊可以在填料後像淡菜一樣燒烤。也可以切條裹麵包粉或麵糊煎炸，還可加入白酒或蕃茄和洋蔥煨燉。蒸蛤可以加入沙拉或醬汁作為配菜使用。但不要倒掉湯汁，因為它富含營養、美味可口。可以製成clamata或湯。

鳥蛤

雖被認為是傳統的英國菜，但其實在全世界都可找到各式各樣的鳥蛤。鳥蛤對稱的心形外殼有2.5～4公分長，這種蛤蜊有26根固定的放射肋。裡面有少量的肉和卵。

別名

在美國，鳥蛤也叫做心蛤。在法國叫做coque，在義大利叫做cuore，在西班牙則叫做berbercho。

購買

鳥蛤是依體積購買的，1品脫的重量約是450公克。據說肉色較淺的鳥蛤比肉色較深的要更好吃一些。鳥蛤的外殼可以顯示出它的肉色，所以在挑選時要選擇淺色外殼的鳥蛤。冷凍的鳥蛤和用醋滷製的鳥蛤市場上都有販售。

烤蛤野餐會

渡假最好的選擇之一就是烤蛤野餐會。這種在海灘上舉行的野餐會，主要以料理軟殼蛤蜊，或是在熱石頭上鋪海草後燒烤硬殼蛤蜊為主。需先在沙灘挖洞，然後把石頭放在洞裡燒熱，燒熱的石頭鋪上溼海草，蛤蜊就放在海草上加熱。再配以玉米，蕃薯，有時還有龍蝦和軟殼蟹。挖洞和烤蛤的過程需要至少4個小時，所以烤蛤野餐會可以讓人們度過悠閒的一天。

▲鳥蛤

料理

鳥蛤的貝殼裡多沙，所以食用前需在鹽水中浸泡幾小時。鳥蛤可生吃，也可煮熟後佐以醋、黑麵包和奶油食用。蒸熟的鳥蛤更加美味，可以加入蕃茄、洋蔥，或燉成湯。在義大利燉飯、義大利麵和其他海鮮料理中也可以加入鳥蛤。它還可以做成開胃菜或沙拉。

狗鳥蛤

狗鳥蛤看起來很像扇貝，它們有著大且平的帶條紋的貝殼，相當美味。雖然肉質和味道都較鳥蛤粗糙，但料理方法和鳥蛤、淡菜大致相似。

別名

在法國叫amande，義大利叫做pie d'asino(ass's foot)，在西班牙則叫almendra de mar。

淡菜

淡菜是一種比較便宜的海鮮。這種肉美多汁的雙殼類水生動物很早就開始被人們食用，它們有藍黑色較長的貝殼。與絕大多數雙殼類軟體動物不同的是，淡菜不用足吸附在岩石上或在沙中鑽洞，而是用足絲，也叫「鬚」。這是一種由足上腺體所分泌，韌性非常好的細絲。淡菜在世界各地都大量的生長繁殖著，捕獲淡菜是一件非常有趣的事情。最重要的一點是淡菜生長的海域不能被汙染。淡菜的肉甜美鮮嫩，富含營養。現在很多人養殖淡菜出售。

淡菜的種類很多，最富盛名的是生長在英國冷水中的藍淡菜，也叫做歐洲淡菜。一般這種淡菜外殼長為5公分左右，但大一點的也可長到10公分。它們非常大，肉味鮮美。雌貝的貝肉呈橙色，雄貝的顏色稍淺，像奶油。淡菜中最大的是紐西蘭綠唇或綠殼淡菜(Perna canaliculus)，這種淡菜顧名思義，貝殼內部邊緣上有一圈綠色的唇。這種淡菜最長可以長

◀大綠貝

▲黑殼淡菜

到23公分，肉多鮮美。是用於內餡的理想材料，但味道比起藍淡菜仍稍遜一籌。

別名

在法國稱moule，義大利叫cozza，西班牙叫mejillon。

購買

大多數淡菜是養殖的，所以非常乾淨，淡菜比較便宜，全年都可以買到。在購買時需要把損耗算入其中，所以買的數量應比要用的略多一些。1公斤的淡菜足夠2個人享用一頓豐盛的午餐。冷凍、燻製和以鹽水或醋醃製的淡菜也相當易於取得。

料理

淡菜的作法很多樣，淡菜可生吃也可以簡單的蒸製。以地中海或亞洲風味的調味料蒸製後味道也非常可口。大一點的淡菜可以在填料後加調味奶油、培根或香大蒜醬一起烤焙。也可用培根將淡菜肉包起來，或將淡菜穿成肉串後燒烤。也可加乳脂、酒或蘋果酒煎炸，或加入煎蛋捲中。還可以做成冷湯或熱湯、咖哩、義大利麵醬、如西班牙海鮮飯的燉飯或海鮮沙拉。比利時的國

菜moules frites，就是將淡菜和炸薯片配啤酒食用。如果想做一道與眾不同的開胃菜，可以將淡菜蒸熟後冷卻，加水煮蛋碎末、香草和醃黃瓜。

牡蠣

吃牡蠣是生命中最美妙的享受之一，雖然人們對它的評價相當兩極。牡蠣肉質中特有的碘味並非人人接受，但它卻享有壯陽極品的美譽。據說風流成性的義大利傳奇冒險家卡薩諾瓦每天至少要吃50個牡蠣，使得牡蠣更加受歡迎，全世界都有極好的讚譽。但也並非總是如此，以前，牡蠣被視為窮人的食物，窮學徒們都討厭牡蠣，因為這幾乎已成為他們的主食了。

牡蠣有100多種，生活在世界水溫適中的暖水域。它的外殼都很厚，呈灰色不規則，一面殼是平的，另外一面是凹的。最富營養的牡蠣肉呈粉灰色，有一層顏色較暗的覆蓋物，肉質光滑。有些牡蠣是雌雄同體，而有些性別則會發生變化。

人們食用牡蠣已經有千年歷史。凱爾特人和古希臘人喜食牡蠣。但第一個發現養殖牡蠣秘密的卻是羅馬人。在19世紀，歐洲養殖牡蠣的河床因過度養殖，儲量下降，拿破崙三世甚至命令從海外進口牡蠣。如今看來他這樣做是對的；1868年，一艘滿載著葡萄牙牡蠣的貨輪被迫到吉爾特河口避風，由於擔心船上的牡蠣變質，船長把它們扔到海中。它們在海水中快速繁殖，很快便補上本地牡蠣產量的不足——1921年該地牡蠣爆發了嚴重的傳染病，使牡蠣幾乎滅絕。然而，這些葡萄牙牡蠣仍在1967年因感染波納米亞蟲病而盡數死亡。大量養殖牡蠣成為唯一的解決辦法，因此，在工業化國家，牡蠣因商業目的而被大量養殖。

牡蠣從孵化出來開始就需要長期飼養。在繁殖季節一隻牡蠣可以生產出幾百萬個卵，但只有10隻可以活到出現在你家的餐桌上。養大一隻牡蠣至少需要3年的時間，食用的牡蠣需要7年的時間長大，而最大的皇家牡蠣需要10年才能成熟。養殖牡蠣需要先蒐集牡蠣卵，把它們固定在石灰板上。大約9個月後，再移殖到牡蠣園中，被放置於金屬絲編製的籠子中並細心的餵養。養殖園中的牡蠣以浮游生物為食。隨後可以讓他們自由生長2～3年。然後把它們放入網中置於淺灘上養殖，這個過程大概需要1年。在此冗長程序的最後一個步驟就是在嚴格的衛生狀態下把牡蠣放在乾淨的平臺上幾天，以排出牡蠣體中的穢物。難怪這小小的東西這麼昂貴！

美洲牡蠣

美洲牡蠣和食用牡蠣一樣有著圓形的外殼，但其實它屬於歐洲牡蠣並與之有著相似的肉味。在美國它們的名字來源於自己的產地，最為知名的是藍點牡蠣。

食用牡蠣

食用牡蠣被認為是牡蠣中的極品，它的生長過程非常緩慢，要長到它們應有的體長（5～12公分）需要至少3年的時間。由於產地不同，它們外殼的顏色從綠色到淺褐色也有所不同，食用牡蠣的肉質非常鮮美。食用牡蠣也由他們的原產地命名。最知名的是法國貝隆、英國惠特斯特布爾、卡雀斯特、愛爾蘭戈爾韋和比利時奧斯坦德。食用牡蠣是牡蠣中最為昂貴的。

牡蠣養殖

幾個世紀的過度捕撈和疾病使得天然牡蠣的數量急劇下降，但這一情況已被人工養殖牡蠣所彌補。人們從羅馬時代就開始養殖牡蠣。如今的牡蠣養殖業雖屬於勞動密集型產業且運轉緩慢，但卻也成為獲利較高的一種產業。

▶食用牡蠣是最好也是最貴的牡蠣

▼吉格牡蠣

雪梨岩蠔

這種經常轉換性別的杯狀牡蠣有極強的繁殖能力，在新南威爾斯西部海岸線上被大量養殖。它們的生長期短，肉質鮮美，缺點是不易打開。

購買

在北半球，一個關於購買牡蠣的不成文規矩一直流傳至今，那就是在某些時節不宜購買牡蠣。人們曾認為牡蠣在那些時候有毒，其實是因為從5月到8月是牡蠣的繁殖季節，這時候的牡蠣肉變得極軟且呈乳狀。在市場上也可以買到燻製或冷凍的牡蠣。

料理

牡蠣最適合配現擠檸檬汁和塔巴斯科辣醬生吃，如果你比較喜歡料理後食用，則其料理過程也應十分簡單。水煮或蒸過後搭配以奶油醬或香檳醬，抑或填料後烤製，也可裹玉米粉麵糊煎炸，或作為牛排腰子派的豪華配料。

別名

在法國叫做huitre palte或belon，在義大利叫做ostrica，在西班牙則稱做ostra plana。

長牡蠣

這種巨大的杯狀雙殼類動物的貝殼凹凸不平，是在全世界最普遍養殖的牡蠣。它們有較強的抗病能力並且能在4年內長到15公分之長，這一點使他們對養殖者來説非常經濟實惠。它們的肉味不及食用牡蠣那樣鮮美，但較大的體形使它們成為最適合烹飪的牡蠣。

別名

長牡蠣也叫岩蠔或日本牡蠣。法國稱做creuse，在義大利稱做ostrica，西班牙則叫ostion。

歐洲牡蠣

人們認為這種有鱗的灰褐色牡蠣比起吉格牡蠣來得要好些，但是不如食用牡蠣。它們

的肉質粗糙，受歡迎程度也在下降。在法國，歐洲牡蠣被大面積養殖，在餵肥後被稱之為fines de claires。更肥碩一點的牡蠣被稱為apeciales claires，它的肉味更加鮮美，當然也更貴些。

▲歐洲杯狀牡蠣

▼皇后扇貝

扇貝

　　扇貝是所有貝類中最具吸引力的。長著兩個像扇子一樣的殼，一個是平的，一個是彎的，從關節到外殼上輻射狀分布放射溝。世界上許多地方，從冰島到日本，在含沙的海床上都能找到扇貝。與多數雙殼類不同，它們不在沙裡挖洞，而是透過殼的張合在海床裡「游泳」，看起來就像在水中穿梭。全世界約有300種扇貝，它們的殼顏色不同，從米色到棕色、橘紅色、黃色和橘色。最常見的是紅棕色的扇貝，它的殼會長到直徑約5～6公分，且長有一塊甜甜的、堅硬的白肉，連在鮮橙色的新月形卵旁，卵本身的口感綿密。

　　長期以來，扇貝一直與美有相當的關聯。據波提且利在他最著名的畫作之一中所描繪的神話故事，維納斯是由扇貝裡誕生的；她在希臘神話中的名字是阿芙洛狄特，乘坐著由6匹海馬拉著的扇貝殼穿過海洋。由於與聖詹姆斯奇蹟相關，扇貝殼成為基督教的象徵和中世紀到西班牙聖地牙哥德孔波斯特拉參拜聖地的朝聖者徽章。

別名

　　有時也被稱做「朝聖者扇貝」，扇貝在法語中叫做coquille St Jacques，義大利語裡叫pettine，西班牙語裡則叫viera。

購買

　　扇貝一年四季都能買到，但最佳的購買季節是冬季，那時卵既飽滿又牢固。最優質的扇貝是潛水者一個個採集而來；不用說，它們也是最昂貴的。如果你買到帶殼的扇貝，把殼留下，可作各種料理的盤子用。給每個人4～5只扇貝當作主菜，如果扇貝的體積很小，那麼給予的數目就增加2倍。也有販售去殼的扇貝，這就省去清洗的麻煩。儘量購買有卵的扇貝，雖然可能得靠運氣。但不要買冷凍扇貝，它們吃起來沒有鮮味。

料理

　　在料理和食用扇貝前，必須將它的鬚和所有深色部份除去。如果是大的扇貝，將白肉水平切成兩半。可以把扇貝切成薄片，沾現擠檸檬汁和少量橄欖油生吃。料理時只需用最短的時間，以保留其獨特的結實而柔軟的質地。也可把扇貝放在海鮮料湯中氽煮幾分鐘，趁溫熱或冷卻後放入沙拉中，與蕃茄、羅勒醋油醬或蛋黃醬一起吃。

　　帶殼的扇貝可以焗燒，用麵粉和水調合成的麵糊將殼封起來，把汁包在裡面。或把扇貝包在培根裡烤也同樣美味。用雞蛋和麵包粉把扇貝裹起來油炸，每一面用炸鍋炸30秒左右。或跟蔬菜翻炒、或與薑、醬油一起蒸也行。它們也可以做成糊或肉醬。有一道經典的菜是聖雅各貝殼菜，這道菜中將氽煮的扇貝和卵切片後放入一半的貝殼內，裹上白起司醬烤烘成棕色。通常會在貝殼邊上加馬鈴薯泥。

皇后扇貝

　　這袖珍的扇貝只有3公分長。乳白色的外殼布滿誘人的褐色放射溝，包著一小塊白色的肉和一小粒有尖角的卵。皇后扇貝比大一點的扇貝便宜很多，但都具有相同的甘甜味。它們經常是去殼後出售的：每人至少需要12只。皇后扇貝在亞洲很流行，被廣泛應用於中國料理中。

◀國王扇貝

頭足綱軟體動物

雖然頭足類動物包括烏賊、章魚和槍烏賊，但軟體動物和蝸牛的關係比和魚類的關係緊密。它們是高度發達的生物，有著立體視覺及記憶力，能夠高速游泳，還可根據周圍的環境改變顏色。它們的名字來源於希臘文「長著腳的頭」，這準確地概括了它們的外型。球根狀的頭包括嘴，嘴上長有兩個顎片，樣子很像鸚鵡的喙。顎片四周長著觸手，觸手上覆蓋著吸盤，吸盤是用於蠕動和捕獲獵物。袋狀的身體被有外套膜，裡面裝著胃、鰓和性器官。雖然它們是由類似蝸牛的生物進化而來，但頭足類動物沒有外殼；而是擁有一個含鈣的內殼，內殼由海綿體形成，可以膨脹使它們有浮力。其中，我們最熟悉的就是烏賊。海邊常見有人在清洗烏賊骨，它們是鳥類寵物補充蛋白質的最佳來源。古羅馬時期，貴婦把烏賊骨磨成粉，用來塗在臉上、清潔牙齒和珠寶首飾。

大多數頭足類動物還長有一個墨囊，可以釋放出帶黑色的液體，用來趕走掠食者和在受到襲擊時為自己提供「煙霧彈」。這種液體，或者說墨

◀烏賊

汁，味道很好，可以用於烹飪。頭足類動物在世界上所有海洋中都能找到。與很多海洋生物不同，它們還未遭受過度捕撈之苦，仍然是一種可持續的食物資源。

烏賊

常見的烏賊有一個扁平的橢圓形頭，背上長著呈褐色的偽裝條紋，下腹呈現淺色。它有8隻短而粗硬的觸手和2條用來捕捉獵物的長鬚。這些觸手是捲起來的，藏在嘴附近。烏賊相對較小，身長約25～30公分。伸展開的時候，這些觸手就是平常的2倍長。和所有的頭足類動物一樣，烏賊個頭越小，肉就越嫩。最小的種類是地中海小烏賊或侏儒烏賊，它們只能長到3～6公分長。它們的味道很鮮美，但是準備耗時，因為烹飪之前要先把小的烏賊骨去掉。

別名

烏賊在法語叫seiche，義大利語叫sepia，西班牙叫

sepia。侏儒烏賊在法語稱為supion或chipiron，義大利語叫seppiolina，西班牙語則為chipiron。

料理

小烏賊吃起來很可口，可以在橄欖油和大蒜中快速嫩煎或油炸。它們與稻米做的菜餚搭配食用最好。大一點的烏賊可像槍烏賊那樣料理。經典的西班牙菜sepia en su tinta，是把烏賊放在其墨汁中做成的。

章魚

和烏賊與槍烏賊不同，章魚沒有內殼，也沒有觸手和鰭。章魚的生活就是潛伏在海床裡的岩石縫中，用貝類和石頭堵住它們秘密洞穴的入口。它們有8根等長的觸手，每根觸手上都有兩排吸盤，並且可以膨大到5公尺長。章魚長得越大肉就越堅硬，因此小章魚最好吃。章魚的墨汁在肝臟中，味道比烏賊和槍烏賊重。

別名

章魚在法語中是poulpe或pieuvre，義大利語中是

▼小烏賊

polpo，西班牙語裡則是pulpo。

購買

也許你能在地中海的魚市找到新鮮完整的章魚。但章魚通常是整理好並冷凍出售的。挑選那些觸手上長著兩排吸盤的章魚；那些只有一排吸盤的是捲章魚，品質次等。

▲小章魚

料理

章魚需要緩慢而長時間的烹飪，在把它做成料理前，最好先用沸水燙過，使其變白或浸泡。然後切掉觸手並壓緊頭部的喙狀嘴。再切掉腦部，把內部外翻，清除內臟，徹底沖洗。然後在刻花前，以槌棒用力敲打身體和觸手使之變軟，再把章魚放入水或鹽水中至少燉1小時，直至變軟，或把章魚和地中海蔬菜或紅酒一塊燉，或填料慢烤。小章魚可切成小圓片，加橄欖油炒。章魚最好趁熱上桌，像沙拉淋上橄欖油和檸檬汁。整隻章魚可以放在它自己的墨汁中煮，但注意並不是每個人都能習慣章魚墨汁的口味。日本人非常喜歡章魚，並用沸水煮過的章魚觸手做壽司。

槍烏賊

槍烏賊有一個很長的腦袋及魚雷狀的身體和風箏似的鰭，它體內的殼是個透明剛刺，看來像一片清晰的醋酸纖維。它有10個觸鬚，其中的一對非常長。槍烏賊的體型大小不等，有僅7.5公分長的，也有巨型槍烏賊──有好幾噸重，長至17公尺。最常見的是整個歐洲皆有分布的食用型槍烏賊。它有平滑的皮膚，上有沙紅色的斑點。一隻槍烏賊最重可達2公斤。所謂的飛烏賊實際上並不能飛，他只是像導彈一樣越過水面。槍烏賊有堅實沒有脂肪的白肉，所以如果處理得好，槍烏賊肉可以非常鮮嫩。

別名

法國稱做encornet或calmar，義大利語則稱做calamaro，西班牙裡稱為calamar或puntilla。

購買

全年都可以買到新鮮或冷凍的整隻槍烏賊，但切記要購買有墨袋的。有些魚販和超市也單獨出售槍烏賊墨汁。市面上也有槍烏賊半成品出售，購買起來非常方便。市場上出售的冷凍的完整槍烏賊觸手和槍烏賊圈還可以作為「海鮮拼盤」這一道菜的佐料。你還可以買到裹上麵糊的槍烏賊圈帶回家煎炸後食用。但一個人最多

▼槍烏賊

只能吃200公克的槍烏賊，所以請不要過量食用。

料理

重點在於要簡單處理，還是用細膩的方法作長時間的料理，否則槍烏賊肉就會變得又硬又難嚼。槍烏賊可以填料後用蕃茄醬焗燒或以洋蔥和蕃茄一起蒸。槍烏賊圈可以裹麵糊炸或水煮做成沙拉。小槍烏賊可以烤著吃、沾醬吃或裹上雞蛋和麵包粉油炸。槍烏賊也可和義大利麵、燉飯如西班牙海鮮飯搭配食用。還可和臘腸、黑布丁這種看起來只能單獨食用的食材一起吃。槍烏賊經常出現在亞洲料理中，薑、辣椒和酸橙可為其增添美味。墨汁也可以用來增色，尤其在家自己做義大利麵和義大利燉飯。

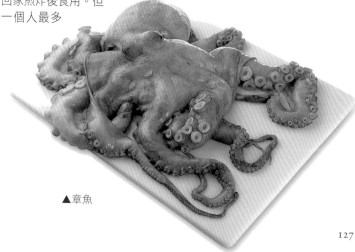

▲章魚

其他可食用的海洋生物

浩瀚的海洋裡充滿各式各樣的生物，在它們醜陋的外表下潛藏擁有的是人間美味。這些奇異的外表包括水母凝膠狀柔軟的身軀、海餐有如樹瘤狀的外皮，或是遍布海膽全身的毒刺但在世界的某處，它們被視為人間極品。

水母

水母使那些曾經被它們刺到的人們膽戰心驚。這個奇怪而透明的生物，它舞動著觸鬚，就像打開的降落傘。哪裡有海洋，哪裡就有它們的存在。但它幾乎只在亞洲被人們食用：它們被曬乾、刻花或做其他海鮮的配料。

購買和處理

你能在亞洲的任何一家食材店買到乾水母或用鹽水浸泡、保存的水母。以上兩種水母在食用前都需要換幾次水，讓它吸足水份。在中國，乾水母絲必須用沸水煮至捲起，瀝乾水再加入醬油、芝麻油和醋食用。水母乾也可加入甲殼類料理或雞。在日本，炸過的水母可以沾醋吃，有時和海膽混著吃。

海黃瓜（海參）

很難想像為什麼會有人喜歡吃那些看上去令人作嘔的帶疣黃瓜狀水生動物。它還有一個不起眼的名字：海參。但在日本和中國，他們被看作是人間美味，更被尊崇為壯陽聖品。他們背上眾多的刺其實是腳，令他們能在海床上蠕動爬行。海黃瓜在亞洲也叫做balatin。在日本，人們將它切片生吃，也就是生魚片。烘乾後的海黃瓜也可以食用，但是要使它味美可口還需要數十個小時的醃製。海參常被用來做湯和複雜的料理。做這道菜要花很大的功夫，這讓人認為它一定有別於西方料理，具有神奇風味。

海鞘

全球各地共有1,000多種海鞘，它們是微型無脊椎動物，身體蜷縮在厚實的皮革狀膜皮中。它有兩個孔或者兩個噴射口來吸入或吐出海水，並且使它吸附於海床、岩石和裂縫中。這種隱秘的動物常見於地中海水域，尤其是在西班牙和法國南部。在那裡它們被稱為紫羅蘭，因為海鞘和紫羅蘭一樣，也有一個巨大的紫色袋子。迫不及待的人會把它們撕成兩半，舀出黃色的嫩肉生吃，完全不在乎濃烈的碘味。海鞘可能有毒，所以千萬不要食用生活在汙染水域的海鞘。

別名

在法語中稱做violet或figue de mer，在義大利語中稱做ovo di mare。

海膽

旅行者所碰到最不愉快的經歷之一可能就是不小心踩在海膽有毒的長刺上。但是對於愛吃海鮮的人來說，海膽卻是人生最大的美食享受之一。全世界海膽的種類有800多種，但是只有少數的海膽可以使用。最常見的歐洲海膽是paracentrotus lividus。這種海膽是半球狀的，呈墨綠色或墨紫色，直徑大約7.5公分。外殼上有長刺，很像刺蝟。據説這種海膽雌的比雄的要大一些，而且味道也更加鮮美。人們只吃海膽的卵，這種卵有碘的辛辣味。

別名

海膽在法國稱oursin，chataigne de mer（海栗子）和herisson de mer（海刺蝟），在義大利稱riccio di mare，在西班牙則稱做erizo de mar。

購買

過度捕撈使得海膽變得十分稀有且昂貴。最好的海膽是那些紫色或綠色且帶有長刺的。短刺且顏色較淺的海膽味極濃，適合作菜。購買時應選擇刺比較堅硬，且下側咬合較緊的海膽。新鮮海膽在冰箱裡保存最多3天。

準備

打開海膽的最好工具是coupe oursin。如果沒有這個東西，就用一把非常鋒利的剪刀。戴著橡皮手套，沿底側軟組織剪開，取出海膽卵；或像剝煮熟的雞蛋一樣切掉頂端。

打開海膽的方法

1 戴上橡膠手套，用小刀沿下側的軟組織切開。

2 掀開上面，取出海膽口器和內臟，這些都是不可食用的。汁液留著，因為這些汁液可以為海鮮沾醬、雞蛋料理或湯調味。

3 舀出橘紅色的卵。

料理

海膽可以生吃或搭配調味醬、義大利麵、煎蛋捲和炒蛋食用。海膽還可以做成味道鮮美的湯，分裝放在貝殼中用大匙食用。其殼也可當作容器盛放其他海鮮料理。如沾海膽醬的海螯蝦。

魚貝食譜

　　魚類、甲殼類都是營養豐富味道鮮美的食物，隨著生活水準的提高，我們可以在超市或魚市場買到越來越多種類的魚貝海鮮，如果料理得當，會是十分美味的佳餚。每種魚貝類都有其獨特的味道，口感也因人而異。接下來的食譜將同時為你介紹魚貝海鮮料理的經典作法，以及極具特色的創意烹飪法，以各種各樣的美味，滿足你的味蕾！

湯

吃膩了辛辣的肉湯及味道濃烈的燉菜，
不妨換換口味，使用魚貝做道清爽湯品。
炎熱夏天若能來碗胡瓜蝦冷湯，愜意又放鬆；
冬日的菊芋扇貝湯和法式海產什錦湯，
或是新英格蘭海鮮雜燴濃湯，都能暖和你的心和胃。
偶爾想來點小奢華，也可以做道奶油龍蝦濃湯，
款待客人，賓主盡歡。
或乾脆來趟想像中的亞洲之旅，
享受一下馬來西亞的鮮蝦米粉湯，
還有美味的泰式魚肉濃湯。

胡瓜蝦冷湯 Chilled Cucumber and Prawn Soup

如果你從沒做過冷湯，那麼這將會是一個很好的嘗試。胡瓜蝦冷湯味道鮮美清淡，是消熱避暑的完美選擇。

❷ 拌入牛奶，開大火煮到接近沸騰，轉小火煨5分鐘。將湯盛入攪拌機或食物處理器，攪打至柔順並加入鹽、白胡椒粉調味。

❸ 將湯倒入大碗裡待冷。冷卻後加入熟蝦、香料碎末和鮮奶油。加蓋，將湯置於冰箱冷藏2小時左右。

❹ 將湯取出，分裝4個小碗並加上一團鮮奶油或酸奶油於湯上，將蝦掛在碗邊。加入些許蒔蘿碎末在湯上，並夾2或3根細香蔥在蝦上（如主圖所示）以調味，即可上桌。

材料（4人份）

奶油	25公克
珠蔥	2根
大蒜	2顆
胡瓜	1條
牛奶	300ml
鮮奶油	300ml
新鮮薄荷	1大匙
新鮮蒔蘿	1大匙
細香蔥	1大匙
山蘿蔔碎末	1大匙
鹽	少許
白胡椒粉	少許

裝飾用配菜

鮮奶油或酸奶油（可省略）30ml	
明蝦（燙熟剝殼，保留完整尾部）	
	4隻
新鮮蒔蘿和細香蔥	少許
珠蔥及大蒜（拍碎）	適量

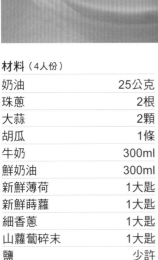

❶ 在長柄湯鍋中融化奶油，加入蔥、大蒜小火加熱直至蔥大蒜變軟但未變色。加入胡瓜小火溫炒，注意攪動，直到胡瓜變軟。

料理小技巧

如果你比較喜歡熱湯，可小火再次加熱，但切勿加熱至沸騰，否則湯裡的精華和營養會被破壞。

其他選擇

依個人口味不同，可用其他煮熟的甲殼類代替湯中的蝦，如新鮮、冷凍或罐裝蟹肉，或熟的薄鮭魚片。

菊芋扇貝湯 Scallop and Jerusalem Artichoke Soup

由細膩味甘的扇貝加上菊芋的味道精製而成，色澤金黃。若想讓湯的顏色更加鮮亮，還可用南瓜替代菊芋，或以高湯代替牛奶。

材料（6人份）

菊芋（朝鮮薊）	25公克
扇貝（帶卵）	6大隻或12小隻
洋蔥	1顆
檸檬	半顆
奶油	115公克
鮮奶油	150ml
魚肉高湯	600ml
牛奶	300ml
杏仁片	45公克
番紅花絲	少許
鹽	少許
白胡椒粉	少許

裝飾用配菜

鮮奶油或酸奶油（可省略）	30ml
明蝦（燙熟剝殼，保留完整尾部）	4隻
新鮮蒔蘿和細香蔥	少許
新鮮山蘿蔔	少許

❷ 將一半的奶油放入長柄湯鍋中加熱融化，放入洋蔥並用微火煮到變軟。再把菊芋瀝乾放入鍋中攪拌輕燉5分鐘後，加高湯和牛奶、番紅花絲，大火煮至沸騰，轉以小火燉菊芋，煮軟但不要變成糊狀。

❸ 同時，小心地將扇貝卵從肉上分離，並將扇貝水平切成兩半。把剩下一半的奶油放入

❶ 迅速將菊芋洗淨去皮，切成2公分的塊狀放入盛有冷水的碗中，在碗中加入少許檸檬汁，可避免菊芋氧化變色。洋蔥洗淨切碎。

煎鍋中加熱，簡單翻炒扇貝肉和卵約1分鐘左右即可，取出切成方塊狀並分開放置備用。

❹ 菊芋煮好後，連同配料一起倒入食物處理器中，取一半扇貝肉加入並打成柔順的濃湯再倒回乾淨的鍋中，加入適量鹽和白胡椒粉調味，在準備裝飾配菜時以小火保溫。

❺ 將15公克的杏仁切碎，並把鍋中剩餘的奶油加熱，加入杏仁碎片以中火翻炒至變成金棕色；再加入扇貝卵翻炒約半分鐘。連同剩餘的扇貝，將鮮奶油加入濃湯中。將湯分裝6個小碗，擺上杏仁、扇貝卵和山蘿蔔作為裝飾。

馬特拉醬燉魚 Matelote

這道馬特拉醬燉魚的傳統作法是以新鮮淡水魚為材料（包括鰻魚），任何肉質堅實的魚都可以使用，但最好加上一些鰻魚，也可用白酒或紅酒來增添風味。

材料（6人份）

混合魚肉 （如含康吉鰻450公克更佳）	1公斤
洋蔥	1顆
西洋芹	2根
胡蘿蔔	2條
巴西里葉、月桂葉、山蘿蔔	1把
丁香	2枝
黑胡椒粒	6顆
鹽	適量
辣椒	適量

裝飾用配菜

奶油	25公克
小洋蔥	12顆
蘑菇	12顆
巴西里葉	適量

❶ 將魚肉去骨切成大厚片，在長柄湯鍋中加熱融化奶油，放入魚塊和蔬菜片，以中火翻炒至淡棕色。倒入酒和適量冷水（需蓋過魚塊），加入調味用的巴西里葉、月桂葉和山蘿蔔並調味。小火慢燉20至30分鐘，直至魚肉變軟變嫩，注意將表層泡沫舀出。

❷ 在熬湯的同時準備配菜，用深底的煎鍋，融化奶油，放入小洋蔥炒至金黃色且變軟，再加入蘑菇炒至金黃色，調味並保溫。

❸ 將湯過濾倒進乾淨的鍋中，過濾香草和香料，將剩下的魚肉分別裝在6個湯碟中（如果不喜歡吃魚皮，這個時候可以把魚皮去掉），並保溫。

❹ 重新加熱過濾後的湯至沸騰，將火關小，緩緩加入奶油麵粉直到湯變稠。調味後將湯舀入湯碗需蓋過魚塊。每個碗裡再倒入適量炒好的洋蔥和蘑菇作為配菜，最後灑上巴西里葉即可食用。

料理小技巧

用奶油麵粉調湯的方法是將15公克軟化奶油和一大匙中筋麵粉混合均勻，一次倒入煮開的湯中，迅速攪動至湯變稠。

法式辣魚湯 Fish Soup with Rouille

料理這道湯品的方法其實很簡單，而且其風味極佳，使人下意識地認為這道湯一定是精心調製而成的。

材料（6人份）

材料	份量
混合魚肉	1公斤
洋蔥	1顆
胡蘿蔔	2條
青蒜	1根
熟番茄	2顆
大蒜	2瓣
巴西里葉莖	3枝
西洋芹	3枝
月桂葉	3片
白酒	300ml
鹽	適量
黑胡椒粉	適量
辣椒	適量

辣椒蛋黃醬材料

大蒜	2瓣
粗鹽	5ml
厚片吐司	1片
新鮮紅辣椒	1根
橄欖油	45ml
鹽	適量
辣椒粉	適量

裝飾用配菜

材料	份量
法國麵包	12片
庫耶爾起司	50公克

❶ 將洋蔥、青蒜、胡蘿蔔、番茄、紅甜椒切碎，並將大蒜去皮。

❷ 將魚肉切成7.5立方公分厚片，去掉大刺。在長柄湯鍋中加熱橄欖油，放入切好的魚肉和切碎的蔬菜翻炒至變色。

❸ 加入其他湯料與足夠的冷水，需蓋過魚肉。並加入鹽和辣椒粉調味煮至將沸騰時，以小火慢燉1小時。

❹ 燉湯的同時調製辣椒蛋黃醬。厚片吐司切邊，泡濕後擠乾，紅辣椒去籽後粗略切碎。切碎的大蒜和粗鹽一併放入研缽中磨成大蒜泥，加入吐司和紅辣椒繼續磨至柔順，或用食物處理器打成泥狀。緩緩加入橄欖油中，持續攪拌至完全溶於油中，色澤柔順如蛋黃醬般。最後加入適量鹽和辣椒粉調味，口味較重的人可加辣椒粉。完成後放置備用。

❺ 將熬好的湯盛出，濾去蔬菜渣後改放入另一乾淨的鍋中，或用食物處理器過濾，以確保所有湯汁都被倒出。

❻ 再次加熱湯汁但不要煮沸，適當調味並分別盛入6個碗中。每碗湯配2片法國麵包、1匙辣椒蛋黃醬和一些磨碎的庫耶爾起司。

料理小技巧

任何質地堅實的魚肉都可用來做這道湯。如果選用整條魚，最好加上魚頭，這樣可以增加湯品的美味。

龍蝦濃湯 Lobster Bisque

龍蝦濃湯是奢華絕讚的美味海鮮湯品,可以用任何甲殼類海鮮製作。

材料(6人份)

材料	份量
新鮮龍蝦	500公克
洋蔥	1顆
奶油	75公克
胡蘿蔔	1條
魚肉高湯	1公升
番茄泥	15ml
長米	75公克
香料	1把
濃味鮮奶油	150ml
白胡椒粉	適量
辣椒粉	適量

❶ 洋蔥切碎,胡蘿蔔、西洋芹切丁,龍蝦切片(不用去殼)。融化一半的奶油於長柄湯鍋中,加入蔬菜小火炒至蔬菜變軟,再加入龍蝦翻炒至蝦殼完全變紅。

❷ 倒入白蘭地並點火,火熄後加入紅酒煮至鍋中水剩一半,倒入魚肉高湯慢燉2至3分鐘後,撈出龍蝦。

❸ 拌入蕃茄泥與米飯並加入調味用香料,煮至米飯變軟。同時,將龍蝦剝殼並將殼放回鍋中和米飯一起煮。蝦肉切丁放置備用。

料理小技巧

做龍蝦湯時最好選用活龍蝦,將其冷凍至昏迷,煮湯前再取出處理。如果無法自行處理生蝦,可用已煮好的龍蝦,再稍微翻炒1分鐘。

❹ 米飯煮好後,撈去蝦殼。將湯料與湯倒入攪拌器或食物處理器打至濃稠狀,再過濾濃湯至另一個乾淨的鍋中,邊攪拌邊加熱直到沸騰。再加適量的鹽、胡椒粉和辣椒粉調味。將火關小加入濃味鮮奶油繼續攪拌。把剩餘的奶油切塊加入濃湯裡,持續攪拌。放入切好的龍蝦肉後分別盛盤。依個人喜好在每個小碗裡倒1小匙白蘭地以及一些濃味鮮奶油。

馬賽魚湯 Bouillabaisse

真正的馬賽魚湯源於法國南部，是一種由數種魚肉合煮而成的湯，石頭魚（蠍子魚）是混合魚肉中不可或缺的一部份。但在此作法中也可以用其他魚肉代替，最好儘可能用多種的魚肉料理這道湯品。

材料（4人份）

綜合魚肉	3公斤
洋蔥	2顆
蒜白	2根
大蒜	4瓣
馬鈴薯	4顆
熟番茄	450公克
番茄泥	15ml
魚肉高湯或清水	3公升
番紅花絲	1小撮
百里香莖	2枝
月桂葉	2片
茴香莖	2根
鹽	適量
胡椒	適量
辣椒粉	適量
辣椒蛋黃醬*	1碗
大蒜粒沙拉醬*	1碗

裝飾用配菜

法國麵包	16片
巴西里葉	30公克

* 請參照法式辣魚湯及普羅旺斯鹹鱈魚醬料作法。

❶ 洋蔥、蒜白、大蒜切碎，番茄煮熟後去皮切碎，馬鈴薯洗淨去皮，並切成厚片。魚肉洗淨切塊。

料理小技巧

可用於馬賽魚湯的魚肉包括康吉鰻、鮟鱇魚、黑角魚和海魴。

❷ 在長柄湯鍋中放入橄欖油，加熱放入洋蔥、蒜白，大蒜和蕃茄炒軟後，加入魚肉高湯或清水、蕃茄泥和番紅花絲。加入香料束，大火煮至沸騰直到橄欖油完全融入湯中。火調小，加入魚肉和馬鈴薯。

❸ 小火慢燉5至8分鐘，魚肉煮好後分別撈出，繼續燉煮馬鈴薯直到完全變軟。加入適量鹽、胡椒粉和辣椒粉調味。

❹ 將魚肉和馬鈴薯分別盛入4個湯碟中，平均分配魚湯，將烤好的法國麵包以大蒜搓磨，與磨碎的巴西里葉一同裝飾在湯上，並附上辣椒蛋黃醬和大蒜粒沙拉醬。

蛤蜊巧達濃湯 CLAM CHOWDER

如果很難找到新鮮的蛤蜊製作這道湯品，可以用冷凍或罐裝蛤蜊來代替。大的蛤蜊應將肉取出並切成小塊，依個人喜好留一些蛤肉在殼裡做為配菜。傳統的蛤蜊巧達濃湯會配上一些被稱做鹽脆薄餅乾的點心。

材料（4人份）

醃豬肉或未燻過的培根（薄片切塊）	100g
大洋蔥（切碎）	1顆
馬鈴薯（去皮洗淨後切成1立方公分）	2顆
月桂葉	1片
新鮮百里香莖	1根
牛奶	300ml
帶殼蛤蜊（保留蛤蜊湯汁）	400g
濃味鮮奶油	150ml
鹽、白胡椒粉和辣椒粉	適量
巴西里葉（切碎，裝飾用）	適量

❶ 將醃豬肉或培根放入長柄湯鍋中，慢慢加熱直到油脂完全融化，且肉轉變為棕色。加入切好的洋蔥，小火翻炒至變軟，不要炒成棕色。

❷ 加入馬鈴薯丁、月桂葉和百里香莖，翻炒使蔬菜沾上油。然後加入牛奶和蛤蜊湯汁煮至沸騰。將火關小慢燉約10分鐘，直到馬鈴薯變軟但沒有碎裂。從湯中除去月桂葉和百里香。

❸ 將大部份的蛤肉從殼中取出並加入湯中，以鹽、胡椒粉和辣椒粉調味後，再慢燉5分鐘以上。倒入濃味鮮奶油攪拌加熱至即將沸騰狀態。分別盛入四個湯碗中，灑上切碎的巴西里葉做裝飾即可上桌。

中式蟹肉玉米羹 CHINESE CRAB AND SWEETCORN SOUP

選用冷凍的白蟹肉或新鮮蟹肉都可以做出這款精緻美味的湯品。

材料（4人份）

魚肉或雞肉高湯	600ml
新鮮薑片（去皮切片）	2.5公分
罐頭玉米醬	400g
水煮白蟹肉	150g
葛根粉或玉米澱粉	15ml
米酒或雪利酒	15ml
淡色醬油	15～30ml
蛋白	1個
鹽、白胡椒粉	適量
青蔥（切絲，裝飾用）	適量

料理小技巧

這道湯品有時可用罐頭玉米粒製作，但玉米醬可塑造出較佳的口感。如果買不到罐頭，可用冷凍的奶油玉米代替，也可以做出美味的湯。

❶ 將高湯和薑放入長柄湯鍋中燒至沸騰，加入罐頭玉米醬攪拌，再度加熱至沸騰。

❷ 熄火並加入蟹肉，葛根粉或玉米澱粉加入米酒或雪利酒中攪拌均勻，緩緩注入湯中。小火煮約3分鐘，使湯變稠，加入適量淡色醬油、鹽和白胡椒粉調味。

❸ 將蛋白於另一碗中打發後，緩緩加入湯中，將湯加入已溫熱過的湯碗中，配上青蔥絲裝飾即可上桌。

其他選擇

選擇150公克的水煮明蝦剝殼代替蟹肉就可用來做明蝦玉米湯，將明蝦粗略地切好於第2步驟時加入湯中。

泰式魚肉湯 THAI FISH BROTH

檸檬草、墨西哥紅番椒和老薑都是很適合這道湯品的調味料。

材料（2～3人份）

材料	份量
魚肉或淡雞肉高湯	1000cc
檸檬草莖	4根
酸橙	3顆
新鮮墨西哥紅番椒 （去籽切薄片）	2個
老薑（去皮切薄片）	2公分
芫荽莖（連葉）	6枝
馬蜂橙葉 （粗略切碎，可省略）	2片
鮟鱇魚肉片 （去皮後切成2.5公分薄片）	350g
米醋	15ml
魚露	45ml
芫荽葉（切碎，裝飾用）	30ml

❶ 將高湯倒入長柄湯鍋中加熱至沸騰，同時，將檸檬草球莖底部去掉，對角切成0.3公分的薄片。用剝皮刀削下4片酸橙皮，注意不要削到白色的部份，因那會使湯帶有苦味。搾出酸橙汁備用。

❷ 檸檬草切片、酸橙皮、墨西哥紅番椒、老薑和芫荽加入高湯中，若選用馬蜂橙葉則於此時加入，慢燉1至2分鐘。

其他選擇

在料理這道湯品時，明蝦、扇貝、槍烏賊或鰈魚都可用來代替鮟鱇魚。如果選用馬蜂橙，則只需要2顆馬蜂橙果汁。

❸ 加入鮟鱇魚、米醋、魚露和一半的酸橙汁。慢燉3分鐘，直到魚煮好。撈去芫荽並試味道，視需要加入酸橙汁以確定魚湯夠酸。將芫荽葉灑在湯上，在湯滾燙時上桌。

馬來西亞明蝦叻沙 MALAYSIAN PRAWN LAKSA

在這款馬來西亞明蝦叻沙中，用蟹肉或任何薄片魚肉代替明蝦，味道同樣美味。如果時間不夠或找不到調製馬來西亞式辣醬的配料，則可購買現成的辣醬，這種醬在亞洲食品店都很容易買到。

材料（2～3人份）

材料	份量
米粉	115g
蔬菜油或花生油	15ml
魚肉高湯	600ml
椰奶	400ml
魚露	30ml
酸橙	0.5顆
明蝦（去殼）	16～24隻
鹽和辣椒粉	適量
芫荽莖和葉（切碎，裝飾用）	60ml

辣醬

檸檬草莖（切碎）	2根
墨西哥紅番椒（去籽切碎）	2條
老薑（去皮切片）	2.5公分
蝦糕	約1/2小匙
大蒜（切碎）	2瓣
薑黃粉	約1/2小匙
羅望子醬	30ml

❶ 將米粉放入盛有鹽水的長柄湯鍋中，依包裝指示以大火煮熟，用濾鍋濾去水份，放入冷水中沖洗將水瀝乾、保溫。

❷ 製作辣醬，將辣醬所需材料放入研缽中研磨成粉，或將所有材料放入食物處理器中攪拌成泥。

❸ 在長柄湯鍋中加熱蔬菜油或花生油，加入調好的辣醬翻炒一段時間，使其味道完全散發，但小心不要讓辣醬燒焦。

❹ 加入魚肉高湯和椰奶煮至沸騰，倒入魚露攪拌後慢燉約5分鐘。加入適量鹽和辣椒粉調味，並加入一顆酸橙汁。然後將明蝦加入湯中加熱數秒。

❺ 將煮好保溫的米粉均勻分配到2至3個湯碟中，並確保蝦肉平均分到每個碟中。然後放上芫荽調味，趁熱上桌。

開胃菜

無論主菜為何，
魚和甲殼類總是可以做一道完美的清新開場；
酸橘汁醃魚或明蝦冷盤口感刺激，
可以幫助恢復精神。
經典的洛克斐勒牡蠣和脆皮青醬淡菜肉質精緻；
而鮮嫩的芥末銀魚則提供了辛辣、酥脆的口感。
如果你更喜歡魚類的話，
葡萄葉捲紅鰹則是個很不一樣的開胃菜。

酸橘汁醃魚 CEVICHE

這道源於南美的開胃菜可以選用任何堅實的魚肉製成，但需注意一定要選用新鮮魚肉。這道菜以酸橙汁醃製而成的魚肉料理。可依個人喜好加些墨西哥紅番椒加以調味。

材料（6人份）

大比目魚（或庸鰈、黑鱸魚及鮭魚）（去皮切片）	675g
酸橙（壓汁）	3顆
新鮮墨西哥紅番椒（去籽後切碎）	1～2條
橄欖油	15ml
鹽	適量

裝飾用配菜

大番茄（去皮去籽切丁）	4顆
酪梨（去皮切丁）	1顆
檸檬汁	15ml
橄欖油	30ml
芫荽葉	30ml

❶ 將魚肉切成條狀，放在淺底盤中後將酸橙汁淋在魚肉上；記得要翻面，使魚肉的另一邊也浸上橙汁；以保鮮膜蓋上盤子靜置約1小時。

❷ 將芫荽葉以外的其他配菜拌好備用。

❸ 以鹽調味並灑上墨西哥紅番椒，淋上橄欖油，仔細混拌，並蓋上魚肉放入冰箱15至30分鐘。

❹ 裝盤後置上配菜，並灑上切碎的芫荽葉，即可上桌。

黑線鱈漬魚片 MARINATED SMOKED HADDOCK FILLETS

這道開胃菜作法簡單，若以鮭魚片代替鱈魚，味道同樣非常可口，還可選用威士忌代替蘭姆酒。可依個人喜好不加入酒精，而是在滷汁中加入一小匙細砂糖代替。

材料（6人份）

燻製黑線鱈魚片 （去皮）	450g
洋蔥（切成極細的洋蔥圈）	1顆
法式第戎芥末醬	1～2小匙
檸檬汁	30ml
橄欖油	90ml
黑蘭姆酒	45ml
小馬鈴薯	12顆
切碎的新鮮蒔蘿	2大匙
蒔蘿莖	6根
黑胡椒粉	適量

料理小技巧

盡量採購大的厚黑線鱈片，如果只能買到小魚片，仍是可以用來料理這道料理，但須改以完整魚片代替切片。

❶ 將魚片縱向對半切開，鋪在非金屬的盤子，將洋蔥圈均勻灑在魚片上。

❷ 混合芥末醬、檸檬汁和黑胡椒粉，邊倒入橄欖油邊攪拌，然後將三分之二的醬料倒在魚片上，以保鮮膜蓋好，在陰涼處放置約2小時後，灑上蘭姆酒再放置1小時以上。

❸ 將馬鈴薯放入鹽水中煮軟，瀝乾後對半切開，盛入大碗中冷卻備用，倒入剩餘的醬料並拌入蒔蘿加蓋備用。

❹ 將黑線鱈切成薄片，但若用的是燻鮭魚，則可整條使用。準備6個湯碟，均勻分配魚肉淋上醬料和洋蔥圈，再把馬鈴薯置於碟子一邊，放上配菜用的蒔蘿即可上桌。

普羅旺斯淡菜 MOULES PROVENCALES

食用這些美味的淡菜會弄得四處都是，但這也是這道菜的魅力所在。食用時，要備好法式硬麵包用來吸取淡菜中的湯汁，別忘了準備一碗溫水用來洗手和一個空碟裝貝殼。

材料（4人份）

橄欖油	30ml
去皮非燻製培根（切成小方塊）	200g
洋蔥（切碎）	1顆
大蒜（切碎）	3瓣
月桂葉	1片
新鮮普羅旺斯香料 （包括百里香、香牛至、羅勒、奧勒岡和香薄荷，切碎）	1大匙
油漬蕃茄乾	1～2大匙
新鮮大番茄 （去皮去籽後切碎）	4顆
去核黑橄欖（切碎）	50g
白酒	105ml
活淡菜（洗淨）	2.25公斤
鹽和黑胡椒粉	適量
新鮮巴西里葉 （粗略切碎，裝飾用）	60ml

❶ 在長柄湯鍋中熱油，放入培根煎炸直到變黃變脆，漏杓撈出後備用。將洋蔥和大蒜放入鍋中溫火翻炒直到蔬菜變軟，加入香料和蕃茄。溫火翻炒約5分鐘，加入橄欖和適量的鹽、黑胡椒粉調味。

❷ 在另一個深底鍋中倒入白酒和淡菜，加蓋於大火上搖動約5分鐘，直到淡菜全部打開，並丟棄沒有打開的淡菜。

❸ 將淡菜湯汁倒入盛有蕃茄的湯鍋中，以大火煮滾直到水位下降三分之一後，加入淡菜翻炒攪拌，使淡菜上全部沾上蕃茄醬並撈出月桂葉。

❹ 把淡菜和蕃茄醬平均分成4份，放入溫熱過的碟子裡。將煎好的培根和切碎的巴西里葉灑在淡菜上，趁熱上桌。

洛克斐勒牡蠣 OYSTERS ROCKEFELLER

這道菜十分適合喜歡吃清淡口味牡蠣的人，在這道料理中，如果不選用奢侈的洛克斐勒牡蠣，則可以用淡菜或蛤蜊代替，同樣美味。

材料（6人份）

材料	份量
粗鹽	450g
牡蠣	24只
奶油	115g
珠蔥（切碎）	2根
菠菜葉（切碎）	500g
新鮮巴西里葉（切碎）	60ml
西洋芹葉（切碎）	60ml
新鮮白麵包粉	90ml
塔巴斯科辣醬或辣椒粉	適量
茴香酒	10～20ml
鹽和黑胡椒粉	適量
檸檬片	適量

料理小技巧

如果比較偏愛柔順的口感，可將配料置於食物處理器或攪拌器中。

❶ 將烤箱預熱至220℃，在烤盤上灑滿粗鹽，將牡蠣對半分開鋪在烤盤上備用。

❷ 在煎鍋中將奶油融化，加入青蔥碎末小火翻炒2至3分鐘直到變軟，加入波菜葉使其變軟。

❸ 在鍋中加入巴西里葉、西洋芹葉和麵包粉，溫炒約5分鐘，加入適量鹽、胡椒粉、塔巴斯科辣醬和辣椒粉調味。

❹ 將調好的配菜分別鋪在牡蠣上，在每顆牡蠣上滴上一點茴香酒後，放入烤箱烤約5分鐘，直到牡蠣起泡且顏色變為金棕色。將牡蠣放在溫熱過並且鋪有鹽巴的大淺盤裡上桌，邊緣擺上檸檬片裝飾。

香料明蝦串燒 AROMATIC TIGER PRAWNS

沒有任何優雅的方法可以用來取食這種明蝦——只能一隻手抓住蝦尾，另一隻手將其從竹籤上取下，用手剝殼後食用。

材料（4人份）

材料	份量
明蝦或挪威小龍蝦	16隻
辣椒粉	0.5小匙
茴香籽	1小匙
四川辣椒粒或黑胡椒粒	5個
大茴香（剝成碎片）	1個
肉桂枝（剝成片狀）	1根
花生油或葵花油	30ml
大蒜（切碎）	2瓣
新鮮薑片（去皮並切碎）	2公分
珠蔥（切碎）	1根
水	30ml
米醋	30ml
黃砂糖或椰糖	2大匙
鹽和黑胡椒粉	適量
檸檬片和青蔥（裝飾用）	適量

❶ 用8枝牙籤串好16隻明蝦或挪威小龍蝦備用，熱鍋後，放入辣椒粉、茴香籽、四川辣椒粒或黑胡椒粒、大茴香和肉桂枝，乾炒約1至2分鐘使味道釋出，放涼冷卻後放入研缽中大致磨成泥狀。

❷ 將花生油或葵花油放入淺底鍋中加熱，加入大蒜瓣、薑片和切碎的珠蔥炒至變色，加入已磨成泥的調味料後，加入鹽、胡椒粉調味，溫火加熱2分鐘。加水後慢燉5分鐘，並注意攪拌。

❸ 加入米醋和黃砂糖或椰糖，攪拌直到調味料完全溶解後，將明蝦放入鍋中，慢火煮3至5分鐘，直到蝦變成粉紅色但依舊多汁。以檸檬片和蔥花裝飾，趁熱上桌。

料理小技巧

如果買的是整隻蝦，請在料理前將蝦頭去掉。

磨菇明蝦佐吐司 PRAWN AND VEGETABLE CROSTINI

用瓶裝的義式油漬朝鮮薊來做這道簡單的開胃菜，可省下許多時間。

材料（4人份）

材料	份量
帶殼明蝦	450g
厚片脆皮義式吐司（對角切開）	4塊
大蒜（去皮縱向切成2瓣）	3瓣
橄欖油	60ml
蘑菇（去根）	200g
義式油漬朝鮮薊	12顆
巴西里葉（切碎）	60ml
鹽和黑胡椒粉	適量

料理小技巧

不要用冷凍蝦做這道菜，尤其不要選用去殼冷凍的蝦仁，最好是用新鮮帶殼煮熟的明蝦，味道才夠鮮美。

❶ 將蝦去殼並除去蝦頭，將脆皮義式吐司二面塗上大蒜汁，再滴上些橄欖油，烤或煎至脆皮義式吐司變成淡棕色，並保溫。

❷ 將剩下的大蒜瓣切碎，並加熱鍋中剩餘的橄欖油，鍋熱後放入大蒜瓣炒至變黃，但注意不要炒成棕色。

❸ 加入蘑菇翻炒，並以適量鹽和胡椒粉調味炒約2至3分鐘，加入義式油漬朝鮮薊和切碎的巴西里葉。

❹ 加入鹽和胡椒粉調味，翻炒至材料熟透後，把明蝦置於脆皮義式吐司上，將剩下的湯汁淋在蝦上，即可上桌。

酸橙扇貝佐海蘆筍 SCALLOPS WITH SAMPHIRE AND LIME

海蘆筍是一種獨特的傘形海中植物，味道和香氣都十分討喜，是一種很適合料理扇貝的配料，用來做開胃菜一定能使人胃口大開。

材料（4人份）

新鮮海蘆筍	225g
扇貝（去殼）	12～24只
白酒	300ml
酸橙（壓汁）	2顆
花生油或蔬菜油	15ml
胡瓜（去皮去籽後切丁）	半條
黑胡椒粉	適量
新鮮巴西里葉（切碎）	裝飾用

❶ 冷水清洗新鮮海蘆筍後瀝乾，切去根部，煮一鍋沸水，加入海蘆筍煮3至5分鐘，直到海蘆筍變軟但依舊爽脆，撈起後以冰水冷卻再度瀝乾。

❷ 如果選用的是大扇貝，則將大扇貝的卵取下，扇貝橫向切成兩半，在淺底鍋中倒入白酒，放在火上煮沸至水份蒸發三分之一，火關小後將酸橙汁倒入鍋中。

❸ 將扇貝和卵一起放入鍋裡，溫火水煮約3至4分鐘，使扇貝剛好煮熟但仍呈透明狀，撈出備用。

料理小技巧

海蘆筍生長在歐洲和北美的河口、港灣和鹽沼，那裡的魚販經常會販售這種植物。

❹ 將扇貝湯汁靜置降溫後，加入花生油或蔬菜油攪拌。加入海蘆筍、胡瓜丁、扇貝和卵輕輕攪拌，並加入一小撮黑胡椒粉，加蓋於室溫靜置約1小時，以便味道能完全滲入扇貝中。再平均舀到4個碟中，擺上少許新鮮巴西里葉用為裝飾，室溫中即可上菜。

脆皮青醬淡菜 GRATIN OF MUSSELS WITH PESTO

若準備時間很短，這道菜會是極佳的選擇，因為青醬和淡菜都可以在前一天預先準備好，只需將青醬和淡菜放在一起於烤箱中烤熱即可上菜。

材料（4人份）

淡菜（洗淨）	36只
白酒	105ml
新鮮巴西里葉（切碎）	4大匙
大蒜（切碎）	1瓣
新鮮白麵包粉	30ml
橄欖油	60ml
新鮮羅勒（裝飾用）	適量
脆殼麵包	適量

青醬

大蒜（切碎）	2大瓣
粗鹽	0.5小匙
新鮮羅勒葉	100g
松仁（切碎）	25g
磨碎的帕瑪森起司	50g
原生橄欖油	120ml

❶ 將淡菜放入長柄湯鍋中，倒入白酒後加蓋，以鉗子夾住蓋子並放在火上邊加熱邊搖晃，約3至4分鐘直到淡菜打開，除去沒有打開的淡菜。

❷ 淡菜冷卻後撈出，掰開並剝去空殼，將淡菜分別擺在4個碟中，加蓋備用。

料理小技巧

青醬最好是自己在家做，但如果因為季節關係買不到羅勒或沒有時間自己準備，也可以買現成的罐裝醬使用。

❸ 製作青醬時，將切好的大蒜、鹽加入研缽，將大蒜搗成泥狀後，加入羅勒葉和松仁繼續研磨，直到搗成糊狀。取少量帕瑪森起司和適量橄欖油加入醬中，製成柔滑、脂狀的醬（如果不用研缽，可以選用食物處理器）。

❹ 用湯匙將醬舀進每個淡菜中，混合巴西里葉、大蒜和麵包粉並灑在淡菜上，再於淡菜上加幾滴橄欖油。

❺ 預熱烤箱，將淡菜鋪在烤盤上，烘烤約3分鐘。取出後擺上羅勒裝飾與脆殼麵包一同上桌。

明蝦冷盤 PRAWN COCKTAIL

沒有比新鮮可口的明蝦冷盤更適合做開胃菜的料理了，但如果蝦肉和萵苣完全浸泡在酸酸的醬料中，味道可能會完全變調；以下就向大家展示如何做好明蝦冷盤。

材料（6人份）

濃味鮮奶油（微微打發）	60ml
蛋黃醬（最好自製）	60ml
蕃茄醬	60ml
烏醋	5～10ml
檸檬汁	1顆
長葉萵苣 （其他口感清脆的萵苣亦可）	0.5顆
煮好的明蝦（去殼）	450g
鹽、黑胡椒粉和匈牙利 紅椒粉	適量
帶殼明蝦（裝飾用）	6隻

裝飾用配菜

黑麵包薄片（切薄片）	適量
奶油	適量
檸檬片	適量

❶ 將鮮奶油、蛋黃醬和蕃茄醬一併放入碗裡攪拌均勻，加入烏醋和足量的檸檬汁加強醬汁味道。

料理小技巧

杯口的明蝦最好部份去殼，準備時，小心地剝下蝦頭和身上的蝦殼，留下扇狀的蝦尾做為裝飾。

❷ 萵苣切成細絲，盛放在6個大口玻璃杯中，放滿杯子的三分之一。

❸ 將蝦倒入醬中攪拌並調味，將蝦肉舀在萵苣上。可依個人喜好，在每個玻璃杯口別一整隻的明蝦。最後在上面灑上一些黑胡椒粉與紅辣椒粉，搭配黑麵包薄片、奶油和檸檬片即可上桌。

箭生菜蟹肉沙拉 CRAB SALAD WITH ROCKET

如果準備的螃蟹不大，可以將做好的沙拉醬放在蟹殼上一併上桌。

材料（4人份）

新鮮蟹肉	4隻
小紅辣椒（去籽後切碎）	1顆
小紅洋蔥（切碎）	1顆
脫水續隨子	約2大匙
芫荽（切碎）	約2大匙
檸檬壓汁	2顆
檸檬皮（磨碎）	適量
塔巴斯科辣醬	少量
鹽和黑胡椒粉	適量
條狀檸檬皮（裝飾用）	

箭生菜沙拉

箭生菜葉	40g
葵花油	約2大匙
新鮮酸橙汁	約1大匙

❶ 將蟹肉、紅辣椒、洋蔥、續隨子和芫荽放入碗中，加入檸檬皮和檸檬汁後攪拌。加入適量鹽、黑胡椒粉和少許塔巴斯科辣醬調味。

❷ 將箭生菜葉洗乾淨後以紙巾輕輕拍打，使菜葉乾透。再分成4份擺在4個碟中，將葵花油和酸橙汁倒入另一個小碗中。準備好箭生菜後將蟹肉沙拉倒在菜上，上菜時配上條狀檸檬皮。

葡萄葉捲紅鰹 RED MULLET DOLMADES

如果找不到已處理好的葡萄葉，可以選用水燙過的甘藍菜葉或大片的菠菜葉替代，來料理這道開胃菜。而歐鰈或比目魚也是紅鰹很好的替代品。

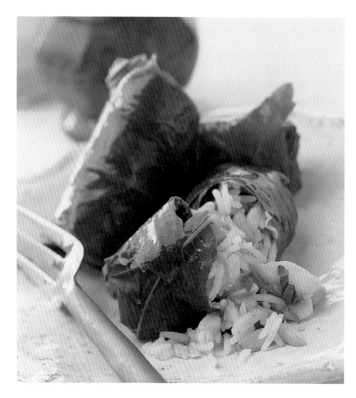

材料（4人份）

紅鰹片（去鱗）	225g
白酒	45ml
長米飯	115g
松仁	25g
新鮮巴西里葉（切碎）	3大匙
檸檬汁（取部分檸檬皮磨碎）	0.5顆
葡萄葉（以鹽水洗淨瀝乾）	8片
鹽和黑胡椒粉	適量

橘子奶油醬

橘子汁（取部分橘子皮磨碎）	2顆
珠蔥（碎末）	2根
固態奶油（切丁）	25g

❶ 烤箱預熱到200℃，將紅鰹片放入淺底鍋中，加入適量鹽和胡椒粉調味。倒入白酒煮至沸騰，將火關小繼續煮約3分鐘，直到魚肉煮熟。撈出魚肉，湯汁留在鍋中。

❷ 除去魚皮後剝成薄片放入碗中，拌入米飯、松仁、巴西里葉、檸檬皮和檸檬汁，並以適量鹽和黑胡椒粉調味。

❸ 在每片葡萄葉中間放置餡料30～45ml約2至3大匙，將葉子捲起，並將兩邊收攏以便餡不會外漏。把做好的葡萄葉捲放到耐熱盤中，封口朝下。然後將保留的湯汁倒在葡萄葉捲上，放入預熱的烤箱中焗燒約5分鐘，使得葡萄葉捲完全熱透。

❹ 在烘烤的同時準備橘子奶油醬。將橘子皮、橘子汁和珠蔥放入鍋中，以大火煮至醬呈糖漿狀。

❺ 把醬盛到乾淨鍋中，除去珠蔥。將奶油拍成片狀，加入醬中緩緩重新加熱，注意不要沸騰。將做好的醬淋在烤熱的葡萄葉捲上即可上菜。

鮭魚扇貝烤串 SALMON AND SCALLOP BROCHETTES

這道開胃菜色澤光鮮，味道可口，是海鮮類開胃菜中的極佳選擇。

材料（4人份）

材料	份量
檸檬草莖	8根
鮭魚肉片（去皮）	225g
大扇貝（有卵保留）	8只
小洋蔥（去皮後取白色部份）	8顆
黃椒（切成8塊）	0.5顆
奶油	25g
檸檬汁	0.5顆
鹽、白胡椒粉和匈牙利紅椒粉	適量

醬料

苦艾酒	30ml
奶油	50g
新鮮龍嵩葉（切碎）	約1大匙

❶ 將烤箱預熱至中溫，洗淨檸檬草莖，切掉頂端8至10公分，留下底部球形部份可用在其他食譜中（如泰式魚肉湯）。將鮭魚肉片切成12個2立方公分的肉丁。用檸檬草莖將鮭魚肉、扇貝、卵（如果有的話）、洋蔥和黃椒串起，然後將烤串擺在烤盤上。

❷ 取一個小鍋將奶油加熱融化，倒入檸檬汁和一小撮辣椒粉加熱攪拌，然後把醬刷在小烤串上。肉串每面烤2至3分鐘，烤串每分鐘翻一次面，直到魚肉和扇貝熟透但仍多汁。在準備龍嵩奶油醬的同時，將烤串放入大淺盤中保溫。

❸ 將苦艾酒和剩餘的醬汁放入鍋中，用大火燒開，並將水煮掉一半後，加入奶油並攪拌使其融化，再加入切好的龍嵩葉和適量鹽、白胡椒粉調味。最後將做好的龍嵩奶油醬倒在烤串上即可上桌。

辣味軟殼蟹 SOFT-SHELL CRABS WITH CHILLI AND SALT

如果買不到新鮮的軟殼蟹，也可以用冷凍的螃蟹，在食品的超市中都可以買到。通常一份需用2隻螃蟹，如果螃蟹很大，1隻也可以。小紅辣椒的選用可以根據個人口味不同而適量加入。

材料（4人份）

小軟殼蟹 （冷凍蟹須提前解凍）	8隻
中筋麵粉	50g
花生油或蔬菜油	60ml
紅或綠辣椒 （去籽後切成細絲）	2根
青蔥（切碎）	4根
粗海鹽和黑胡椒粉	適量

配菜

萵苣絲、白蘿蔔和胡蘿蔔
淡色醬油

料理小技巧

切成絲的蔬菜為螃蟹增添色彩，如果買不到白蘿蔔，可用西洋芹代替。

❶ 以紙巾將螃蟹拍乾，麵粉中加入適量黑胡椒粉調味後，將螃蟹沾上麵粉。

❷ 在淺底鍋中倒入油，燒熱後放入螃蟹（可能需要分2次煎），每面煎約2至3分鐘，直到螃蟹變為金棕色，但裡面依舊多汁。用紙巾將螃蟹上的油吸乾並保溫。

❸ 將小紅辣椒、青蔥或細香蔥加入油中，翻炒約2分鐘，灑上一小撮鹽後，將蔬菜灑在螃蟹上。

❹ 把萵苣絲、白蘿蔔絲和胡蘿蔔絲混在一起，分別放在4個盤中後，在每個盤中擺上2隻螃蟹，即可與淡味醬油一起上桌沾著食用。

紅椒辣酥銀魚 DEVILLED WHITEBAIT

這道菜味道清脆可口，食用時配上檸檬片、黑麵包片和奶油，並用手指直接取食。

材料（4人份）

食用油（煎炸用）	適量
牛奶	150ml
中筋麵粉	115g
銀魚	450g
鹽、黑胡椒粉和辣椒粉	適量

❶ 在長柄湯鍋或煎鍋中加熱油，將牛奶倒入淺底碗中，並將麵粉倒入一個紙袋中，加入適量鹽、黑胡椒粉和少許辣椒粉調味。

料理小技巧

銀魚大都是冷凍出售，烹飪前要將魚完全解凍，用紙巾將魚拍乾。

❷ 抓一小把銀魚放在盛有牛奶的碗中，瀝乾水份後放入裝有麵粉的紙袋中，輕輕搖晃使銀魚表面沾滿麵粉，再重複相同步驟使所有銀魚都沾好麵粉。這個方法簡單好操作，但注意每次不要放入太多銀魚，否則魚會黏在一起。

❸ 將油加熱到190℃，或放入一塊麵包丁，若20秒後變成棕色，則溫度適當。放入一把銀魚，煎炸約2至3分鐘，直到銀魚外皮變脆並變為金黃色。撈出並瀝乾油放入盤中後，再處理剩下的銀魚，最後灑上一些辣椒粉，趁熱上桌。

慕斯、肉醬和砂鍋

柔軟細膩的魚和貝煮透後，可以做出美味的慕斯。
在寒冷的日子裡，
蟹肉蛋白奶油酥可以用來做開胃菜或清淡午餐，
抑或是豐盛晚餐的其中一道佳餚；
天氣變暖時，厚實的黑線鱈和燻鮭魚砂鍋則是理想的選擇，
充滿夏日風情的鱒魚冰慕斯也很對味。
而燻鯖魚肉醬不僅做起來簡單，且四季都可食用。

鱒魚冰慕斯 SEA TROUT MOUSSE

鱒魚使這款慕斯的味道變得特別美味。如果找不到鱒魚肉，還可以用鮭魚代替，味道同樣很好。

材料（6人份）

材料	份量
鱒魚	250g
魚肉高湯	120ml
吉利丁（或吉利丁粉1大匙）	2片
檸檬汁	0.5顆
雪利酒或苦艾酒	30ml
帕瑪森起司（磨碎）	2大匙
鮮奶油	300ml
蛋白	2個
葵花油（約1大匙）	15ml
鹽和白胡椒粉	適量

裝飾用配菜

長胡瓜（帶皮剖半並切成薄片）	5cm
新鮮蒔蘿或山蘿蔔	

❶ 將鱒魚放入淺底鍋中後，倒入魚肉高湯加熱慢燉約3至5分鐘，直到魚肉煮熟。將魚湯倒入一個帶柄鍋中，並冷卻魚肉。

料理小技巧

可依個人喜好，將慕斯和全麥吐司餅乾一起上菜。先將餅乾在烤盤上烤好後，切邊再橫向切成2片，放回烤盤中，將沒有烤過的那面再烤一遍（此種吐司餅乾很容易烤焦、捲起，所以一定要小心）。

❷ 在熱高湯中加入吉利丁，開始攪拌，直到吉利丁完全溶解後備用。

❸ 鱒魚放涼後去皮並將肉剝開，把高湯倒入食物處理器或攪拌器中，簡單攪拌後慢慢加入碎魚肉、檸檬汁、雪利酒或苦艾酒以及帕瑪森起司，並繼續慢慢攪拌，直到平滑、柔順。將肉醬倒入另一個大碗中，放涼。

❹ 將鮮奶油倒入另一碗中打發，加入冷卻的鱒魚肉醬中，添加適量鹽和白胡椒粉調味，蓋上保鮮膜待涼。冷卻後慕斯的黏稠度應與蛋黃醬一樣。

❺ 在乾淨的碗中打入蛋白，加入適量鹽調味，持續攪拌到蛋白打發。用金屬湯匙將蛋白的三分之一舀入鱒魚慕斯中，慢慢打散後，再將剩餘蛋白也倒入慕斯中。

❻ 取6個裝慕斯的小容器，薄薄地刷一層葵花油，將調好的慕斯倒入容器，放入冰箱2至3個小時，直到慕斯完全凝固。上桌前在每個慕斯上擺2至3片胡瓜和一枝蒔蘿葉，再灑上一些切碎的蒔蘿或山蘿蔔，即可上桌。

比目魚丸 QUENELLES OF SOLE

傳統的作法中，這款魚丸是用梭子魚製成的，但如果選用比目魚或其他白肉魚，味道會更好。可依個人喜好，配上甲殼類奶油醬，上面再以淡水螯蝦尾或明蝦裝飾。

材料（6人份）

比目魚片（去皮切大塊）	450g
蛋白	4顆
濃味鮮奶油	600ml
鹽、白胡椒粉和肉豆蔻（磨碎）	適量

醬料

珠蔥（切碎）	1根
苦艾酒	60ml
魚肉高湯	120ml
濃味鮮奶油	150ml
奶油（凝固後切丁）	50g
新鮮巴西里葉（切碎，裝飾用）	適量

❶ 去掉比目魚骨，放入攪拌器或食品處理器中，加入適量鹽和胡椒粉。打開開關，邊攪拌邊放入蛋白，一次加一個攪拌使其打成糊狀。將魚漿以金屬濾網過濾後放入碗中，將湯碗放在一個更大、盛有冰塊的碗中冷卻。

❷ 攪拌奶油直到奶油打發，但還沒有變硬的狀態，漸漸將奶油加入做好的魚漿中，確保前一湯匙被完全吸收後再加入下一湯匙。以適量鹽、胡椒粉調味後，加入肉豆蔻。將魚漿放回盛有冰塊的碗中，再將碗放入冰箱中冷卻幾小時。

❸ 在冷卻魚漿的同時準備醬料，將珠蔥、苦艾酒和魚肉高湯一併倒進長柄小湯鍋中，煮至沸騰並燒掉一半水後，加入鮮奶油再次燒至沸騰，直到湯汁稠度近似淡味鮮奶油。過濾後再放回鍋中並加入奶油攪拌，每次加一塊，直到湯汁變得黏稠。再以適量鹽調味，加熱保溫但不要燒至沸騰。

❹ 將寬口淺底鍋放在火上，加滿水燒至沸騰再放入少量鹽調味。關小火，以免開水濺出，並將2個大湯匙沾濕，用來舀魚漿，一一按壓成橢圓狀，放入沸水中煮。

❺ 將魚丸分批煮約8至10分鐘，煮至魚丸外面硬但裡面軟，並將煮好的魚丸水瀝乾，再用紙巾擦乾保溫。等所有魚丸做好後，將其擺放在預熱的盤子中後，淋上醬並灑上巴西里葉做為裝飾。

料理小技巧

煮魚丸時注意不要將火開得太大，以免將魚丸煮散。

燻鯖魚肉醬 SMOKED MACKEREL PÂTÉ

一些最美味的菜，作法反而是最簡單的，燻鯖魚肉醬就是一個很好的例子；將它配上加熱的全麥吐司餅乾就是一道非常可口的開胃菜，或也可配上全麥吐司作為午餐。

材料（6人份）

燻鯖魚（去皮）	4尾
乳脂起司	225g
大蒜（切碎）	1～2瓣
檸檬汁	1顆
山蘿蔔、巴西里葉或細香蔥（切碎）	2大匙
烏醋（約1大匙）	15ml
鹽和辣椒粉	適量
新鮮細香蔥（裝飾用）	適量
全麥吐司餅乾	適量

❶ 將鯖魚剝碎放進食物處理器中，加入乳脂起司、大蒜、檸檬汁和香草。

其他選擇

使用胡椒鯖魚片可以增添風味，肉醬也可用燻黑線鱈或燻鮭魚。

❷ 將材料在處理器中攪拌，但不要太碎，保留一些塊狀。加入烏醋、鹽和辣椒粉調味。將攪拌好的肉醬舀到盤中，加蓋放冷。最後灑上細香蔥，和全麥吐司餅乾一起上桌。

普羅旺斯奶油烙鱈魚 BRANDADE OF SALT COD

這款普羅旺斯奶油烙鱈魚源自法國，在不同的地區，會有不同的作法。有的用馬鈴薯泥、有的用松露；而以下介紹的這種作法則用大蒜。如果不喜歡，也可以不用大蒜，而選用沾上蒜汁的法國吐司。

材料（6人份）

鹹鱈魚	200g
原生橄欖油	250ml
大蒜（拍碎）	4瓣
濃味鮮奶油或鮮奶油	250ml
新鮮白胡椒粉	適量
青蔥絲（裝飾用）	適量
香草薄脆餅乾	適量

料理小技巧

如果不用食物處理器，還可以用研缽將其打成魚漿。用研缽可以有更細緻的口感，但比起食物處理器會更費事一些。

❶ 將魚肉在冷水中浸泡24個小時，注意換水並瀝乾，把魚肉切成片狀，鋪在淺底鍋中，倒入冷水，水位蓋過魚肉。文火慢燉約8分鐘，直到魚肉煮熟。再瀝乾去皮和魚骨。

❷ 將橄欖油和大蒜放入一個小燉鍋，加熱到快沸騰，但不要煮沸，在另一個長柄湯鍋中放入鮮奶油，加熱至即將沸騰的狀態。

❸ 把鱈魚放進食物處理器中稍稍攪拌後，漸次少量地交替加入蒜味橄欖油和鮮奶油，繼續攪拌直到呈泥狀，稠度類似馬鈴薯泥。

❹ 加入適量胡椒粉調味，然後將魚漿盛入碗中，灑上一些青蔥，並配上香草薄脆餅乾趁熱上桌。

蟹肉蛋白奶油酥 HOT CRAB SOUFFLÉS

這道美味的蛋白奶油酥在做好後立即食用味道最佳，所以要先讓客人就位，再將蛋白奶油酥從烤箱中取出。

材料（6人份）

奶油	50g
全麥麵包粉	45ml
珠蔥（切碎）	4根
馬來西亞咖哩粉或馬德拉斯淡味咖哩粉	1大匙
中筋麵粉	30ml
椰奶或鮮奶	105ml
鮮奶油	150ml
蛋黃	4顆
白蟹肉	225g
蛋白	6個
淡味綠塔巴斯科辣醬	適量
鹽和黑胡椒粉	適量

❶ 在6個慕斯容器或7個蛋白奶油酥容器裡塗上一層奶油，再用全麥麵包粉塗滿容器邊緣和底部，倒出多餘麵包粉，烤箱預熱至200℃。

❷ 以長柄湯鍋融化剩下的奶油，加入珠蔥和咖哩粉，小火翻炒約1分鐘，待蔥變軟，倒入麵粉，翻炒1分多鐘後。慢慢加入椰奶或鮮奶，注意攪拌加熱直到湯汁變平滑濃稠。熄火倒入蛋黃後倒入蟹肉，加入適量鹽、黑胡椒粉和淡味塔巴斯科辣醬調味。

其他選擇

在這款蛋白奶油酥中，還可用龍蝦或鮭魚代替蟹肉。

❸ 在沒有油脂的碗中將蛋白打發，並加入少許鹽調味。用金屬湯匙取蛋白三分之一放入調好的湯汁中，攪拌並打散後加入剩下的蛋白，分裝舀入慕斯容器後，再放入烤箱中烤至膨起變堅實，顏色轉為金黃即可。

❹ 如果選用小慕斯容器，約焗燒8分鐘；若選用大容器，則約需15至20分鐘，烤好後立即食用。

蘆筍燻魚慕斯 SMOKED FISH AND ASPARAGUS MOUSSE

這款慕斯以蘆筍與燻鮭魚製作，外表獨特、口味高雅，配上芥末和蒔蘿醬一起食用，味道很好。

材料（8人份）

材料	份量
吉利丁粉	15ml
檸檬汁	1顆
魚肉高湯	105ml
奶油（另備少許塗盤）	50ml
珠蔥（切碎）	2根
燻鱒魚片	225g
酸奶油	105ml
低脂起司	225g
蛋白	1個
菠菜葉（燙過）	12片
新鮮蘆筍莖（燙過）	12根
燻製鮭魚（切成長條狀）	115g
鹽	適量
甜菜根（切絲，裝飾用）	適量

❶ 將吉利丁粉灑在檸檬汁中，靜置直到檸檬汁變得柔軟有彈性。在一個長柄小湯鍋中，倒入魚肉高湯加熱後，加入調好的檸檬汁，攪拌直到檸檬汁完全溶解在湯中備用。在小平底鍋中將奶油融化，加入珠蔥翻炒至軟即可，不須炒至變色。

❷ 剝碎鱒魚片和珠蔥、酸奶油、魚肉高湯放入食物處理器中打勻，將肉醬舀入碗中。

❸ 取一乾淨碗打入一個蛋白，加少量鹽調味攪拌直到起泡，將蛋白倒入肉醬中後加蓋冷卻30分鐘左右，直到肉醬開始凝固。

❹ 取1公升容量的長形鐵盒或陶罐，用奶油塗抹容器四周和底部後，將菠菜葉鋪在盤內，並慢慢倒入肉醬至一半高度，然後放上準備好的蘆筍，再倒入剩下的肉醬。

❺ 將燻製鮭魚縱向擺在慕斯上並蓋上波菜葉，以保鮮膜將其包好靜置4小時左右冷卻。取下保鮮膜，並將做好的慕斯脫模盛到盤中，加上甜菜絲與葉裝飾即可食用。

陶罐魚片慕斯 STRIPED FISH TERRINE

這道吸引人的陶罐料理可冷食亦可熱食，可依個人喜好搭配荷蘭酸味沾醬，可說是一道理想的開胃菜或午餐。

材料（8人份）

葵花油	15ml
鮭魚片（去皮）	450g
比目魚片（去皮）	450g
蛋白	3個
濃味鮮奶油	105ml
新鮮細香蔥（切段）	15g
檸檬汁	1顆
新鮮或冷凍熟豌豆	115g
新鮮薄荷葉（切碎）	約1小匙
鹽、白胡椒粉和肉豆蔻	適量
胡瓜薄片、豆瓣菜和細香蔥（裝飾用）	適量

❶ 取1公升容量的長形鐵盒或陶罐，以葵花油塗抹容器內部四周和底部。將鮭魚切成薄片後，與比目魚均切成2.5公分寬的長條，烤箱預熱至200℃。

❷ 在容器的邊緣整齊地間隔掛上比目魚片與鮭魚片，並使懸在外面的部份與容器同高。約需保留三分之一的鮭魚片以及一半的比目魚片。

❸ 取一個乾淨的碗，加入3個蛋白以少許鹽調味後打發，將剩餘的比目魚放入食物處理器中攪拌成泥，取出放入一個大碗裡以少許鹽和白胡椒粉調味後，加入三分之二的濃味鮮奶油後倒入打發蛋白的三分之二攪拌均勻。將比目魚泥分成2份，一份加入細香蔥，另一份加入肉豆蔻。

❹ 將剩下的鮭魚放入食物處理器中攪拌成泥，盛入碗裡後加入檸檬汁和剩下的蛋白、濃味鮮奶油。

❺ 將豌豆和薄荷葉放入食物處理器中打碎，加入適量鹽和白胡椒粉調味後，鋪在容器底部以橡皮刮刀抹平表面後，加入比目魚泥與香蔥。

❻ 加入鮭魚肉醬後再次加入比目魚肉醬，並將搭在盒外的魚肉一片片蓋在肉醬上並抹油，將容器放入烤盤，並於烤盤中倒入半盤開水。

❼ 焗燒約15至20分鐘，直到最頂部的魚片恰恰烤好，底下的慕斯也烤得很有彈性。將覆在上面的魚片打開，並在容器上放上金屬網，然後一起翻轉過來，放在邊緣高起的砧板上，以利蒐集容器中的湯汁，做為魚肉高湯用。

❽ 將容器保持倒置約15分鐘後，將其翻轉回來。並仔細地將慕斯盛入盤中即可上桌，或在冰箱中放冷後再上桌。上菜時配上胡瓜薄片、豆瓣菜和細香蔥裝飾。

料理小技巧

在切鮭魚前可先將其在冰箱中冷凍約1小時，略微冷凍的魚肉會更容易切片。

在擺魚前，可在已塗油的容器內鋪一層鋁箔，如此可以讓做好的慕斯更容易脫模。

黑線鱈燻鮭魚慕斯 HADDOCK AND SMOKED SALMON TERRINE

這道菜外觀實在、美味可口，配上蒔蘿蛋黃醬或芒果莎莎醬，很適合當作夏日輕食。

材料（6～8人份）

葵花油	15ml
橡木燻製鮭魚（薄片）	350g
黑線鱈片（去皮）	900g
雞蛋（稍微打散）	2顆
新鮮奶油	105ml
脫水續隨子	2大匙
脫水綠或紅胡椒籽	30ml
鹽和白胡椒粉	適量
法式鮮奶油	適量
新鮮蒔蘿或箭生菜	適量

❶ 烤箱預熱至200℃，取1公升容量的長形鐵盒或陶罐，以葵花油塗抹容器內四周和底部，以鮭魚薄片鋪滿容器四周和底部，並懸出盒外一些，餘下鮭魚備用。

❷ 切下2條與容器長度相當的黑線鱈片備用後，將剩下的黑線鱈片切成小片，並放入適量鹽和胡椒粉調味。

❸ 雞蛋、法式鮮奶油、續隨子和胡椒籽放入碗中，加入少許鹽和胡椒粉調味，放入小片的黑線鱈攪拌。將調好的生料放入容器中約三分之一高度，用橡皮刮刀抹平表面。

❹ 將備用的2片黑線鱈片以剩下的鮭魚包裹，並放入容器。

❺ 將剩下的生料倒入容器中，同樣用橡皮刮刀抹平表面後，把懸在容器外的鮭魚片蓋在生料上，並用雙層鋁箔將容器蓋嚴，輕敲盒子使生料沈澱堅實。

❻ 將容器放入烤盤，並於烤盤倒水至一半高，放入預熱的烤箱中，焗燒約45至60分鐘，直到生料變得堅實。

❼ 將容器從烤盤中拿出，先不要揭開鋁箔，在其上放上2至3個重一點的罐頭將慕斯壓實，然後冷卻約24小時。

❽ 上桌前約1小時，將慕斯從冰箱中取出，並取下重物、揭去鋁箔，小心地將慕斯脫膜並放入盤中。

❾ 用刀將慕斯切成厚片，配上法式鮮奶油、胡椒籽、蒔蘿葉和箭生菜一同上桌。

其他選擇

如果想選用其他魚肉，不妨考慮大比目魚或北極鱸魚。

酪梨燻黑線鱈慕斯 SMOKED HADDOCK AND AVOCADO MOUSSE

柔軟的慕斯搭配新鮮的莎莎醬，賦予這道菜完美的味道。

材料（6人份）

燻黑線鱈肉片（去皮）	225g
洋蔥（切成厚洋蔥圈）	0.5顆
奶油	25g
月桂葉	1片
牛奶	150ml
酪梨	1顆
吉利丁（或吉利丁粉15ml）	2片
白酒	30ml
濃味鮮奶油	105ml
蛋白	1個
鹽、白胡椒粉和肉豆蔻	適量

莎莎醬

蕃茄（去皮去籽後切丁）	3顆
酪梨	1顆
小紅洋蔥（切碎）	1顆
大蒜（切碎）	1～2瓣
新鮮綠辣椒（去籽後切碎）	1大根
原生橄欖油	45ml
酸橙汁	1顆
酸橙（裝飾用）	12片

❶ 將魚肉鋪在淺底鍋中，鋪上洋蔥圈，加入奶油、鹽和胡椒粉以調味。加入月桂葉後倒入牛奶。小火炒約5分鐘，直到魚肉變軟。用漏杓將魚肉盛出放涼。

其他選擇

這道菜還可以燻鱈魚代替黑線鱈，味道一樣好。

❷ 用漏杓除去月桂葉和洋蔥，再大火加熱，煮到牛奶剩下三分之一。將魚肉片放入食物處理器中，倒入煮好的牛奶，攪拌至肉醬變得細膩。

❸ 肉醬盛入碗中，並加入去皮切大塊的酪梨。

❹ 取一小鍋，放入吉利丁並加入一些冷水使之變軟，若使用吉利丁粉，則加入30ml冷水，直到它變得柔軟且有彈性。加入白酒，於火上加熱攪拌直到吉利丁完全溶解，倒入肉醬攪拌直到完全混合。

❺ 將濃味鮮奶油放在碗中輕輕攪拌，取另一未用過的碗，放入蛋白以適量鹽調味後打發。先後將奶油和蛋白倒入肉醬中，加入適量鹽、胡椒粉和肉豆蔻調味。

❻ 將攪拌好的肉醬分別倒入6只模型中，封上保鮮膜，置入冰箱冷卻約1小時，直到慕斯凝固。

❼ 同時準備莎莎醬，將切好的蕃茄丁放入碗中，加入一些去皮削丁的酪梨後，再加進洋蔥、大蒜和新鮮辣椒。加入橄欖油、酸橙汁和適量鹽、胡椒粉，拌勻後放涼備用。

❽ 將冷卻好的慕斯先放在熱水幾秒後，動作快速地輕擊模型底部份別扣到6個盤子中，於慕斯旁擺上一匙莎莎醬，慕斯上頭也放上一些莎莎醬。將酸橙片切成2片半圓形，隨意地擺在慕斯旁邊，上桌時佐以剩下的莎莎醬。

沙拉

在溫暖舒適的天氣裡，
還有什麼比享受一款美味的海鮮沙拉更為愜意的呢？
用鮪魚、劍魚、鯖魚和無鬚鱈可以做出理想的晚餐沙拉，
而海鮮檸檬沙拉與小龍蝦蘆筍沙拉則是夏日戶外午餐的最佳選擇。
若想嘗試一些與眾不同的美味沙拉，
不妨試試鮟鱇魚松仁沙拉或紅鰹覆盆子沙拉。

鮪魚尼斯沙拉 FRESH TUNA SALAD NICISE

這道源自法國南部的經典沙拉，以新鮮鮪魚為主要配料，已成為享譽世界的美味佳餚。

材料（4人份）

鮪魚排（每塊約150g）	4塊
橄欖油	30ml
四季豆	225g
直立萵苣 （或小寶石萵苣2顆）	1小顆
馬鈴薯	4顆
蕃茄 （或聖女蕃茄12顆）	4顆
紅辣椒（去籽後切成細絲）	2條
水煮蛋（切片）	4顆
油漬鯷魚（縱向對半切開）	8條
大黑橄欖	16顆
鹽和黑胡椒粉	適量
羅勒葉（裝飾用）	12片

醬汁

紅酒醋（約1大匙）	15ml
橄欖油	90ml
大蒜（拍碎）	1大瓣

❶ 鮪魚兩面各塗上一層橄欖油，以適量鹽和胡椒粉調味。將烤盤或底部有橫紋的平底鍋加熱後放入魚排，每面煎烤約1至2分鐘，使魚肉中間部份仍呈粉紅且多汁，備用。

❷ 將四季豆放入長柄湯鍋中，倒入水，加適量鹽，慢火煮約4至5分鐘，直到豆子煮軟，但仍保持微脆。撈起以冷水沖洗後瀝乾備用。

❸ 剝開萵苣葉並洗淨瀝乾後分別擺入4個盤中，馬鈴薯、蕃茄切片並分到4個盤中，若使用聖女蕃茄則不須切片，再擺上四季豆和紅辣椒絲。

❹ 水煮蛋去殼切成厚圓片，每盤放置2片並鋪上切好的鯷魚及4顆橄欖。

❺ 將紅酒醋、橄欖油和大蒜倒入碗中攪拌，調味後淋在沙拉上，最後放上鮪魚排並灑上羅勒葉即可上桌。

料理小技巧

若想凸顯出紅辣椒的味道，可將其於烤箱中加熱至表皮微焦，取出放入碗中，覆以幾層紙巾，靜置10至15分鐘後去皮使用。

海鮮檸檬沙拉 INSALATA DI MARE

這道義大利沙拉會根據使用材料的不同，而有許多的變化，但最好含有兩種以上的貝類和槍烏賊。這道菜可冷食亦可熱食。

材料（4~6人份）

淡菜（洗淨）	450g
較小的蛤（洗淨）	450g
白酒	105ml
槍烏賊（洗淨）	225g
大扇貝（帶卵）	4只
橄欖油	30ml
大蒜（切碎）	2瓣
小乾紅番椒（拍碎）	1條
帶殼蝦子（連殼煮熟）	225g
大菊苣葉	6~8片
紅菊苣葉	6~8片
巴西里葉（切碎裝飾用）	15ml

醬汁

法式第戎芥末醬	5ml
白酒或蘋果酒醋	30ml
檸檬汁	5ml
原生橄欖油	120ml
鹽和黑胡椒粉	適量

❶ 將淡菜和蛤蜊放入一個大長柄湯鍋中，倒入白酒加蓋大火加熱，一邊加熱一邊用力搖約4分鐘，直到貝全部張開。去掉沒有張開的貝，用漏杓將之盛入碗中，湯汁備用。

❷ 將槍烏賊切成細圈狀，再將觸鬚切成段，若槍烏賊很小，可以整隻使用。將扇貝水平對半切開。

❸ 煎鍋熱油，放入大蒜、紅番椒、槍烏賊、扇貝和卵翻炒約2分鐘，炒熟變軟後，取出槍烏賊和扇貝並保留油。

❹ 貝類冷卻後去殼，留下12只帶殼。蝦剝殼，也留下6到8隻不剝。把煮貝類的湯汁倒入一個小鍋中，大火加熱直到水份減少一半。將所有淡菜、蛤蜊與扇貝、槍烏賊混合後，再加入蝦子。

❺ 把芥末醬和醋、檸檬汁倒入碗中調味，加入橄欖油用力攪拌後，再加入貝類湯汁和煎鍋中調味過的橄欖油，一起淋在海鮮上並反覆攪拌，使海鮮上沾滿湯汁。

❻ 將菊苣和紅菊苣葉擺在餐盤一邊，並在盤子中間擺上拌好的海鮮沙拉，灑上切碎的巴西里葉做裝飾，趁熱上桌或冷卻後再上桌。

扇貝四季豆沙拉 QUEEN SCALLOP AND FRENCH BEAN SALAD

可依個人喜好，以豌豆代替四季豆製作這道沙拉。

材料（4人份）

四季豆	115g
綠捲鬚萵苣或皺葉菊苣（切成細絲）	2大把
奶油	15g
榛子油	15ml
帶殼扇貝（帶卵佳）	20只
青蔥（切細絲）	2根
鹽和黑胡椒粉	適量
山蘿蔔莖（裝飾用）	4根

醬汁

雪利酒醋	10ml
榛子油	30ml
新鮮薄荷葉（切碎）	15ml

❶ 將四季豆放入鍋中，加少量鹽，再加入開水慢火煮約5分鐘，直到豆子變軟後撈出以冷水沖洗過，瀝乾備用。

❷ 將沙拉用的蔬菜洗淨晾乾，放在碗裡。混合醬汁的配料，放入適量鹽和胡椒粉調味後攪拌，並淋在沙拉上，將沙拉分別盛在4個餐盤中。

❸ 將奶油和榛子油倒入煎鍋中燒熱，放入扇貝和扇貝卵翻炒約1分鐘，直到扇貝變透明。混合四季豆和青蔥分配到盤中，最後將扇貝和扇貝卵巢堆成小塔狀。

紅鯡覆盆子沙拉 RED MULLET WITH RASPBERRY DRESSING

在這道開胃的沙拉中，紅鯡與覆盆子醋混合的味道十分可口，可藉著加入紅橡樹葉萵苣或紅莖唐萵苣保持沙拉的紅色基調，若無法取得紅鯡，則可以小紅真鯛代替。

材料（4人份）

紅鯡片（去鱗）	8片
橄欖油	15ml
覆盆子醋	15ml
深綠色及紅色生菜	175g
鹽和黑胡椒粉	適量

覆盆子醬汁

覆盆子（搗泥後過濾）	115g
覆盆子醋	30ml
原生橄欖油	60ml
細砂糖	1～2大匙

❶ 將紅鯡肉片放入淺盤，混合橄欖油和覆盆子醋並加一點鹽攪拌後，倒在魚片上浸泡約1小時。

❷ 同時，將醬汁所需材料倒在一起攪拌並調味。

❸ 將蔬菜洗淨晾乾，放入碗中，把調好的醬汁倒在蔬菜上，並輕輕攪拌開。

❹ 加熱煎鍋或帶橫紋的平底鍋，放入紅鯡片，每面煎炸約2至3分鐘直到魚肉煎熟，將魚片對角切成兩半菱形。

❺ 先在每個餐盤中放一小堆蔬菜後，再放上4塊紅鯡，將剩下的醬汁淋在盤子邊緣即可上桌。

明蝦沙拉 PIQUANT PRAWN SALAD

這道具泰國風味的沙拉將米粉佐蝦肉的優點發揮到極致，冷食或熱食味道都很好。除此以外，還可作為6人份的開胃菜。

材料（4人份）

材料	份量
米粉或油炸米粉	200g
玉米筍（對半切開）	8支
豌豆	150g
煎炸油	15ml
大蒜（切碎）	2瓣
新鮮薑片（去皮後切碎）	2.5公分
新鮮紅或綠色番椒（去籽後切碎）	1根
去皮明蝦	450g
青蔥（切成蔥花）	4根
芝麻籽（炒過）	15ml
檸檬草莖（切成細絲，裝飾用）	1根

醬汁

材料	份量
細香蔥（切碎）	15ml
魚露	15ml
醬油	5ml
花生油	45ml
芝麻油	5ml
米醋	30ml

❶ 將米粉放入寬底碗中倒入沸水，放置約5分鐘，撈起後以冷水洗過並再次瀝乾，然後再倒回碗中備用。

❷ 將玉米筍和豌豆水煮或在火上蒸約3分鐘，保持口感清脆，在冷水中沖過瀝乾。然後開始準備醬汁，把醬汁所需材料全部倒入有蓋罐子裡，擰緊蓋子後將配料搖勻。

❸ 在煎鍋或炒菜鍋中將油加熱，加入大蒜、薑和紅番椒翻炒約1分鐘。加入明蝦煎炸約3分鐘，直到蝦完全變成粉色後，加入青蔥、玉米筍、豌豆和芝麻籽，慢慢翻炒使材料混合在一起。

❹ 將炒好的蝦肉盛到放有米粉的碗中，並淋上已搖勻的醬汁。可趁熱灑上檸檬草莖，或放置約1小時待冷卻後上桌。

無鬚鱈馬鈴薯沙拉 HAKE AND POTATO SALAD

無鬚鱈是一種多肉魚，以沙拉冷食最佳，若配上辛辣的醬汁，味道會更好！

材料（4人份）

材料	份量
無鬚鱈片	450g
海鮮料湯或魚肉高湯	150ml
洋蔥（切成薄片）	1顆
月桂葉	1片
煮好的小馬鈴薯 （對半切開，若太小則用整粒）	450g
紅辣椒（去籽切丁）	1條
青豆（煮好）	115g
青蔥（切成蔥花）	2根
胡瓜（連皮切丁）	半條
紅萵苣葉 （紅捲鬚萵苣或橡樹葉萵苣）	4大片
鹽和黑胡椒粉	適量

醬汁

材料	份量
優格	150ml
橄欖油	30ml
檸檬汁	半顆
續隨子	15～30ml

裝飾用配菜

材料	份量
水煮蛋（切碎）	2顆
巴西里葉葉（切碎）	15ml
細香蔥（切碎）	15ml

❶ 將無鬚鱈放入淺底鍋中，倒入海鮮料湯或魚肉高湯，再放進洋蔥圈和月桂葉，以中火煮開後，小火煮約10分鐘，直到魚肉變軟，可以用小刀搗碎的程度。熄火冷卻後去掉皮和刺，將魚肉分成幾大片。

❷ 把馬鈴薯和紅辣椒、青豌豆、青蔥和胡瓜放入碗中，倒入魚片，並加入適量的鹽和胡椒粉。

❸ 將所材料放入一個碗中攪勻，放入適量鹽和胡椒粉調味，將醬汁倒在沙拉上拌開。

❹ 取4個餐盤，每個盤中放上一片萵苣，然後再將沙拉分別倒在盤子上，將切碎的水煮蛋和巴西里葉混合在一起，灑上即可上桌。

其他選擇

除了用無鬚鱈，還可以用大比目魚、鮟鱇魚或鱈魚來做這道沙拉，味道都很好。而醬汁還可以用自製蛋黃醬配續隨子。

箭生菜劍魚沙拉 WARM SWORDFISH AND ROCKET SALAD

劍魚的鮮美中和了箭生菜和佩克里諾起司的濃烈味道，如果找不到佩克里諾起司，還可以用帕瑪森起司代替，更可以依個人喜好，以旗魚或鯊魚肉代替劍魚。

材料（4人份）

材料	份量
劍魚排（每塊約175g）	4塊
原生橄欖油	75ml
檸檬汁	1顆
新鮮巴西里葉（切碎）	30ml
箭生菜葉（將莖切掉）	115g
佩科里諾起司	115g
鹽和黑胡椒粉	適量

❶ 將劍魚肉片放入淺盤中，混合60ml約4大匙橄欖油和檸檬汁並倒在魚片上。放入適量鹽和胡椒粉調味，並在魚肉兩面都灑上巴西里葉後以保鮮膜蓋上，靜置約10分鐘。

❷ 將烤盤或帶橫紋的平底鍋高溫加熱，將魚片取出並用紙巾將魚片拍乾後放入鍋中，每邊焗燒2至3分鐘，直到魚肉煎好且還很多汁。

❸ 在此同時，將箭生菜葉放入碗中，加入少量鹽和胡椒粉調味，再加入剩下的15ml橄欖油攪拌，將科里諾起司削成絲灑在上面。

❹ 劍魚排分放在4個餐盤中，於旁邊放蔬菜，搭配橄欖油一起上菜，以供調味。

其他選擇

可用鮪魚或鯊魚代替劍魚。

182

普羅旺斯鹹鱈魚 PROVENCAL AIOLI WITH SALT COD

這道菜可以作為一道主菜，而且是最適合在夏天招待客人的菜餚之一。蔬菜可以依據季節的不同，作不同的選擇。如果喜歡生菜，則可以選擇小蘿蔔、黃椒和西洋芹來配色。

材料（4人份）

材料	份量
鹹鱈魚（要先用水浸泡一夜）	1000g
香料	1束
小馬鈴薯（洗淨）	18粒
新鮮薄荷莖（撕碎）	1大枝
四季豆	225g
青花菜	225g
水煮蛋	6顆
小胡蘿蔔（帶葉佳）	12條
紅椒（去籽後切成條狀）	1顆
茴香莖（切成條狀）	2枝
聖女蕃茄	18粒
完整明蝦或小龍蝦（可省略）	6隻

大蒜粒沙拉醬

自製蛋黃醬	600ml
大蒜（拍碎）	2大瓣
辣椒粉	適量

❶ 將鱈魚瀝乾後放入淺底鍋中，倒入足夠的水蓋過魚並加入準備好的香料束，將水燒至沸騰後，小火慢火煮約10分鐘，直到魚肉變軟，用小刀可輕易搗碎的狀態。將水瀝乾後備用。

❷ 將馬鈴薯和薄荷放入長柄湯鍋中，加入少量鹽，加水煮至馬鈴薯變軟後瀝乾備用。將四季豆和青花菜分別放入2個鍋中加鹽，以水慢火煮約3到5分鐘，冷水沖過一遍後瀝乾備用。

❸ 將鱈魚去皮並剝成薄片，將雞蛋去殼縱向切成兩半。

❹ 將鱈魚分別盛在4個盤中，隨意在四周擺上雞蛋和蔬菜，最後再擺上明蝦或小龍蝦。

❺ 製作大蒜粒沙拉醬，將自製蛋黃醬倒入碗中，加入拍碎的大蒜和辣椒粉並攪拌開。調好的大蒜粒沙拉醬可以盛入4個碗中分別上桌或放在一個大碗中。

菊苣燻鰻沙拉 SMOKED EEL AND CHICORY SALAD

近來燻製鰻魚越來越受歡迎，在高級餐廳越來越常見。將燻製鰻魚用於沙拉中，再配上具有提神作用的柑橘沙拉醬，味道十分美妙！

材料（4人份）

燻製鰻魚片（去皮）	450g
菊苣（剝開）	2顆
紅菊苣葉	4片
巴西里葉（切碎，裝飾用）	適量

柑橘沙拉醬

橘子、檸檬	各1顆
糖	5ml
法式第戎芥末醬	5ml
葵花油	90ml
巴西里葉（切碎）	15ml
鹽和黑胡椒粉	適量

❶ 將鰻魚對角切成8段後製作醬汁。用刨絲刀小心地削去檸檬和橘子皮，並分別榨出果汁，檸檬汁備用。將橘子汁倒入小鍋中，放入削下的橘子皮和糖並加熱至沸騰，攪拌直到果汁減少一半，冷卻備用。

❷ 將法式第戎芥末醬、檸檬汁和葵花油放入碗中攪拌，再加入冷卻的橘子汁和切碎的巴西里葉，並以適量鹽和胡椒粉調味，再次攪拌均勻。

❸ 取4個餐盤，將菊苣葉豎在餐盤四周，尖部朝外。交錯點綴紅綠菊苣葉。

❹ 將一些醬汁滴在菜葉上，在每個盤中呈星狀擺上4塊鰻魚肉，最後灑上巴西里葉做裝飾。倒入剩下的醬汁。

其他選擇

這道沙拉還可以用其他燻製魚肉代替，例如鱒魚或鯖魚。

鰩魚苦味沙拉 SKATE WITH BITTER SALAD LEAVES

略帶甜味的鰩魚配上略帶苦味的蔬菜，如菊苣、箭生菜、皺菜菊苣、紅菊苣等，配法國麵包味道十分可口。

材料（4人份）

鰩魚翅	800公克
白酒醋（約1大匙）	15ml
黑胡椒粒	4顆
新鮮百里香	1根
帶苦味蔬菜	175g
橘子	1顆
蕃茄（去皮去籽後切丁）	2顆

醬汁

白酒醋	15ml
橄欖油	45ml
珠蔥（切碎）	2根
鹽和黑胡椒粉	適量

料理小技巧

在削橘子皮時，小心不要削到皮下會苦的海棉層。

❶ 將鰩魚翅放在一個大淺底鍋中，倒入冷水再加進白酒醋、黑胡椒粒和百里香。將水燒至沸騰後慢火煮8至10分鐘，直到魚刺可以容易拔出。

❷ 同時，開始做醬汁。將醋、橄欖油和珠蔥放入碗中，再加入適量鹽和胡椒粉攪拌。將準備好的蔬菜放入大碗裡，倒入調好的醬汁攪拌均勻。

❸ 用刨絲刀削掉橘子皮，去掉皮下的海綿層後將橘子切成圓形的細片狀。

❹ 鰩魚翅剝成片狀混入沙拉中，加入橘皮絲、橘子片和蕃茄攪拌均勻即可上桌。

鮟鱇魚松仁沙拉 WARM MONKFISH SALAD

這道菜的主要材料只有鮟鱇魚、菠菜和松仁，而且作法十分簡單，但其鮮美可口的滋味可就有層次許多。

❸ 將醬汁所需的材料放在碗中攪拌，直到調勻，將醬汁倒入長柄小湯鍋中，加入適量鹽和胡椒粉調味，中火加熱。

❹ 在煎鍋或帶橫紋平底鍋中倒入橄欖油和奶油加熱，放入魚塊，每面煎炸20～30秒。

材料（4人份）

鮟鱇魚肉片（每片約350g）	2塊
松仁	25g
橄欖油	15ml
奶油	15g
菠菜嫩葉（洗淨後去莖）	225g
鹽和黑胡椒粉	適量

醬汁

法式第戎芥末醬	5ml
雪利酒醋	55ml
橄欖油	60ml
大蒜（搗碎）	1瓣

❶ 刀斜握，將鮟鱇魚肉片對角切成12塊，加入適量鹽和胡椒粉調味後備用。

❷ 加熱煎鍋後放入松仁，一邊加熱一邊搖晃幾分鐘，直到松仁變成金黃色，但不要燒焦，盛入盤中備用。

❺ 將菠菜葉放進一個大碗裡，倒入加熱過的醬汁後，灑上部分烤松仁，攪拌後將菠菜葉分到4個盤中，並將魚片置於菜葉上，最後灑上剩餘的松仁即可上桌。

小龍蝦蘆筍沙拉 ASPARAGUS AND LANGOUSTINE SALAD

想做一道優雅的沙拉，可以在菜中加入龍蝦肉片。如果不想太奢侈，則可以用明蝦代替。

材料（4人份）

材料	份量
小龍蝦	16隻
蘆筍	16根
胡蘿蔔	2條
橄欖油	30ml
大蒜（去皮）	1瓣
新鮮龍蒿（切碎）	15ml
新鮮龍蒿莖（切碎，裝飾用）	4根

醬汁

材料	份量
龍蒿醋	30ml
橄欖油	120ml
鹽和黑胡椒粉	適量

❸ 胡蘿蔔去皮切成細條，放入鍋中並加入一點鹽調味，加水小火慢煮約3分鐘，直到胡蘿蔔變軟但仍保持脆度，瀝乾後，將蘆筍和胡蘿蔔一起擺入盤中。

❹ 將龍蒿醋和橄欖油倒入碗中攪拌，加入適量鹽和胡椒粉調味後，把醬汁倒在胡蘿蔔和蘆筍上，浸泡一會。

❺ 將橄欖油和大蒜瓣放在煎鍋中加熱，油熱後放入小龍蝦迅速翻炒一段時間，炒好後將大蒜除去。

❻ 蘆筍切成兩條，分放在4個餐盤中，放入胡蘿蔔，把醬汁滴在蔬菜上，在每盤中放入4隻小龍蝦，最後灑上龍蒿末和龍蒿莖即可上桌。

❶ 將小龍蝦剝殼備用，殼可留著用熬製高湯。

❷ 將蘆筍放入長柄湯鍋中，加入適量鹽，慢火煮至蘆筍變軟但仍保持鮮脆，用冷水沖過一遍後瀝乾。

料理小技巧

因為小龍蝦的肉容易腐敗，所以大多數小龍蝦在剛撈上岸時就已先煮過。因此在家煮小龍蝦時，只須稍微加熱一下就可以了。如果買到新鮮的小龍蝦，可將其投入滾水中汆燙，之後再放入鍋中翻炒直到小龍蝦炒熟。

每日主菜

隨著你對魚類料理的認識慢慢加深，
每日的健康飲食就變成了一種享受。
各種魚貝都可迅速調理，低脂且營養豐富，
是最佳的家庭料理。
從簡單的魚肉派、鮭魚餅，
到鱒魚佐羅望子辣醬和綠色魚肉咖哩，
魚類料理能滿足所有人的口味，
甚至是不喜歡海鮮的人。
你會驚訝地發現，
原來端出美味的海鮮料理竟是如此簡單快速。

鮭魚餅 SALMON FISH CAKES

這道菜的秘訣在於選用新鮮魚肉、馬鈴薯和自製的麵包粉，並加入足夠的調味料。

材料（4人份）

材料	分量
水煮鮭魚片	450g
水煮馬鈴薯（搗成泥）	450g
奶油（化開）	25g
全麥芥末醬	10ml
新鮮蒔蘿和巴西里葉（切碎）	15ml
檸檬皮（磨碎）	適量
檸檬汁	半顆
中筋麵粉	15g
雞蛋	1顆
麵包粉	150g
葵花油	60ml
鹽和黑胡椒粉	適量
箭生菜葉和細香蔥	適量
檸檬片	適量

❶ 將水煮鮭魚剝成薄片，去掉皮和刺放入碗中，加入馬鈴薯泥、融化奶油和全麥芥末混合攪拌後，再放入蒔蘿和巴西里葉、檸檬皮和檸檬汁調味。

❷ 將調好的材料分成8份，每份揉成球狀後按成圓盤狀。將生料裹上一層麵粉，再沾一層蛋汁，最後裹滿麵包粉。

❸ 在煎鍋中加熱橄欖油，鍋底放一層鮭魚餅，煎至變為金黃色。待每塊鮭魚餅煎好後，用紙巾將多餘的油吸去後裝盤，並在盤中擺上適量箭生菜葉、細香蔥和檸檬片。

料理小技巧

幾乎所有新鮮燻製白肉魚都可以用來做這道菜，而燻鱈魚和無鬚鱈的味道特別好。

蟹肉餅 CRAB CAKE

與鮭魚餅不同的是，蟹肉餅最不可或缺的材料就是蛋白和蛋黃醬或塔塔醬，而且沒有馬鈴薯。可依個人喜好，捨棄煎炸而改以烘烤方式將蟹肉烤熟，需注意焗燒前必需在肉上抹一層油。

材料（4人份）

混合蟹肉	450g
蛋黃醬或塔塔醬	30ml
芥末粉	2.5〜5ml
雞蛋	1顆
塔巴斯科辣醬	適量
巴西里葉（切碎）	45ml
青蔥（可省略）	4根
麵包粉	50〜75g
葵花油	適量
鹽、黑胡椒粉和辣椒粉	適量
蔥花（裝飾用）	適量
紅洋蔥橘子醬	適量

❶ 將蟹肉放進碗裡，加入蛋黃醬或塔塔醬、芥末粉和蛋汁攪拌，再加入塔巴斯科辣醬、鹽、胡椒粉和辣椒粉調味。

❷ 加入巴西里葉，若有蔥則一併與麵包粉攪拌，使混合物具有可揉成團的黏性，可依據所準備的蟹肉含量不同多加些麵包粉。

❸ 將調好的材料分成8份，每份揉成一個球後輕輕拍扁放在大淺盤中，煎炸前在冰箱中放置約30分鐘。

❹ 將油倒入淺底鍋，將蟹肉餅分2批煎炸，直到炸成金黃色帶棕色。炸好後用紙巾將餅上多餘的油吸掉並保溫，上菜時配上蔥花和紅洋蔥橘子醬。

沙丁魚煎蛋捲 SARDINE FRITTATA

將沙丁魚和煎蛋搭在一起感覺有點怪，但它的味道卻出奇地美味。這道料理也可以用冷凍沙丁魚來料理，上菜時需配上嫩煎的馬鈴薯丁和胡瓜薄片。

材料（4人份）

沙丁魚（洗淨切開、去頭）	4尾
檸檬汁	1顆
橄欖油	45ml
雞蛋	6顆
新鮮巴西里葉（切碎）	30ml
新鮮細香蔥（切段）	30ml
大蒜（拍碎）	1瓣
鹽、黑胡椒粉和匈牙利紅椒粉	適量

❶ 將沙丁魚肉翻開並灑上檸檬汁、適量鹽和匈牙利紅椒粉。在煎鍋中加熱三分之一的橄欖油，放入沙丁魚，每面煎炸1至2分鐘後，以紙巾將油吸乾，修剪魚尾備用。

❷ 分開蛋黃與蛋白，將蛋黃放入碗中打散，加入巴西里葉、細香蔥、適量鹽和胡椒粉。將另一碗蛋白加一小撮鹽，攪打至蛋白打發，並將烤盤預熱至中溫。

❸ 把剩下的橄欖油放進煎鍋中加熱，放入大蒜小火加熱至呈金黃色。混合蛋黃和蛋白，並舀一半置入鍋中，慢慢加熱至蛋開始凝固後，將沙丁魚放在煎蛋捲上，再灑上些匈牙利紅椒粉。最後將剩下的蛋汁倒在上面，慢火煎，直到下面的雞蛋已經煎成棕色，而頂部也開始凝固。

❹ 整鍋放入烤箱中，烤至頂部的蛋捲也變成金黃色後，將之切成4片立即上桌。

料理小技巧

使用帶柄的煎鍋，放入烤箱時會很安全，這點很重要。如果煎鍋的柄是木製的，則在柄上包一層鋁箔保護。

魚肉派 FISH PIE

做魚肉派可以根據自己的口味和預算多寡而選擇不同的魚肉，以下介紹的作法簡單易學。還可依各人喜好，選擇加進蝦肉或水煮蛋或是馬鈴薯，再點綴些洋蔥也不賴。

材料（4人份）	
鱈魚或黑線鱈片	450g
燻鱈魚片	225g
牛奶	300ml
檸檬（切片）	0.5顆
月桂葉	1片
新鮮百里香莖	1根
黑胡椒	4～5顆
奶油	50g
中筋麵粉	25g
新鮮巴西里葉（切碎）	30ml
鯷魚醬	5ml
椎茸或香菇（切片）	150g
鹽、黑胡椒粉和辣椒粉	適量

馬鈴薯泥	
馬鈴薯	450g
水	適量
牛奶	適量
奶油	50g
蕃茄（切片）	2顆
切達起司（可省略）	25g

❶ 魚肉帶皮的一邊朝下放入鍋中，加入牛奶、檸檬片、月桂葉、百里香莖和胡椒粒。加熱至沸騰後，轉小火煮約5分鐘，將魚撈出，留下牛奶，去魚皮魚刺並將魚肉剝成薄片。

❷ 將一半奶油放入長柄小湯鍋中融化後，加入麵粉攪拌約1分鐘。再把留下的牛奶煮至沸騰後，攪拌至平滑細膩。倒入巴西里葉和鯷魚醬，加入適量鹽和胡椒粉調味。

❸ 將另一半奶油放入煎鍋中，加入香菇片並翻炒直到變軟，以適量鹽和胡椒粉調味，再倒入剝好的魚肉。連同做好的牛奶鯷魚醬攪拌均勻後，裝入耐熱的砂鍋中。

❹ 烤箱預熱至200℃。馬鈴薯和奶油一起搗至滑順後，加入適量鹽和胡椒粉調味。均勻鋪在魚肉上，把切片的蕃茄擺在魚肉派旁，再灑上磨碎的切達起司。

❺ 最後將魚肉派在烤箱中焗燒約20至25分鐘，直到馬鈴薯泥也變成微棕色。也可將魚肉派烤成棕色。

其他選擇

除了用純馬鈴薯泥，還可以將馬鈴薯與蕪菁甘藍泥或馬鈴薯與甘薯泥作為配料。

鮭魚明蝦派 SALMON AND PRAWN FLAN

這道派的特別之處在於以生鮭魚肉烤成，所以派裡的魚肉略濕，汁多味美。這道菜可以熱食配上蔬菜或冷食配上番茄片沙拉。

材料（4人份）

酥皮麵團	350g
鮭魚片（去皮）	225g
水煮明蝦（剝殼）	225g
全蛋	2顆
蛋黃	2顆
鮮奶油	150ml
牛奶	200ml
新鮮蒔蘿（切碎）	15ml
鹽、黑胡椒粉和匈牙利紅椒粉	適量
檸檬片、蕃茄片和蒔蘿莖	適量

其他選擇

這道菜更經濟的作法是省掉蝦肉而多加些鮭魚或改以鮭魚混合其他白肉魚。

❶ 取一個直徑20cm的平盤或平底鍋，將酥皮麵團鋪在鍋底和四周。用叉子在麵團上叉些小洞，再於邊緣以叉子壓出花紋。將鍋連麵團放入冰箱中冷卻約30分鐘，同時將烤箱預熱到180℃。把酥皮麵團放入烤箱中焗燒約30分鐘，直到麵團變成金黃色後，烤箱溫度調降到160℃。

❷ 鮭魚切成小塊，將鮭魚肉和蝦肉均勻的鋪在酥皮麵團上後，灑上匈牙利紅椒粉。

❸ 打2顆雞蛋和2顆蛋黃，與鮮奶油、牛奶和蒔蘿混合，加鹽和胡椒粉調味，倒在鮭魚和蝦肉上，進烤箱中焗燒約30分鐘可完全烤好。趁熱上菜，並佐以檸檬片和蕃茄片、蒔蘿作為配菜。

椰奶焙真鯛 COCONUT BAKED SNAPPER

如果喜歡味道辣一點，可以在醬汁中加入2～3個新鮮紅辣椒，上菜時還可以配上一些白米飯。

材料（4人份）

真鯛（去鱗洗淨）	1公斤
椰奶	400ml
白酒	105ml
酸橙汁	1顆
淡色醬油	45ml
新鮮紅辣椒（去籽後切片，可省略）	1～2根
新鮮巴西里葉（切碎）	60ml
芫荽葉（切碎）	45ml
鹽和黑胡椒粉	適量

料理小技巧

可用任何一種真鯛或鱒魚來做這道菜。使用小真鯛時，每人可配一條，但要注意小真鯛的肉相對較少。

❶ 將真鯛放入一個耐熱淺盤中，加入適量鹽和胡椒粉調味。將椰奶、白酒、酸橙汁和醬油，如有選用辣椒則加入攪拌後倒在魚上。用保鮮膜蓋上，放入冰箱約4小時，每2小時將魚翻面。

❷ 烤箱預熱至190℃，將魚從冰箱中取出，包上鋁箔但注意不要包太緊，把前將醬汁淋在魚上後包上，將包好的魚放在一個乾淨的盤中，焗燒約30至40分鐘，直到魚肉容易脫離魚骨。

茄汁歐鰈排 FRIED PLAICE WITH TOMATO SAUCE

這道菜簡單易做且四季都可以食用，尤其受到孩子們的喜愛。這道菜還可以用檸檬比目魚或歐洲鰈（這兩種魚不用去皮）或黑線鱈片和牙鱈。

材料（4人份）

中筋麵粉	25g
雞蛋（打散）	2顆
乾麵包粉	75g
小歐鰈（去掉黑皮）	4尾
奶油	15g
葵花油	15ml
鹽和黑胡椒粉	適量
檸檬（切成4片）	1顆
新鮮羅勒葉（裝飾用）	適量

蕃茄醬

橄欖油	約30ml
紅洋蔥（切碎）	1粒
大蒜（切碎）	1瓣
蕃茄（切碎）	400g
蕃茄泥	15ml
羅勒葉（撕碎）	15ml

❶ 先製作蕃茄醬，將橄欖油倒入大長柄湯鍋中，加入切好的洋蔥和大蒜翻炒約5分鐘，直到洋蔥變軟變金黃色。再漸漸倒入切好的蕃茄和蕃茄泥後，加入適量鹽和胡椒粉調味，最後加入羅勒葉攪拌。

❷ 將麵粉灑在一個大淺盤中，把打散的雞蛋放入另一個淺盤中，再將麵包粉放入第3個淺盤中，歐鰈加入適量鹽和胡椒粉調味。

❸ 左手拿魚，先裹好麵粉再沾上蛋汁，最後裹麵包粉時，用乾燥的右手將麵包粉輕輕拍在魚上。

❹ 在煎鍋中加熱奶油和葵花油，每次放入一條魚，每面煎炸約5分鐘，直到魚排變成金黃色帶棕色，但依然多汁。用紙巾將魚排的油吸乾並保溫，再繼續炸剩下的魚。上菜時佐以檸檬片和蕃茄醬，擺上羅勒葉裝飾。

鱈魚玉米脆片 COD CARAMBA

這道墨西哥菜色澤誘人，玉米脆片鬆脆可口、魚肉柔軟細嫩。除了選用鱈魚，還可以用其他的白肉魚代替，例如綠青鱈或黑線鱈。

材料（4～6人份）

鱈魚片	450g
燻鱈魚片	225g
魚肉高湯	300ml
奶油	50g
洋蔥（切片）	1顆
大蒜（拍碎）	2瓣
紅、綠甜椒（去籽後切丁）	各1個
小胡瓜（切丁）	2條
罐裝玉米粒	115g
蕃茄（去皮後切碎）	2顆
酸橙汁	1顆
塔巴斯科辣醬、鹽、黑胡椒粉和辣椒粉	適量

配料

玉米脆片	75g
切達起司（磨碎）	50g
幾根芫荽（裝飾用）	適量
酸橙片	數片

❷ 將奶油在長柄湯鍋中加熱融化，放入洋蔥和大蒜，小火炒至洋蔥變軟後加入紅椒，翻炒約2分鐘，加入小胡瓜後再翻炒約3分鐘，直到蔬菜完全變軟。

❸ 加入玉米粒和蕃茄、酸橙汁和塔巴斯科辣醬，並加入適量鹽、黑胡椒粉和辣椒粉調味，翻炒2至3分鐘用來加熱

玉米粒和蕃茄後，倒入魚肉中攪拌好，並盛入烤盤中。

❹ 烤箱預熱的同時準備配料，玉米脆片敲碎後與磨碎的切達起司混合在一起，加入辣椒粉調味，最後灑在魚肉上。將盤子放在烤箱中焗燒直到玉米脆片變成棕色，最後放上芫荽和酸橙片做為裝飾。

❶ 將魚片放入淺盤中再倒入魚肉高湯，燒至沸騰後將火關小，加蓋慢火煮約8分鐘，直到魚肉變軟，用小刀可容易將魚肉搗碎的程度。煮好放冷後將皮去掉，魚肉剝成薄片並保溫備用。

酥炸燕麥鯡魚培根 HERRINGS IN OATMEAL WITH BACON

這是道傳統的蘇格蘭菜，便宜又營養豐富，為了方便取食，最好先去掉鯡魚刺再裹上燕麥。如果不喜歡鯡魚，還可以鱒魚或鯖魚代替，若想換個口味，更可以配上烤蕃茄。

材料（4人份）

燕麥粉	115～150g
芥末粉	10ml
鯡魚（洗淨並去掉魚刺與頭尾）	4尾
葵花油	30ml
培根薄片（去邊）	8條
鹽和黑胡椒粉	適量
檸檬片	適量

料理小技巧

用夾子夾鯡魚，可避免灑出過多的燕麥粉。每次可煎2片鯡魚片，別把煎鍋塞得太滿。

❶ 在大淺盤中，將燕麥粉、芥末粉、鹽和胡椒粉攪拌在一起後，每次將一條鯡魚放入淺盤中，兩面都裹上厚厚的一層乾粉後，將沒有沾上的燕麥拍掉備用。

❷ 在大煎鍋中加熱葵花油，放入培根煎至酥脆，並用紙巾將培根上的油吸乾後保溫。

❸ 將鯡魚放入鍋中，每面煎炸3至4分鐘，直到魚肉變脆並變為金黃色，上菜時佐以培根和檸檬片。

奶油濃汁鰩魚翅 SKATE WITH BLACK BUTTER

鰩魚翅並不很昂貴，很適合家庭晚餐時食用，上菜時佐以蒸青蒜和水煮馬鈴薯即可。

材料（4人份）

鰩魚翅	900g
紅酒醋或麥芽醋	60ml
醋漬續隨子花（瀝乾，若過大則切碎）	2大匙
新鮮巴西里葉（切碎）	2大匙
奶油	150g
鹽和黑胡椒粉	適量

料理小技巧

雖然菜名叫奶油濃汁鰩魚翅，但奶油燒至金黃色轉棕色即可，不要燒到變黑，否則味道會苦。

❶ 將鰩魚翅放入一個大淺鍋中，倒入蓋過魚翅的冷水即可，加入一小撮鹽和15ml的紅酒醋或麥芽醋。

❸ 將鰩魚盛入加熱過的餐盤中，加入適量鹽和胡椒粉調味後，在上面灑上續隨子花和巴西里葉，並保溫。

❷ 將水燒至沸騰並去掉浮沫，將火關小，慢火煮10至12分鐘，直到魚刺易於去掉的程度，瀝乾並將魚皮去掉。

❹ 取長柄湯鍋，將奶油加熱到變成棕色淋在鰩魚翅上，剩下的醋倒入鍋中，加熱至沸騰，並將醋滾掉三分之二後淋在魚翅上，即可上桌。

鱒魚佐羅望子辣醬 TROUT WITH TAMARIND AND CHILLI SAUCE

鱒魚經濟實惠，味道清淡。用這種泰式辣醬作調味料可使鱒魚更有味道。如果喜歡較辛辣的口味，則可以多加入些小紅辣椒。

材料（4人份）

鱒魚	4尾
青蔥（切斜片）	6根
醬油	60ml
煎炸用油	15ml
芫荽葉（切碎）	30ml

醬汁

羅望子果肉	50g
熱水	105ml
珠蔥（大致切碎）	2根
新鮮紅辣椒（去籽切碎）	1條
新鮮薑片（去皮切碎）	1公分
紅糖	1小匙
魚露	45ml

❶ 在鱒魚的兩側各劃4至5刀後，將魚放入淺盤中。

❷ 魚肚內填入青蔥並將魚浸泡在醬油中，小心地將魚肉兩面都沾上醬油後，將剩餘的青蔥灑在魚肉上備用。

❸ 將羅望子果肉放入小碗中，倒入開水後，用叉子將果肉搗軟。將搗好的羅望子果肉放入食物處理器或攪拌器中，加入珠蔥、新鮮辣椒、薑、糖和魚露後打成泥狀。

❹ 將油倒入煎鍋中加熱，一次放入一條鱒魚，每面煎炸約5分鐘直到魚皮變脆轉棕色。炸好後將魚盛入溫熱的餐盤中，淋上醬汁並灑上芫荽葉，上菜時佐以剩餘的醬汁。

綠色魚肉咖哩 GREEN FISH CURRY

任何新鮮、肉質堅實的魚都可以用來做這道美味可口的咖哩，而新鮮香草則可以使這道菜顏色豐富。也可以試著加進一些不同的材料，如鬼頭刀、無鬚鱈、劍魚或較粗糙的魚如綠青鱈。上菜時可以搭配香米飯或泰國香米和酸橙片。

材料（4人份）

大蒜（粗略切碎）	4瓣
新鮮薑片（去皮後粗略切碎）	5cm
新鮮墨西哥番椒（去籽後粗略切碎）	2顆
酸橙磨碎的皮與汁	1顆
蝦醬（可省略）	5～10ml
芫荽籽	5ml
五香粉	5ml
芝麻油	75ml
紅洋蔥（切碎）	2粒
無鬚鱈魚片（去皮）	900g
椰奶	400ml
魚露	45ml
芫荽葉	50g
新鮮薄荷葉	50g
新鮮羅勒葉	50g
青蔥（切碎）	6根
葵花油或花生油	150ml
新鮮墨西哥番椒（切片，裝飾用）	適量
芫荽葉（切碎，裝飾用）	適量
香米飯	適量

❶ 首先製作咖哩醬，將大蒜、新鮮薑片、墨西哥番椒、酸橙汁和蝦醬（如果選用則現在加入）一起加入食物處理器，再加入芫荽籽和五香粉，並倒入一半的芝麻油，將材料攪拌成糊狀後備用。

❷ 加熱炒菜鍋或大淺盤後，倒入剩下的芝麻油。油加熱後，放入紅洋蔥大火煎炸約2分鐘，放入魚肉每面煎炸約1至2分鐘，直到魚肉每面均變棕色。

❸ 把洋蔥和魚肉裝盤，將咖哩醬倒入炒菜鍋或大淺盤中翻炒約1分鐘後，倒入鬼頭刀魚片和紅洋蔥，再倒入椰奶燒至沸騰。將火關小，加入魚露小火慢燉5至7分鐘，直到魚肉完全煮好。

❹ 同時將各種香草、青蔥、酸橙皮和葵花油倒入食物處理器中打成泥，倒在魚肉咖哩上。放上辣椒、芫荽葉裝飾，上菜時配上米飯和酸橙片。

什錦飯 KEDGEREE

這道經典菜餚源於印度，最好使用香米飯，再配上淡味咖哩味道非常好，如果用長米味道一樣好。配菜可以選擇紅洋蔥片和少許紅洋蔥橘子醬。

材料（4人份）

燻製黑線鱈片	450g
牛奶	750ml
月桂葉	2片
檸檬（切片）	0.5顆
奶油	50g
洋蔥（切碎）	1顆
薑黃粉	0.5大匙
淡味瑪德拉咖哩粉	1小匙
綠色小豆蔻果實	2顆
香米飯或長米飯	適量
水煮蛋（粗略切碎）	4顆
淡味鮮奶油或優格（可省略）	150ml
新鮮巴西里葉（切碎）	30ml
鹽和黑胡椒粉	適量

❶ 將黑線鱈放在大淺盤中，倒入牛奶並放入月桂葉和檸檬片，水煮約8至10分鐘，直到鱈魚變軟，用小刀易於搗碎的程度。將牛奶倒入帶柄鍋中，除去月桂葉和檸檬片。剝去黑線鱈的皮，將魚肉剝成大薄片並保溫備用。

❷ 將奶油放入鍋中融化，加入洋蔥，小火加熱約3分鐘直到洋蔥變軟。加入薑黃、咖哩粉和豆蔻果實翻炒約1分鐘。

❸ 加入米飯翻炒，使米飯外裹上奶油，倒入留下的牛奶攪拌加熱到沸騰。再關小火慢燉10至12分鐘，直到米飯吸收所有牛奶且變軟，加適量鹽和胡椒粉調味。

❹ 慢慢加入魚肉，水煮蛋和淡味鮮奶油或優格，灑上巴西里葉即可上桌。

其他選擇

除了黑線鱈還可以選擇燻製或新鮮水煮鮭魚。

辣木豆菜烤鯖魚 GRILLED MACKEREL WITH SPICY DHAL

魚油含量豐富的魚——如鯖魚——價格實惠而富含營養，它們最好搭配味道辛辣或偏酸的食物，如羅望子風味的小扁豆，上菜時再配上新鮮的蕃茄洋蔥沙拉和煎餅。

材料（4人份）

材料	份量
小紅扁豆或黃豌豆 （前一晚用水泡開）	250g
水	1000ml
葵花油	30ml
芥末籽、茴香籽和葫蘆巴籽或 小豆蔻籽	各2.5ml
薑黃粉	1小匙
乾紅辣椒（弄碎）	3～4根
羅望子醬	30ml
黃砂糖	5ml
芫荽葉（切碎）	30ml
鯖魚（或沙丁魚8尾）	4尾
鹽和黑胡椒粉	適量
新鮮紅辣椒片	適量
芫荽葉（切碎）	適量
煎餅	適量
蕃茄	適量

❶ 將小紅扁豆或乾豌豆沖洗乾淨，瀝乾後放入長柄湯鍋中。加水燒至沸騰後將火關小，鍋蓋住一半，慢燉30至40分鐘，注意攪拌直到豆子煮軟且變糊。

❷ 將油倒入炒菜鍋中加熱，加芥末籽，蓋上鍋蓋煎炒幾秒鐘，直到芥末籽爆開。打開鍋蓋加入其餘菜籽、薑黃和辣椒，再煎炒幾秒鐘。

❸ 攪拌後入鹽調味，再加羅望子醬和黃砂糖，大火燒至沸騰後慢燉約10分鐘，直到湯汁變得濃稠，加入切碎的芫荽葉攪拌。

❹ 將魚洗淨後，烤盤或橫紋平底鍋加熱至高溫，用刀在每條魚的兩面各斜切6刀，並依喜好去掉魚頭。將魚內外各灑上適量鹽和胡椒粉調味後，焗燒5至7分鐘直到魚皮烤至酥脆。上桌時配上煮好的辣木豆菜、煎餅和蕃茄，並以紅辣椒和切碎的芫荽葉做裝飾。

義大利麵和米飯

魚類和甲殼類很適合與義大利麵或米飯搭配，
魚貝類清淡的口味與鮮味正好平衡了澱粉的膩口。
從簡單的焗烤沙丁魚茴香緞帶麵，
到奢侈的義式龍蝦餃，
義大利麵總是能適合每個人的口味以及各種場合。
製作義大利燉飯有兩個常見的選擇，
一是加入味道與顏色都很奇特的烏賊墨汁，
另一個是選擇在超市即可購得的海鮮食品。

海鮮千層麵 SEAFOOD LASAGNE

這道菜可以簡單樸素，也可以複雜華麗。若用於晚宴可選用扇貝、淡菜或明蝦，並在醬中加一小撮番紅花；如果作為一般家庭晚餐，則選用一般魚肉，如鱈魚或燻黑線鱈。千層麵可以事先準備好，用時焗烤一下即可。

材料（8人份）

材料	分量
魚	350g
鮭魚片	350g
天然燻製黑線鱈	350g
牛奶	1000ml
魚肉高湯	500ml
月桂葉（或番紅花1段）	2片
小洋蔥（去皮後切成兩半）	1顆
奶油	75g
中筋麵粉	45ml
蘑菇（切片）	150g
千層麵	225〜300g
巴馬乾酪（磨碎）	60ml
鹽、黑胡椒粉、肉豆蔻和匈牙利紅椒粉	適量
箭生菜（裝飾用）	適量

蕃茄醬

橄欖油	30ml
紅洋蔥（切碎）	1顆
大蒜（切碎）	1瓣
蕃茄	400g
蕃茄泥	15ml
新鮮羅勒葉（撕碎）	15ml

❶ 製作番茄醬，在長柄湯鍋中倒入油並加熱，放入洋蔥和大蒜小炒約5分鐘，直到洋蔥變軟且變金黃色，加入番茄和番茄泥注意攪拌並慢燉20至30分鐘。加入適量鹽和胡椒粉調味後，放入羅勒葉攪拌。

料理小技巧

如果你比較喜歡，且買得到新鮮的千層麵，則以微鹹的水煮3分鐘，但勿將湯鍋塞得太滿，以免麵條黏在一起。

❷ 將魚放入耐熱的盤子或平底鍋中，倒入牛奶、高湯、月桂葉或番紅花和洋蔥，燒至沸騰後關中火，煮約5分鐘，直到魚肉煮至九分熟待冷備用。

❸ 待魚肉幾乎完全冷卻後過濾，留下湯汁，將魚皮魚骨去掉，魚肉剝成小薄片。

❹ 烤箱預熱180℃，並製作蘑菇醬。將奶油放入平底鍋中融化，放入麵粉邊攪拌邊加熱22分鐘。再緩緩加入留下的湯汁直到沸騰，注意攪拌。最後加入蘑菇翻炒2至3分鐘，加適量鹽、胡椒粉和肉豆蔻調味備用。

❺ 取耐熱的淺盤，在盤裡四周和底部塗上奶油後，在盤底塗上薄薄一層蘑菇醬，用橡皮刮刀將盤底抹平，將魚肉放入盛著蘑菇醬的鍋中攪拌。

❻ 在淺盤底鋪上一層千層麵後，再鋪上一層蘑菇醬魚肉，如此層層疊疊。

❼ 最後灑上磨碎的巴馬乾酪，準備好後放入烤箱焗燒30至45分鐘，直到麵條起泡並變成金黃色。在上菜前，灑上匈牙利紅椒粉，並放上箭生菜做裝飾。

紙包義大利麵 SPAGHETTI AL CARTOCCIO

這道菜是放在紙包中料理的，打開紙包時，美味的香氣撲鼻而來。若作為開胃菜則可放在2個大紙包中焗燒。

材料（4～6人份）

淡菜（洗淨去鬚）	500g
較小的蛤（洗淨）	500g
白酒	105ml
橄欖油	60ml
大蒜（切碎）	2大瓣
乾紅辣椒（弄碎）	2條
槍烏賊（切成圈）	200g
明蝦（去殼）	200g
義大利細麵條	400g
巴西里葉（切碎）	30ml
切碎的新鮮牛至（或乾牛至2.5ml）	5ml
鹽和黑胡椒粉	適量

蕃茄醬

橄欖油	2大匙
紅洋蔥（切碎）	1顆
大蒜（切碎）	1瓣
蕃茄	400g
蕃茄泥	1大匙
新鮮羅勒葉（撕碎）	1大匙

❶ 製作蕃茄醬，將油倒在長柄湯鍋中加熱，加入洋蔥和大蒜以小火翻炒約5分鐘後，放入蕃茄和蕃茄泥攪拌慢燉20至30分鐘。放入適量鹽和黑胡椒粉調味後，放入羅勒葉。

❷ 貝殼和白酒放入長柄湯鍋中大火加熱至沸騰，加蓋後搖晃，直到所有貝殼均打開。去掉沒有打開的貝殼，將貝肉從殼中取出，但各留12只帶殼。過濾湯汁後備用。

❸ 橄欖油在鍋中加熱，放入大蒜翻炒直到大蒜瓣變色，加辣椒、槍烏賊和明蝦翻炒2至3分鐘，直到槍烏賊變透明，明蝦變成粉紅色。加入貝殼和留下的湯汁，以及先前製作的蕃茄醬一起攪拌後備用。

❹ 將烤箱加熱至240℃或將烤盤加熱。把細麵條放入裝有開水的長柄湯鍋中，加適量鹽調味，煮約12分鐘，直到麵條煮軟。將水瀝乾後倒入乾淨的鍋中，拌入做好的海鮮醬料，使麵條均勻沾取。加入巴西里葉和牛至，再加入適量鹽和胡椒粉調味。

❺ 剪下25平方公分的蠟紙，把麵條放在中間，四邊折起做成密封袋。先將四邊封住後，輕輕向中央包起，最後將紙包頂部封好。以相同的方法再取3張蠟紙做另外3個紙包，將所有麵條包好。

❻ 將所有紙包放進烤盤，在烤箱中焗燒，直到蠟紙烤成棕色且邊緣有些烤焦。再將紙包取出各別在4個餐盤中，上桌後再將紙包打開，香氣四溢。

焗烤沙丁魚茴香緞帶麵 PAPPARDELLE, SARDINE AND FENNEL BAKE

緞帶麵是一種寬、扁的義大利麵，非常適合用來做這道西西里島的料理。如果找不到緞帶麵則可用其他寬麵條，如雞蛋通心粉或筆管麵，同樣美味。另外若以鯷魚製作這道料理也非常。

材料（6人份）

材料	份量
茴香鱗莖	2顆
番紅花絲（切碎）	1大撮
沙丁魚（去掉脊椎和魚頭）	12條
橄欖油	60ml
珠蔥（切碎）	2根
大蒜（切碎）	2瓣
新鮮紅辣椒（去籽切碎）	2條
瀝乾罐裝鯷魚 （或去核黑橄欖8～12顆，切碎）	4片
續隨子（約2大匙）	30ml
松仁	75g
緞帶麵	450g
奶油	少量
佩克里諾起司（磨碎）	2大匙
鹽和黑胡椒粉	適量

❶ 烤箱預熱至200℃。將茴香鱗莖切成兩半放入鍋中，倒入加了鹽的開水，再加入番紅花絲水煮約10分鐘，直到茴香鱗莖變軟。撈出瀝乾後將茴香鱗莖切成小方丁、沙丁魚切丁並加入適量鹽和黑胡椒粉調味備用。

❷ 在長柄湯鍋中加熱橄欖油，放入珠蔥和大蒜瓣翻炒直到變色。加入辣椒和沙丁魚煎炸約3分鐘後，再放入茴香鱗莖小火翻炒3分鐘。如果蔬菜太乾，可加入一些煮茴香鱗莖的湯汁。

❸ 將鯷魚或黑橄欖放入鍋中，加熱1分鐘後，加續隨子和松仁翻炒並調味。小火慢燉3分鐘後熄火。

❹ 同時將煮茴香鱗莖剩下的湯倒入另一長柄湯鍋中，再加足夠的水煮麵條。放少量的鹽煮至沸騰後放入緞帶麵，煮約12分鐘，直到麵條漂起撈出瀝乾。

❺ 取一個耐熱的淺盤，在盤中塗上一層奶油後鋪上一層緞帶麵，再鋪上一層沙丁魚醬，重複此種作法，直到所有緞帶麵和沙丁魚均擺在盤中且最上層為沙丁魚。最後灑上磨碎的佩克里諾起司烘烤15分鐘，直到起泡並變成棕色。

義式龍蝦餃 LOBSTER RAVIOLI

這道菜最重要的一點是自製義大利餃皮，餃皮要求薄而美觀，這樣才配得上龍蝦肉做的餡。在開始製作之前，先用龍蝦殼與頭煮一碗高湯備用。

材料（4～6人份）

龍蝦	1隻
白吐司（去邊）	2片
蝦殼高湯	200ml
雞蛋	1顆
濃味鮮奶油	250ml
新鮮細香蔥 （切碎，另備一些裝飾用）	15ml
新鮮山蘿蔔（切碎）	15ml
鹽和白胡椒粉	適量
新鮮細香蔥（裝飾用）	適量

麵團

高筋麵粉	225g
雞蛋	2顆
蛋黃	2個

蘑菇醬

番紅花絲	1大撮
奶油	25g
珠蔥（切碎）	2根
洋菇（切碎）	200g
檸檬汁	半顆
濃味鮮奶油	200ml

❶ 麵粉過篩並加入一小撮鹽，然後將麵粉、雞蛋和另2個蛋黃放入食物處理器中攪拌，直到麵團感覺像粗麵包粉一樣。將其揉成平滑、偏乾的麵團後，用保鮮膜包起在冰箱中放置1小時。

❷ 將龍蝦肉切成大塊並放入碗中。將白吐司撕成小片，浸泡45ml高湯，倒入食物處理器中，再放入半顆雞蛋和30～45ml濃味鮮奶油攪打至平滑後，倒入龍蝦肉中攪拌，加入新鮮的細香蔥與山蘿蔔並以適量的鹽和白胡椒粉調味。

❸ 將麵團擀成0.3公分厚的皮，最好用義大利麵製麵機，也可以用擀麵棍製作，但比較辛苦。將麵團成四張長方形的餃皮，在擀好的皮上輕輕灑上些麵粉。

❹ 取一張餃皮鋪平，用湯匙舀出6份餡，間距為3公分，將剩下的雞蛋加1大匙水打散，刷在餡以外的餃皮上；取另一張餃皮蓋上。以相同方法完成另2張餃皮。

❺ 用指尖將餡餃皮的四邊捏緊以確保餡不會漏出，然後用車輪刀將包好的麵皮切成12個大小一樣的方餃。

❻ 將方餃在烤盤上擺成一層，用一塊保鮮膜或溼布覆後放入冰箱。

❼ 將番紅花絲浸泡在15ml約1大匙溫水中。在長柄湯鍋中融化奶油，放入珠蔥以小火翻炒直到變軟但尚未變色。

❽ 加入切碎的洋菇和檸檬汁，繼續小火翻炒直到所有湯汁幾乎煮乾。將番紅花連水一起放入鍋中，再加入濃味鮮奶油翻炒，小火慢燉直到醬漸漸變稠並保溫。趁這段時間開始料理方餃。

⑨ 另取一長柄湯鍋，倒入剩下的高湯燒至沸騰後，放入剩下的鮮奶油加熱，將湯汁燒至略稠調味後保溫。再取一大長柄湯鍋，倒入已加入鹽足量的水燒至沸騰，輕輕將方餃放入鍋中水煮3至4分鐘，直到餃皮變軟。

⑩ 將餐盤加熱，在每個盤中放入2個餛飩，若做為主菜則放入3個，取少量蘑菇醬淋在方餃上，再將剩下的蘑菇醬和魚醬澆在盤子邊緣。以切碎的及完整的新鮮細香蔥裝飾，趁熱上桌。

酒香蛤蜊義大利麵 LINGUINE ALLE VONGOLE

用最小的蛤蜊來做這道菜，從殼中吸吮蛤肉是件很有趣的事情。如果找不到這種細扁麵條，則可使用一般的義大利細麵條。

材料（4～6人份）	
較小的蛤蜊	675g
橄欖油	45ml
大蒜（切碎）	2大瓣
鯷魚醬 （或罐裝鯷魚片4片，瀝乾切碎）	1大匙
蕃茄（切碎）	400g
新鮮巴西里葉葉（切碎）	30ml
細扁麵條	450g
鹽和黑胡椒粉	適量

❶ 將較小的蛤蜊洗淨，去掉毛鬚後放到一個大長柄湯鍋中，加蓋後大火加熱約3至4分鐘，邊加熱邊搖晃，直到所有蛤都打開並去掉沒有打開的蛤蜊，將蛤撈出留下湯汁。可依個人喜好將殼去掉。

❷ 將油倒入鍋中加熱，加入大蒜翻炒約2分鐘直到變色，加入鯷魚醬或切碎的鯷魚肉攪拌後，放入蕃茄和留下的蛤蜊湯汁，加入巴西里葉將湯汁燒至沸騰。將火關小，慢燉約20分鐘直到醬變稠且味道變濃，加適量鹽和黑胡椒粉調味。

❸ 將細扁麵條放入開水中煮軟，撈出瀝乾後，把麵條放回鍋中。將蛤蜊放入蕃茄鯷魚醬中攪拌後，將醬倒在麵條上攪拌均勻即可上桌。

海鮮墨魚麵 BLACK FETTUCINE WITH SEAFOOD

用黑色的義大利麵配反差很大的粉色、白色或黃色的海鮮，製造出美麗的顏色。可以選用任何魚貝類來做這道料理，如烏賊、小槍烏賊、蛤蜊或竹蟶，味道都十分鮮美。

材料（4～6人份）	
淡菜（洗淨去鬚）	800g
橄欖油	45ml
白酒	105ml
大蒜（切碎）	2大瓣
大扇貝	150g
明蝦（部份去殼）	200g
墨魚寬扁麵	400g
鹽和黑胡椒粉	適量
新鮮巴西里葉（切碎）	30ml

料理小技巧

如果買不到墨魚麵，可以使用波菜麵或一般寬扁麵代替。

❶ 將淡菜放入長柄湯鍋中，倒入一大匙橄欖油，加入白酒，加鍋蓋大火加熱約3分鐘，邊加熱邊搖晃直到貝殼全部打開。去掉沒有打開的貝殼。將貝殼留在鍋中冷卻後去殼備用。

❷ 將剩下的油倒入深底煎炸鍋中，加入切碎的大蒜翻炒約1分鐘，不要將它煎至變色。加入扇貝煎炸1至2分鐘，直到扇貝變透明，再放入明蝦翻炒1分鐘。用漏杓將所有海鮮盛入碗中備用。把煎炸鍋留在手邊，一會兒還會用到。

❸ 同時，取一個大長柄湯鍋，按包裝指示以加鹽的開水將義大利麵煮軟，新鮮義大利麵約煮2分鐘後瀝乾。

❹ 把留下的淡菜湯汁倒入煎炸鍋中燒至沸騰，將火關小並調味。將海鮮放回鍋中，加熱幾秒鐘後，放入義大利麵攪拌，最後灑上巴西里葉裝飾即可上桌。

清炒蒜味蟹肉麵 STIR-FRIED NOODLES IN SEAFOOD SAUCE

接下來我們來介紹一道中式的麵食吧！或許你可從中發現它與義大利麵的異曲同工之妙！

材料（4～6人份）

中式雞蛋麵	225g
珠蔥	8根
蘆筍	8根
煎炸油	30ml
新鮮薑片	5cm
（去皮並切成火柴大小的條狀）	
大蒜（切碎）	3瓣
蠔油	60ml
水煮蟹肉（全部用白蟹肉，或2/3二 白蟹肉和1/3棕蟹肉）	450g
米酒醋	30ml
淡色醬油	15～30ml

❶ 將麵條放入大長柄湯鍋或炒菜鍋中，已加入鹽的開水需蓋過麵條，加蓋煮約3至4分鐘或參照包裝袋指示，撈出瀝乾備用。

❷ 將珠蔥頂端綠色部份切成薄片備用，將剩下的白色部份切成2公分長的蔥段，每段縱向切成4份。將蘆筍斜角切成2公分長的片狀。

❸ 把煎炸油放入長柄湯鍋或炒菜鍋中燒至高溫後加入薑絲、大蒜和蔥段，大火加熱約1分鐘。加入蠔油、蟹肉、米酒醋和醬油調味，翻炒22分鐘。加入麵條邊加熱邊攪拌直到麵條全熱了，最後在麵條上灑上蔥花即可上菜。亦可依個人喜好，配上一些蘆筍。

西班牙海鮮飯 SEAFOOD PAELLA

西班牙有多少地區，就有多少種料理西班牙海鮮飯的方法，海岸地區的作法多使用大量海鮮，而內陸地區一般都使用雞肉或豬肉。以下介紹的作法中，唯一的肉類是西班牙辣香腸，為這道料理增添獨特的風味。

材料（4人份）

材料	份量
橄欖油	45ml
西班牙洋蔥（切碎）	1顆
大蒜（切碎）	2大瓣
西班牙辣香腸（切片）	150g
小槍烏賊（洗淨）	300g
紅甜椒（切絲）	1顆
蕃茄	4顆
（去皮去籽切丁，或用200g罐裝蕃茄）	
雞肉高湯	500ml
白酒	105ml
西班牙短米或燉飯用米	200g
番紅花絲	1大撮
新鮮或冷凍豌豆	150g
明蝦（或8隻小龍蝦帶殼水煮）	12隻
新鮮淡菜（洗淨）	450g
中型蛤蜊（洗淨）	450g
鹽和黑胡椒粉	適量

❶ 將橄欖油倒入做燉飯的平底鍋或炒菜鍋中加熱，加入洋蔥和大蒜翻炒至半透明，加入西班牙辣香腸煎炸直到香腸變成淡金色。

❷ 如果槍烏賊很小則整隻料理，如果比較大則切成圈狀，並將腳切段；將槍烏賊放入鍋中大火翻炒約2分鐘。

❸ 加入紅椒絲和蕃茄丁，溫火慢燉約5分鐘，直到紅椒絲變軟。倒入高湯和白酒，攪拌並加熱至沸騰。

❹ 放入米飯和番紅花絲攪拌，並加入適量鹽和黑胡椒粉調味。把拌好的食物均勻攤開，待湯汁燒至沸騰後，將火關小慢燉約10分鐘。

❺ 加入豌豆、明蝦或小龍蝦、淡菜和蛤蜊，均勻拌入米飯中。再料理15至20分鐘，直到米飯炒軟，所有貝殼都打開，並去掉沒有打開的貝殼。如果海鮮飯有些乾，可以多加些熱雞肉高湯，將所有材料攪拌均勻趁熱上桌。

墨魚飯 RISOTTO NERO

如果可以購得有墨袋的槍烏賊或烏賊，則可以自己動手取出墨汁來做這道墨魚飯。相反地，如果買不到有墨袋的槍烏賊或烏賊，則可以直接到超市或從魚販那兒買來現成的墨汁。

材料（4人份）

小烏賊或槍烏賊	350g
烏賊墨汁	100g
淡魚肉高湯	1.2公升
奶油	50g
橄欖油	30ml
珠蔥（切碎）	3根
燉飯米	350g
白酒	105ml
新鮮巴西里葉葉（切碎）	30ml
鹽和黑胡椒粉	適量

❶ 如果烏賊或槍烏賊有墨袋，則將墨汁擠入一個小碗裡備用；將烏賊或槍烏賊切成圈，觸鬚切條備用。

❷ 將墨汁倒入魚肉高湯中並加熱至沸騰後，以小火慢燉。取一長柄湯鍋，放入一半奶油和所有橄欖油加熱，加入切碎的珠蔥翻炒約3分鐘，直到蔥變軟、變透明。

料理小技巧

可根據個人喜好，以其他魚肉或貝類代替烏賊或槍烏賊。

❸ 將烏賊或槍烏賊加入鍋中，輕輕翻炒約5至7分鐘直到肉變軟，然後加入米飯攪拌，使米飯上沾滿油脂。倒入白酒，小火慢燉直到所有水份都被米飯吸乾，再加入一匙高湯，邊加熱邊攪拌，直到湯汁被完全吸收。

❹ 繼續翻炒20至25分鐘，並一湯匙一湯匙地加入剩下的高湯，待前一湯匙完全吸收後再加入下一湯匙。

❺ 最後加適量的鹽和黑胡椒粉調味，然後放入切碎的巴西里葉攪拌熄火。將剩下的奶油攪入米飯中，使米飯具有光澤。即可將燉飯分別盛在4個加熱的餐盤中。

義式焗烤海鮮飯 SEAFOOD RISOTTO

現在在大多數超市中都可以買到已經處理好的綜合海鮮材料包，如蝦、槍烏賊和淡菜，使這道料理的製作更加簡便。

材料（4人份）

材料	份量
魚肉或貝類高湯	1公升
奶油	50g
珠蔥（切碎）	2根
大蒜（切碎）	2瓣
燉飯米	350g
白酒	150ml
乾番紅花粉 （或一小撮乾番紅花絲）	0.5小匙
綜合海鮮	400g
新鮮巴馬乾酪（磨碎）	30ml
新鮮巴西里葉葉 （切碎，裝飾用）	30ml
鹽和黑胡椒粉	適量

❶ 將魚肉或貝肉高湯倒入長柄湯鍋中加熱至沸騰後，小火慢燉保溫，以確保加入米飯時水是熱的。

❷ 取另一大長柄湯鍋，放入奶油融化，加入珠蔥和大蒜，小火炒直到蔥大蒜變軟但未變色。加入米飯攪拌，使米飯裹上奶油，然後倒入白酒，改以中火加熱注意攪拌，直到白酒完全被米飯吸收。

❸ 加入1湯匙熱高湯和番紅花絲，改以小火翻炒，注意攪拌直到湯被完全吸收。加入海鮮攪拌均勻，再加入1湯匙熱高湯，待完全收乾後再加入1湯匙，如此反覆料理約20分鐘，直到米飯完全膨脹變軟，但中間還有硬芯。

❹ 加入磨碎的新鮮巴馬乾酪，放入適量鹽和黑胡椒粉調味，最後灑上切碎的巴西里葉葉做裝飾，即可上桌。

其他選擇

這道菜中的海鮮還可以用去殼的明蝦或魚肉塊，如鱈魚或鮭魚肉。

料理小技巧

燉飯的米是做這道菜的關鍵。阿波理歐米或卡納羅利燉飯用米，在進口超市都可以買到。

健康輕食

有什麼比以魚肉或貝類做為主菜更有益健康？
我們應該每週至少兩餐以海鮮為主食——
尤其是油脂含量較高的魚類，對健康很有幫助。
以下介紹的都是色彩鮮艷而且相當吸引人的菜餚，
如燻培根烤鱈魚、摩洛哥香鯖魚和快炒鬼頭刀。
這些料理做來簡單，味道卻鮮美可口，
天然的美味讓健康飲食變為純然的享受。

清蒸萵苣比目魚捲 STEAMED LETTUCE-WRAPPED SOLE

如果有預算可用，最好用多佛產的比目魚來做這道菜。不然用檸檬鯛、鱒魚、歐鰈或菱鮃，也是很好的選擇。

材料（4人份）

比目魚肉片（去皮）	2大片
芝麻籽	1大匙
葵花油或花生油	15ml
芝麻油	2小匙
新鮮薑片（去皮後磨碎）	2.5公分
大蒜（切碎）	3瓣
醬油或魚露	15ml
檸檬汁	1顆
青蔥（切成細絲）	2根
軟萵苣葉	8大片
新鮮淡菜（洗淨去鬚）	12只

❶ 將比目魚肉片縱向切成2片，調味後備用，並將蒸鍋準備好。

❷ 取一大煎鍋加熱，倒入芝麻籽以小火炒熟，注意不要炒焦，炒好後倒入碗中備用。

❸ 以中火加熱葵花油或花生油，油熱後放入薑和大蒜翻炒直到變色，然後加入醬油或魚露、檸檬汁和蔥絲翻炒，關火並倒進芝麻籽翻炒。

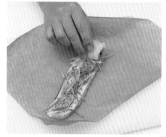

❹ 將魚片放在焗燒用紙上，外皮朝上，把薑大蒜芝麻等調味料均勻地灑在魚肉上後，將魚肉一片片捲好擺在烤架上。

❺ 將萵苣葉放入事先準備好的沸水中，迅速用夾子或漏杓撈出，平鋪在紙巾上，將水拍乾。將每個魚捲用2片萵苣葉捲好，並確保裡面的餡被完全包住。

❻ 把魚捲擺入蒸鍋中，加蓋小火蒸約8分鐘，加入淡菜再蒸2至4分鐘，直到淡菜殼打開。去掉沒有打開的貝殼，將萵苣比目魚捲分別放入4個加熱過的盤中，對半切開，擺上淡菜做裝飾即可上桌。

芥末甘藍黑線鱈 SMOKED HADDOCK WITH MUSTARD CABBAGE

這道菜做來簡單省時，不到20分鐘即可做好，味道十分可口，上菜時可配點新鮮馬鈴薯。

材料（4人份）

皺葉甘藍（或尖葉捲心菜）	1粒
天然燻製黑線鱈魚片	675g
牛奶	300ml
洋蔥（去皮後切成洋蔥圈）	0.5顆
月桂葉	2片
檸檬（切片）	0.5顆
白胡椒籽	4顆
熟透蕃茄	4顆
奶油	50g
全麥芥末醬	30ml
檸檬汁	1顆
鹽和黑胡椒粉	適量
新鮮巴西里葉 （切碎，裝飾用）	30ml

❶ 將捲心菜橫向切成兩半，除去蒂與梗後切絲。取一平底鍋倒入沸水，加入適量鹽，再放入捲心菜絲，水煮約10分鐘，直到菜葉煮軟或用蒸鍋將菜葉蒸熟，並將菜絲留在鍋中備用。

❷ 趁這段時間將黑線鱈放入平底鍋中，倒入牛奶、洋蔥和月桂葉，再放入檸檬片和胡椒籽，小火慢燉，直到魚肉可以小刀輕易剝片的程度。這個過程約需8至10分鐘，一般取決於魚片的薄厚。煮好後將鍋從火上取下備用，並預熱烤箱。

❸ 將4顆蕃茄橫向對半切開，放入烤盤，加適量鹽和黑胡椒粉調味，烤至番茄變成淡棕色。將捲心菜自鍋中取出，以冷水沖洗一遍後將水瀝乾。

❹ 把奶油放入平底鍋或炒菜鍋中融化，放入捲心菜翻炒約2分鐘後，加入芥末並調味，然後將捲心菜盛入預熱過的餐盤中。

❺ 把黑線鱈瀝乾去皮，切成4片擺在捲心菜絲上，再放上洋蔥圈和烤蕃茄。最後淋上檸檬汁，灑上切碎的巴西里葉葉裝飾即可上桌。

茴香海鱸魚 BAKED SEA BASS WITH FENNEL

海鱸魚擁有獨特的美味，但價格不菲，比較便宜的代替品為真鯛或鯛魚。上菜時配上清脆的四季豆拌大蒜汁橄欖油。

材料（4人份）

朝鮮薊	4顆
蕃茄（去皮切丁）	4顆
罐裝鯷魚	8條
番紅花絲（以30ml熱水浸泡）	1大撮
雞肉或魚肉高湯	150ml
紅或黃甜椒（去籽後每顆切成12條）	2顆
大蒜（切碎）	4瓣
新鮮馬鬱蘭（切碎）	1大匙
橄欖油	45ml
海鱸魚（去鱗洗淨）	1尾
鹽和黑胡椒粉	適量
巴西里葉（切碎，裝飾用）	適量

❶ 將烤箱預熱至200℃。朝鮮薊縱向切成4瓣，放入鹽水中煮約5分鐘後瀝乾，放入耐熱盤，加入適量黑胡椒粉調味備用。

❷ 將切丁的蕃茄和鯷魚放在朝鮮薊上，番紅花絲和浸泡的水一起放入高湯中攪拌後倒在番茄上。並將甜椒絲擺在朝鮮薊旁，再灑上大蒜和馬鬱蘭。並在甜椒上淋上30ml約2大匙橄欖油，以適量鹽和黑胡椒粉調味。

❸ 將準備好的蔬菜焗燒15分鐘，海鱸魚裡外灑上適量鹽和黑胡椒粉調味，魚放在朝鮮薊和甜椒上，將剩下的橄欖油淋在魚肉上，並放入烤箱中焗燒30至40多分鐘，直到鱸魚裡外均烤熟，可輕易用小刀將魚骨剔除，灑上巴西里葉裝飾即可上桌。

其他選擇

可依個人喜好，以大比目魚厚片或鱒魚來烹調此道料理。

摩洛哥香鯖魚 MOROCCAN SPICED MACKEREL

鯖魚營養豐富，對身體十分有益，但有些人認為鯖魚油脂太多，容易膩。這道料理在料理時加入了摩洛哥香料，能適當解決過於油膩的問題。

材料（4人份）

葵花油	150ml
匈牙利紅椒粉	1大匙
芫荽辛香料（或紅辣椒粉）	5～10ml
小茴香（磨碎）	2小匙
芫荽（磨碎）	2小匙
大蒜（拍碎）	2瓣
檸檬汁	2顆
新鮮薄荷葉（切碎）	2大匙
芫荽葉（切碎）	2大匙
鯖魚（洗淨）	4尾
鹽和黑胡椒粉	適量
檸檬片和薄荷莖（裝飾用）	適量

其他選擇

鱒魚、狐鰹、藍魚參或金槍鰭麗魚都可以這種方法烤來食用，味道十分不錯。

❶ 取一碗放入葵花油、香料、大蒜和檸檬汁攪拌後調味，放入碎薄荷葉和芫荽葉攪拌成香料醬。

❷ 在每尾魚的兩側用小刀斜劃2、3刀，使魚肉更能吸收醬汁。將香料醬倒入非金屬製的大淺盤中，需大得足夠將魚平鋪於盤底。

料理小技巧

此道香鯖魚還可以放在烤肉架上烤製，請確認在放上烤魚前，煤炭已經燒至很熱。將鯖魚串在相連的烤架會較便於翻面，每面烘烤7至10分鐘。

❸ 放入鯖魚，兩面皆沾上醬汁，再用湯匙將醬汁順著切口倒入魚肉中。然後以保鮮膜蓋好，放入冰箱靜置至少3小時。亦可依個人喜好多放一會兒，以便醬汁可以完全被魚肉吸收。

❹ 要開始料理鯖魚時，先將烤箱以中火預熱，並將鯖魚放在烤架上，每面焗燒7至10分鐘直到魚肉烤好，將魚肉反覆抹上醬汁。趁熱上桌或冷卻後配上檸檬片和薄荷莖，香草風味的蒸丸子或米飯也是極佳的配菜。

紙包烤魚 ORIENTAL FISH EN PAPILLOTE

打開紙包就有清新的芳香撲鼻而來，如果不喜歡東方口味，可以用白酒、香草和新鮮蔬菜來料理，或用地中海口味的配菜，如番茄、羅勒和橄欖。

材料（4人份）

胡蘿蔔	2條
小胡瓜	2條
青蔥	6根
薑片（去皮）	2.5cm
酸橙	1顆
大蒜（切成薄片）	2瓣
照燒醬或魚露	2大匙
澄清的芝麻油	1～2小匙
鮭魚肉片（每片約200g重）	4片
黑胡椒粉	適量
米飯	適量

其他選擇

新鮮的無鬚鱈、大比目魚、鬼頭刀和新鮮或燻製的黑線鱈與鱈魚厚片都可以用來做這道菜，同樣美味。

❶ 將胡蘿蔔、小胡瓜和青蔥切成火柴大小的條狀後備用，薑片也切成火柴大小的條狀後放入一個碗中，用刨絲刀將酸橙的表皮輕輕削下，將皮跟薑條放一起，再加大蒜片，並將酸橙的汁榨出。

❷ 把照燒醬或魚露放入碗中，倒入酸橙汁和芝麻油攪拌。

❸ 烤箱預熱到220℃。剪下四張圓形的焗燒用紙，每張直徑40公分。鮭魚以黑胡椒粉調味後，在每張紙的一邊放上一片鮭魚，約距離紙中心約3公分，把調好的薑大蒜汁均勻灑在魚肉上，再於每片肉上放上一小堆切好的蔬菜，最後淋上照燒醬或魚露。

❹ 再把未放魚肉的一邊紙折起，蓋在魚肉上，將四邊封起包好包緊。

❺ 將鮭魚紙包放在烤箱烤約10至12分鐘，具體時間取決於魚肉的厚度。烤好後將鮭魚紙包放入餐盤中，配上米飯一起上桌。

燻培根烤鱈魚 ROAST COD WITH PANCETTA AND BUTTER BEANS

這道菜是將鱈魚排裹在燻培根中烘烤，很適合晚餐食用。上菜時可於盤底鋪一層白鳳豆，旁邊再擺上幾顆烘烤過的聖女蕃茄。

材料（4人份）

白鳳豆（前一晚用冷水泡開）200g	
青蒜（切成細絲）	2根
大蒜（切碎）	2瓣
新鮮鼠尾草葉	8片
果香橄欖油	90ml
燻培根薄片	8片
鱈魚排（去皮）	4塊
聖女蕃茄	12顆
鹽和黑胡椒粉	適量

❶ 將白鳳豆瀝乾，放入平底鍋中，倒入冷水需蓋過豆子並燒至沸騰，撈出浮沫後，將火關小放入青蒜、大蒜瓣、4片鼠尾草葉和30ml橄欖油攪拌。小火慢燉1至1.5小時直到豆子煮軟，如必要再加入適量冷水。煮好後瀝乾放入適量鹽和黑胡椒粉調味，再加入30ml橄欖油攪拌並保溫。

❷ 烤箱預熱至200℃，每片魚排裹上兩片燻培根，用細線或牙籤穿上以固定，並在魚肉和燻培根間插入一片鼠尾草葉並以適量鹽和黑胡椒粉調味。

❸ 取一深底煎鍋加熱，放入1大匙果香橄欖油，每次放入2塊魚排，每面煎約1分鐘後盛入耐熱盤中，烘烤5分鐘。

❹ 盤中放入聖女蕃茄，並淋上剩餘的橄欖油再放入烤箱烘烤5分鐘，直到魚肉烤好，但不要烤太乾。盤底鋪一層白鳳豆，配上烤好的聖女蕃茄一同上桌。可依個人喜好加入適量巴西里葉做配菜。

其他選擇

這道料理中的白鳳豆可以白腰豆代替，燻培根亦可以培根代替，而魚肉也可以有多種選擇，如大比目魚、無鬚鱈、黑線鱈或鮭魚。

香草鯊魚排 HERBED CHARGRILLED SHARK STEAKS

鯊魚肉多是瘦肉，脂肪含量非常低，味道可口。其他質地堅實的魚肉如鮪魚、狐鰹或旗魚同樣適用於這道菜。這道菜也是野外燒烤的首選之一，上菜時可以配上味道強烈的蕃茄沙拉。

材料（4人份）

橄欖油	45ml
新鮮月桂葉（切碎）	2片
新鮮羅勒葉（切碎）	1大匙
新鮮奧勒岡（切碎）	1大匙
新鮮巴西里葉葉（切碎）	2大匙
新鮮迷迭香（切碎）	1小匙
新鮮百里香葉	1小匙
大蒜（拍碎）	2瓣
瀝乾油漬蕃茄乾（切碎）	4片
鯊魚排（每塊約200g）	4塊
檸檬汁	1顆
瀝乾醋漬小續隨子（可省略）	1大匙
鹽和黑胡椒粉	適量

❶ 將油、香草、大蒜瓣和曬乾的蕃茄放入碗中攪拌，倒入一個大淺盤，盤子的大小需足以將4塊魚排鋪成一層。以適量鹽和黑胡椒粉調味，並在兩側刷上檸檬汁，將魚排平鋪在淺盤中，翻面使其兩面皆沾滿香草，加蓋放入冰箱靜置1至2小時。

❷ 將烤盤或橫紋平底鍋加熱至高溫，鯊魚排從醬汁中取出，用紙巾輕輕拍乾，放入鍋中每面煎烤約5分鐘至魚肉熟透。醬汁倒入長柄小湯鍋中燒至沸騰，若選用續隨子花，則於此時放入鍋中，完成後將湯汁淋在魚排上，即可上桌。

紅燒扇貝明蝦 CHINESE-STYLE SCALLOPS AND PRAWNS

這道菜口味清淡美味，適合於午餐或晚餐食用，上菜時配上米飯、米粉或炒白菜。

材料（4人份）

炒菜油或葵花油	15ml
明蝦（去殼）	500g
八角	1顆
扇貝（如果太大顆則橫向切成兩半）	225g
新鮮薑片（去皮磨碎）	2.5公分
大蒜（切成薄片）	2瓣
紅甜椒（去籽切絲）	1顆
椎茸或洋菇（切薄片）	約115g
檸檬汁	1顆
太白粉（混合30ml冷水攪成糊狀）	1小匙
淡色醬油（約2大匙）	30ml
新鮮細香蔥（切段，裝飾用）	適量
鹽和黑胡椒粉	適量

❶ 將油倒入炒菜鍋中燒熱，放入明蝦和八角大火翻炒約2分鐘。放入扇貝、薑和大蒜瓣，再翻炒至少1分鐘，此時蝦已呈粉色，扇貝已呈透明。以適量鹽和黑胡椒粉調味後，用漏杓撈出並去掉八角。

❷ 將紅甜椒和洋菇放入炒菜鍋中翻炒1至2分鐘，加入檸檬汁、太白粉水煮至沸騰，再煮1至2分鐘，注意攪拌直到醬汁平滑，有些變稠。

❸ 將明蝦和扇貝放入醬汁中翻炒幾秒鐘，使海鮮熱透，以適量鹽和黑胡椒粉調味，以細香蔥段裝飾即可上桌。

其他選擇

除了明蝦和扇貝，還可以選擇其他甲殼類來料理這道料理，如槍烏賊圈、淡菜、蛤蜊或其他堅實的白肉魚，如以鮟鱇魚肉與扇貝搭配。

魚肉酥皮派 FILO FISH PIES

這道以酥皮包裹魚肉製成的派，可以任何肉質堅實的白肉魚製成，如大西洋胸棘鯛、鱈魚、大比目魚或鬼頭刀等，上菜時可佐以生菜和蛋黃醬。

材料（6人份）

菠菜	400g
雞蛋（輕輕打散）	1顆
大蒜（搗成泥）	2瓣
大西洋胸棘鯛或其他白肉魚片	450g
檸檬汁	1顆
奶油	50g
薄片酥皮	8～12張
新鮮細香蔥（切段）	15ml
低脂法式鮮奶油	200ml
新鮮蒔蘿（切碎）	15ml
鹽和黑胡椒粉	適量

其他選擇

如果想做一個較大的派，可以用一只8吋模型烘烤45分鐘。

❶ 烤箱預熱至190℃。菠菜洗淨後放入有蓋深底鍋中，水加至蓋過菜葉，待菜葉煮軟馬上撈出，擠乾水份後切碎放入碗中，加入雞蛋和大蒜瓣，並以適量鹽和黑胡椒粉調味備用。魚肉切丁放入另一碗中，加入檸檬汁攪拌，以適量鹽和黑胡椒粉調味，輕輕攪拌。

❷ 取6個5吋餡餅盤，以融化奶油塗抹於盤子內側後，將2張酥皮呈十字狀重疊，並於中間刷上奶油後鋪於盤中後再刷上一層奶油，以同樣方法鋪好其他餡餅盤。

❸ 將菠菜葉均勻地擺在酥皮上，放入魚肉丁後調味；法式鮮奶油中加入細香蔥攪拌好後淋在魚肉丁上再灑上蒔蘿。

❹ 將掛在盤子外的酥皮蓋在餡上並刷上奶油，放入烤箱烤約15至20分鐘，直到餡餅變成金黃帶棕色

快炒鬼頭刀 HOKI STIR-FRY

任何質地堅實的白肉魚，如鮟鱇魚、無鬚鱈或鱈魚，都可以用來做這道料理。蔬菜則可依季節與地域的不同而有各種變化，但建議至少包括三種顏色的蔬菜。蝦仁炒飯與這道料理的搭配，尤其完美。

材料（6人份）

材料	份量
鬼頭刀魚片（去皮）	675g
五香粉	1小撮
胡蘿蔔	2條
小豌豆	115g
蘆筍尖端	115g
青蔥	4根
花生油或炒菜油	45ml
新鮮薑片（去皮切細長條）2.5cm	
大蒜（切碎）	2瓣
豆芽	300g
玉米筍	8～12根
淡色醬油	15～30ml
鹽和黑胡椒粉	適量

❶ 將鬼頭刀切成手指大小的條狀，以適量鹽、黑胡椒粉和五香粉調味，並將胡蘿蔔切成像豌豆般長的條狀。

❸ 熱鍋後倒油，待油熱後立即加入薑和大蒜快炒1分鐘，加入蔥白再翻炒1分鐘。

料理小技巧

在熱鍋中倒入油時，順著鍋緣繞圈將油倒入，以便油流過整個內側，倒入後可將鍋端起旋轉，使油均勻遍布。

❹ 加入切成條的鬼頭刀翻炒2至3分鐘，直到魚肉變透明；放入豆芽翻炒，使豆芽裹上油後放入胡蘿蔔、豌豆、蘆筍和玉米筍繼續翻炒3至4分鐘直到魚肉熟透，但蔬菜依然清脆。加入醬油調味翻炒後放入青蔥炒一下即可上桌。

❷ 豌豆去蒂，將蘆筍切成兩半，將蔥切成2公分斜片並將蔥白與青色部份分開放備用。

海鮮什錦 BRAISED BREAM WITH SEAFOOD

這道富有變化的料理卡路里含量雖低，卻香氣四溢，可選用任何你喜歡的海鮮來料理，新鮮或冷凍的皆可（加入一些帶殼淡菜或蛤蜊，味道更加吸引人）。上菜時可佐以麵條或義大利貝殼麵。

材料（4人份）

橄欖油	約30ml
洋蔥（切成細片）	1顆
黃或橘色甜椒（去籽後切條）	1顆
蕃茄醬	400ml
白酒或魚肉高湯	45ml
小胡瓜（切片）	2條
鯛魚肉片（去皮切塊）	350g
綜合貝類	450g
檸檬汁	半顆
新鮮馬鬱蘭或羅勒葉（切絲）	15ml
鹽和黑胡椒粉	適量
羅勒葉（裝飾用）	適量
義大利麵或麵條	適量

❶ 將橄欖油倒入大煎鍋中加熱，加入洋蔥絲和甜椒絲翻炒約2分鐘，直到洋蔥變透明。

料理小技巧

如果可準備的時間很短，可使用400ml罐裝番茄醬。

❷ 倒入蕃茄醬、白酒或魚肉高湯攪拌並燒至沸騰後，將火關小慢燉約2分鐘。

❸ 加入小胡瓜和魚塊，加蓋溫火慢燉5分鐘，略微攪拌或翻炒一下。加入貝殼翻炒使其沾滿醬。

❹ 以適量鹽、胡椒粉和檸檬汁調味，加蓋慢燉2至3分鐘，直到貝類熱透。放入切好的新鮮馬鬱蘭或羅勒葉攪拌，上菜時佐以麵條或義大利麵並以羅勒葉裝飾。

其他選擇

真鯛、鱸魚或紅鰹都可作為替代品製作這道料理。

馬來西亞清蒸鱒魚 MALAYSIAN STEAMED TROUT FILLETS

這道菜做來非常省時，並可用任何魚肉來料理，上菜時可於底下鋪些麵條，再配些顏色豐富的蔬菜絲。

材料（4人份）

薄厚一致的粉色鱒魚（每塊約115g，去皮）	8片
椰奶	45ml
酸橙汁（皮磨碎）	2顆
芫荽葉（切碎）	3大匙
葵花油或花生油	15ml
辣椒油	2.5～5ml
鹽和黑胡椒粉	適量
酸橙片和芫荽枝（裝飾用）	適量

❶ 裁下4張長方形蠟紙或烘烤用紙，大小約是魚片的2倍。在每張紙上放上一片魚片並加以調味。

❷ 將椰奶、酸橙皮和切碎的芫荽葉混合，並均勻倒在4塊魚肉上，如三明治般再加上一片魚。將酸橙汁和油混合，再依個人喜好加入適量辣椒油，拌勻滴在鱒魚三明治上。

❸ 準備蒸鍋，將紙的四邊捲起裹好，確保魚肉被封好。將紙包放在蒸籠上以文火蒸10至15分鐘，具體時間取決於魚片厚度，蒸好後立即上桌。

精緻美食

單純以精緻度來說，
魚貝類的美味已是其他食材難以望其項背，
烹飪前的準備省事又容易，
更是款待客人的首選。
鹽燜全魚看來誘人，味道更是一絕，
但若想要味道一流的菜餚，
可以用起司焗龍蝦、烏賊蔬菜捲或奶油牡蠣鰈魚來宴客。
無論何種場合，
這些菜餚都能使你的客人讚不絕口。

胡椒無鬚鱈排 HAKE AU POIVRE WITH RED PEPPER RELISH

這道菜是經典胡椒牛排的魚肉版，可以用鮟鱇魚或鱈魚來代替無鬚鱈，胡椒籽的用量可依個人口味不同而改變用量。

材料（4人份）	
綜合胡椒籽（黑、白、紅、綠）	
	2～3大匙
無鬚鱈排（每塊約175g）	4塊
橄欖油	30ml
紅椒配菜	
紅甜椒	2顆
橄欖油	15ml
大蒜（切碎）	2瓣
蕃茄（去皮去籽切成4瓣）	4顆
瀝乾罐裝鯷魚肉（切碎）	4塊
續隨子	1小匙
紅葡萄醋	15ml
新鮮羅勒葉（切絲）	12片
鹽和黑胡椒粉	適量

❶ 將胡椒籽於研缽中粗略搗碎，或放入乾淨塑膠袋中以擀麵棍壓碎，無線鱈魚片上以鹽微微調味後均勻沾上胡椒碎粒備用。

❷ 縱向切開紅甜椒，去籽後將肉切成1公分寬的條狀。於有蓋炒菜鍋或淺底鍋中加熱橄欖油後，放入甜椒翻炒約5分鐘直到微微變軟，加入大蒜瓣、蕃茄和鯷魚翻炒後，蓋上鍋蓋文火慢燉約20分鐘，直到甜椒變得極軟。

❸ 將甜椒盛入食物處理器中攪拌成泥狀後盛入碗中調味，加入續隨子、紅葡萄醋和羅勒葉攪拌並保溫。

❹ 在淺底鍋中加熱橄欖油後，放入無鬚鱈排，如果一次放不下，則分批煎。煎時注意翻面，直到魚肉剛好煎熟。

❺ 將魚肉分別盛於4個餐盤中，每盤舀入適量紅椒配菜並擺上羅勒葉裝飾，再倒上少量紅葡萄醋，上菜時另外搭配未用完的紅椒配菜。

摩洛哥塔吉魚 MOROCCAN FISH TAGINE

這道辛香的菜餚恰到好處地凸顯出以魚肉作為食材的美妙之處，上菜時可佐以碎薄荷調味的蒸丸子。

材料（8人份）

結實的魚片 （去皮後切成5公分肉塊）	1400g
橄欖油	60ml
洋蔥（切碎）	4顆
大茄子（切1公分丁）	1條
小胡瓜（切1公分丁）	2條
能切碎的蕃茄	400g
蕃茄調味醬	400ml
魚肉高湯	200ml
醃漬檸檬（切碎）	1顆
橄欖	90g
芫荽葉（切碎）	4大匙
鹽和黑胡椒粉	適量
芫荽枝（裝飾用）	適量

芫荽辛香料

新鮮紅辣椒（去籽切碎）	3大條
大蒜（去皮）	3瓣
芫荽（磨碎）	1大匙
小茴香（磨碎）	2大匙
肉桂（磨碎）	1小匙
檸檬皮（磨碎）	1顆
葵花油	30ml

❶ 將所有材料放入食物處理器中攪拌成糊狀。

料理小技巧

為使魚肉味道更好，還可以加入225g水煮鷹嘴豆。

❷ 將魚塊放入一個寬口碗中，加入2大匙芫荽辛香料，翻攪使魚肉充分沾上辛香料後，加蓋冷卻至少1小時或於前一天準備好。

❸ 取一半油倒入大淺底鍋中，放入洋蔥翻炒約10分鐘，直到洋蔥變金黃色。放入剩下的辛香料翻炒5分鐘並勤加攪拌。

❹ 將剩下的橄欖油倒入另一淺底長柄湯鍋中，加入茄子丁翻炒約10分鐘，直到茄子變

為金黃帶棕色，加入小胡瓜丁再翻炒2分鐘。

❺ 將炒好的蔬菜丁倒入步驟3的醬料中，加入切碎蕃茄、蕃茄調味醬和魚肉高湯。將其煮沸後小火慢燉約20分鐘。

❻ 燉好後放入魚肉塊、醃漬檸檬和橄欖後輕輕攪拌，加蓋小火慢燉15至20分鐘，直到魚肉熟透。調味後再放入切碎的芫荽攪拌，可依個人喜好佐以蒸丸子，放上2枝芫荽作裝飾即可上桌。

西班牙辣腸拌槍烏賊 GRILLED SQUID WITH CHORIZO

煎鍋或帶橫紋的平底鍋是做這道菜的最佳工具，但若是你兩者都沒有的話，就使用間接加熱的方式，但須確定溫度夠高。如果你只能找到中等大小的槍烏賊，那麼每份供應2隻，並將其從尾部到腹腔切成兩半。

材料（6人份）

小槍烏賊（洗淨）	24隻
原生橄欖油	150ml
西班牙辣腸（平均切成12片）	300g
蕃茄（對半切開並灑上適量鹽和黑胡椒粉調味）	3顆
檸檬汁	1顆
水煮小馬鈴薯（對半切開）	24顆
新鮮箭生菜葉	1把
鹽和黑胡椒粉	適量
檸檬片（裝飾用）	適量

❶ 將槍烏賊身體和觸鬚分開，如果身體很大就縱向切成兩半。

❷ 取一半橄欖油倒入碗中以適量鹽和黑胡椒粉調味，放入槍烏賊攪拌，並將鍋燒熱。

❸ 加熱槍烏賊，每面料理約40秒鐘，直到肉變軟變透明後撈出裝盤並保溫；放入槍烏賊鬚每面料理約1分鐘後裝盤。放入西班牙辣香腸，每面料理約30秒，直到顏色變金黃帶棕色後盛起。放入蕃茄瓣，每面料理1至2分鐘，直到變軟變棕色。

❹ 馬鈴薯和箭生菜葉放入一個大碗中。

❺ 檸檬汁和剩下的油倒入另一碗中攪拌並調味後，將醬汁倒在馬鈴薯和箭生菜上，留下約30ml在碗中。輕輕攪拌後分別盛入6個餐盤中，將槍烏賊、番茄和辣腸分成6份放入餐盤中，最後再將預留的醬汁倒在上面，加上檸檬片裝飾即可上桌。

烤比目魚捲 SOLE WITH WILD MUSHROOMS

如果可以，最好用雞油菌菇來做這道菜，它的鮮橙色與這道菜中金黃色的調味醬顏色尤其搭配。如果沒有雞油菌菇，也可選用其他灰白色的蘑菇，或姬菇代替。

材料（4人份）

多佛比目魚片（每塊約115g，去皮）	4塊
奶油（約4大匙）	50g
魚肉高湯	500ml
雞油菌菇	150g
番紅花絲	1大撮
濃味鮮奶油	150ml
蛋黃	1顆
鹽和白胡椒粉	適量
新鮮巴西里葉（切碎）	適量
巴西里葉莖（裝飾用）	適量
馬鈴薯（水煮）	適量

❶ 烤箱預熱到200℃。將比目魚縱向切成兩半，皮朝上放在砧板上，以適量的鹽和白胡椒粉調味後捲起。取一烤盤大小需足以鋪滿所有魚片，盤子塗上奶油後放上比目魚捲，倒入魚肉高湯。用鋁箔將盤子緊緊封好，烘烤12至15分鐘，直到魚肉熟透。

❷ 同時去除雞油菌菇上其他雜質後，用濕布將菇擦淨，較大塊的菇切成2瓣或4瓣。以煎鍋加熱剩下的奶油至起泡，放入雞油菌菇翻炒3至4分鐘直到炒軟，以適量的鹽和白胡椒粉調味後保溫。

❸ 取出烤好的比目魚片，放入加熱過的餐盤中保溫，將剩下的高湯倒入長柄小湯鍋中，加入番紅花絲煮至沸騰，並燒到只剩約250ml的湯汁。加入濃味鮮奶油邊加熱邊攪拌，直到醬汁起泡。

❹ 在小碗中輕輕打散蛋黃，並倒入一些步驟3的醬汁在碗中攪拌均勻後，再倒回醬汁的鍋中攪拌，以微火加熱1至2分鐘，直到醬汁微微變稠。調味後放入雞油菌菇攪拌均勻，淋在比目魚片上，配上煮熟的新馬鈴薯並擺上巴西里葉莖作裝飾即可上桌。

起司焗龍蝦 LOBSTER THERMIDOR

這一道經典的法式料理，使原先沒沒無聞的龍蝦從此名聞遐邇。最好選用一隻大龍蝦而不是用2隻小龍蝦來料理，因大龍蝦的肉較多，也較鮮甜。最理想的方法是買活龍蝦自己煮，但從魚販那兒買熟龍蝦來料理亦無不可。

材料（6人份）

大龍蝦	0.8～1公斤
白蘭地酒	45ml
奶油	25g
珠蔥（切碎）	2根
洋菇（切薄片）	115g
中筋麵粉	15ml
魚肉或貝類高湯	105ml
濃味鮮奶油	120ml
法式第戎芥末醬	5ml
蛋黃（打散）	2顆
白酒	45ml
新鮮巴馬乾酪（磨碎）	3大匙
鹽、黑胡椒粉和紅辣椒粉	
	適量

❶ 將龍蝦縱向切成兩半，將螯敲碎並去掉胃囊，蝦黃留做其他料理用。將蝦肉連尾帶螯地完整從殼中取出後，切成大塊丁。切好後放入淺盤，灑上白蘭地加蓋備用，蝦殼擦淨晾乾備用。

❷ 長柄湯鍋中加熱融化奶油，將蔥以小火炒軟後，加入蘑菇炒熟，放入中筋麵粉和一小撮紅辣椒粉翻炒約2分鐘，慢慢加入高湯邊加熱邊攪拌，直到醬汁沸騰並開始變稠。

❸ 醬汁中加入濃味鮮奶油和法式第戎芥末醬，繼續料理至醬汁滑順濃稠。以適量鹽、黑胡椒粉和紅辣椒粉調味，將一半的醬汁倒入打散的蛋黃中攪拌，再倒回盛放其餘醬汁的鍋中，加入白酒攪拌調味。多放些紅辣椒粉，味道會更好。

❹ 烤箱預熱到中溫，將龍蝦丁和白蘭地倒入醬汁中攪拌均勻，將龍蝦殼放在烤盤上後，將龍蝦肉與醬汁分別填入兩殼中，灑上巴馬乾酪後烘烤至顏色變為棕色。上菜時可佐以米飯和沙拉。

義式香煎紅鰹火腿捲 RED MULLET SALTIMBOCCA

以番紅花磨擦魚皮能使紅鰹的紅色更加鮮豔，搭配上帕瑪火腿更是美觀。可依個人喜好，於上菜時佐以各色焗燒地中海風味蔬菜與酥脆的烤四季豆。

材料（6人份）

紅鰹魚片（去鱗不去皮）	8片
番紅花絲或番紅花粉	一小撮
橄欖油	15ml
新鮮鼠尾草葉	8片
帕瑪火腿	8片
奶油	25g
綜合橄欖	150ml
鹽和黑胡椒粉	適量

醬汁

細砂糖	1大匙
紅葡萄醋	105ml
原生橄欖油	300ml
紅甜椒（切丁）	適量
小胡瓜（切丁）	1條
蕃茄（去皮去籽後切丁）	1顆

❶ 將4片紅鰹魚片帶皮兩面各以小刀劃3至4刀，並皆以少許鹽和黑胡椒粉調味。若選用番紅花絲則擦魚皮上；若選用番紅花粉則將粉灑在皮上，淋上幾滴橄欖油，以手指將番紅花擦進魚肉中，可使魚皮顏色更加鮮紅。

❷ 不沾鍋加熱後魚皮朝下放入魚片，大火加熱2分鐘，以紙巾將油吸乾，待涼處理。

❸ 每片魚肉上放一片鼠尾草葉，再以帕瑪火腿薄片整個捲起。於煎鍋中融化奶油並加熱至起泡後，放入魚片火腿捲，每面大火加熱1至2分鐘直到顏色變成淡黃色後，將火腿捲放入加熱的餐盤中保溫，並開始準備醬汁。

❹ 將糖和紅葡萄醋倒入長柄小湯鍋中，大火加熱至沸騰再熬成糖漿狀。

❺ 趁此時，將橄欖油倒入碗中，放入切丁的蔬菜攪拌並調味，再倒入糖醋醬攪拌好後淋在火腿捲上面和盤子周圍，最後擺上橄欖裝飾即可上桌。

大蒜烤鮟鱇魚 ROAST MONKFISH WITH GARLIC

將鮟鱇魚綁起烘烤的這種作法在法式料理中被稱作「烤羊腿」（GIGOT），因為它的樣子看起來很像一條小羊腿。大蒜與鮟鱇魚是完美絕配。為構成顏色的反差，上菜時可佐以一些色彩鮮明的蔬菜或四季豆。

材料（4～6人份）

材料	份量
鮟鱇魚尾（去皮）	1公斤
大蒜瓣	14瓣
新鮮百里香葉	1小匙
橄欖油	30ml
檸檬汁	1顆
月桂葉	2片
鹽和黑胡椒粉	適量

❶ 烤箱預熱至220℃。去掉魚尾上的薄膜和中間的長骨，剝兩瓣大蒜並切成薄片，取一半和一半百里香葉灑在魚尾被切開的那面後，將魚尾用線綁上，模樣就像根帶肉的骨頭，並用紙巾將魚尾拍乾。

❷ 在魚尾兩邊劃出一些切口後，填入剩下的大蒜片。取一半橄欖油倒入煎鍋中加熱至可以安全放入烤箱中使用。油熱後放入鮟鱇魚煎至顏色變為棕色後再持續煎約5分鐘，使顏色均勻。以鹽和黑胡椒粉調味，再灑上檸檬汁和剩下的百里香葉。

❸ 將月桂葉塞在鮟鱇魚下，並於旁邊擺好剩餘的大蒜（未去皮），將剩餘的橄欖油淋在魚肉和大蒜上後，送入烤箱中烘烤20至25分鐘，直到魚肉完全烤好。

❹ 將魚盛放在加熱過的餐盤中，配上大蒜和一些四季豆。上菜前將線取下，並將魚尾切成2公分厚的魚片。

料理小技巧

步驟3中，送入烤箱的大蒜頭可整顆使用且不剝皮。將鮟鱇魚上菜時，可請客人用叉子將烤軟的大蒜瓣剝開，並把湯汁淋在魚肉上。

海鱸魚照燒 SEA BASS WITH GINGER AND LEEKS

這道料理可以選用整條海鱸魚或厚魚片，以鯛魚、真鯛、烏魴或藍魚參 來代替海鱸魚味道也很不錯。可依個人喜好，於上菜時佐以炒飯和中式的炒青菜，如大白菜。

材料（4人份）

海鱸魚 （去鱗後洗淨）	1.4～1.5公斤
青蔥	8根
照燒醬或深色醬油	60ml
太白粉	2大匙
檸檬汁	1顆
米酒醋	30ml
薑粉	1小匙
炒菜油或花生油	60ml
青蒜（切絲）	2根
新鮮薑（去皮磨碎）	2.5公分
雞肉或魚肉高湯	105ml
米酒或雪利酒	30ml
糖	1小匙
鹽和黑胡椒粉	適量

❶ 在海鱸魚兩面各以小刀劃幾刀，以便魚肉更容易吸收味道，魚肉內外均以適量鹽和黑胡椒粉調味。蔥挑好後縱向切成兩半，斜切成2公分片狀。將一半的蔥放入鱸魚腹內，另一半備用。

❷ 在大淺盤中混合照燒醬或深色醬油、太白粉、檸檬汁、米酒醋和薑粉並攪拌成均勻的糊狀，放入鱸魚使其每面均沾滿醃料，注意切口內也要沾到醃料，將其靜置20至30分鐘，中途需翻面幾次。

❸ 加熱炒菜鍋或煎鍋，鍋需大到足以裝下整尾鱸魚，鍋熱後放油，加入青蒜和磨碎的薑並輕輕翻炒約5分鐘，直到青蒜變軟。撈出青蒜和薑並以紙巾將油吸乾，其餘的油先留置鍋中。

❹ 將海鱸魚從醃料中撈出，慢慢放入用薑蔥炒過的熱油中，以中火每面煎2至3分鐘。把高湯、米酒或雪利酒和糖倒入醃料中攪拌，以鹽和黑胡椒粉調味，攪拌後倒在鍋內的鱸魚上。將青蒜、薑和青蔥都放回鍋中，加蓋小火慢燉約15分鐘，直到魚肉全部熟透，即可趁熱上桌。

香草焗龍蝦 GRILLED LANGOUSTINES WITH HERBS

這道作法簡單的菜餚同時凸顯了小龍蝦的色澤和風味，最好能選用活蝦來製作這道料理，且蝦的體型越大越好，一般5、6隻蝦為1人份。也可用龍蝦與淡水螯蝦製作這道菜，味道同樣鮮美。

材料（4～6人份）

原生橄欖油	60ml
榛子油	60ml
新鮮羅勒、細香蔥、山蘿蔔、巴西里葉和龍蒿（切碎）	1大匙
薑粉	一小撮
小龍蝦	20～24隻
檸檬片和箭生菜葉（裝飾用）	適量
鹽和黑胡椒粉	適量

料理小技巧

如果選用的是已經煮好的小龍蝦，那麼只需烘烤2至3分鐘，烤熱即可。另外，可準備一盆溫水及足夠紙巾供客人潔手。

❶ 烤箱預熱至高溫，在小碗中混合橄欖油和榛子油，加入所有香草及一小撮薑粉和適量鹽和黑胡椒粉，攪拌均勻直至油汁變稠。

❷ 如果選用活的小龍蝦，則將其放入開水中浸泡1至2分鐘後瀝乾冷卻。

❸ 將小龍蝦縱向切開，準備一個烤盤鋪上鋁箔後，擺上小龍蝦並淋上香草油。

❹ 焗燒8至10分鐘，過程中塗油2至3次，直到小龍蝦烤好並呈淡棕色。

❺ 將蝦放到預熱的餐盤中，倒入焗燒後留下的湯汁即可上桌，上菜時佐以檸檬片和箭生菜作裝飾。

鹽烤海鱸魚 SEA BASS IN A SALT CRUST

以粗海鹽烘烤魚類，除可增加烤魚的香味還可以帶來海洋的氣息，任何肉質堅實的魚類都可用來做這道料理。食用時剝開海鹽，就能聞到一股魚香味撲鼻而來。

材料（4人份）

海鱸魚（洗淨去鱗）	1公斤
新鮮茴香莖、迷迭香和百里香	各1根
粗海鹽	2公斤
綜合胡椒籽	適量
海藻或海蘆筍以及檸檬片（裝飾用）	適量

❶ 烤箱預熱至240℃，將香草填入魚腹中，並於魚皮上抹上綜合胡椒籽。

❷ 在一淺底烤盤上，最好是橢圓形的，鋪上一半的海鹽並將海鱸魚至於其上，再以約1公分厚的海鹽將魚蓋上後用手壓實。用噴霧器輕輕噴些水將鹽沾溼，烘烤30至40分鐘，直到海鹽開始變色。

❸ 在盤中擺上海藻或海蘆筍作裝飾，連著海鹽一起上桌，食用時用利刀將海鹽切開，盛入擺上檸檬片的餐盤中。

紅酒燴菱鮃 FILLETS OF BRILL IN RED WINE SAUCE

忘掉那句老話：「紅酒無法完美地搭配魚肉。」紅酒製成的醇厚醬汁使這道料理的色澤和風味更為出色，庸鰈、大比目魚和海魴也可以用來做這道料理。

材料（人份）

菱鮃魚片 （每片約175～200g，去皮）	4片
奶油（切丁）	150g
珠蔥（切成薄片）	115g
紅酒	200ml
魚肉高湯	200ml
鹽和白胡椒粉	適量
新鮮山蘿蔔和巴西里葉葉 （裝飾用）	適量

❶ 烤箱預熱至180℃，將魚肉兩面皆抹上鹽和胡椒粉調味，取一足以擺下一層魚肉的耐熱盤並塗上奶油，將珠蔥鋪在耐熱盤底部後，擺上魚肉並調味。

❷ 倒入紅酒和魚肉高湯，加蓋後加熱到接近沸騰後，將盤子移入烤箱中烘烤6至8分鐘，直到魚烤好。

❸ 將魚肉和珠蔥一起盛到餐盤上，蓋上鋁箔並保溫。

❹ 將砂鍋放在爐子上，倒入烘烤出的湯汁並以大火燒至沸騰，繼續加熱直到湯汁約減少一半。將火關小，一次放入一塊奶油攪拌均勻，並以適量鹽和胡椒粉調味保溫備用。

❺ 將珠蔥分成4份，分別置於4個預熱的餐盤中，放上魚肉並把醬倒在魚肉周圍，擺上山蘿蔔或巴西里葉作裝飾，即可上桌。

鯛魚烤蕃茄 BAKED SEA BREAM WITH TOMATOES

海魴、庸鰈或海鱸魚都可以用此方法料理，如果你喜歡用魚片則可以選用較厚實的魚片，如鱈魚，但需魚皮朝上烘烤。蕃茄烘烤過後會帶出其甘甜味，這風味更加襯托出魚的鮮美。

❷ 同時將馬鈴薯切成1公分厚片，水煮5分鐘至半熟即可，瀝乾備用。

❸ 在烤盤上刷油，鋪滿馬鈴薯和檸檬片，灑上月桂葉、百里香和羅勒葉並調味。淋上剩餘橄欖油的一半。放上魚調味後，加入白酒及剩餘的油，並將蕃茄放在魚周圍。

材料（4～6人份）

蕃茄	8顆
細砂糖	2小匙
橄欖油	200ml
新鮮馬鈴薯	450g
檸檬（切片）	1顆
月桂葉	1片
新鮮百里香莖	1枝
新鮮羅勒葉	8片
鯛魚（洗淨去鱗）	1公斤
白酒	150ml
新鮮白麵包粉	2大匙
大蒜（拍碎）	2瓣
新鮮巴西里葉（切碎）	1大匙
鹽和黑胡椒粉	適量
新鮮巴西里葉或羅勒葉（切碎，裝飾用）	

❶ 烤箱預熱至240℃，蕃茄切半後切面朝上鋪在烤盤裡。灑上糖、鹽、胡椒粉並淋上少許橄欖油烘烤30至40分鐘，直至蕃茄變軟且呈淡棕色。

❹ 把麵包粉、大蒜及巴西里葉混合後灑在魚上，烘烤30分鐘，直到魚肉可以輕易剝離，並以切碎的巴西里葉或羅勒葉裝飾。

245

鯛魚酥皮派 FILLETS OF SEA BREAM IN FILO PASTRY

任何肉質堅實的魚都可以用來製作這道料理,如海鱸魚、石斑魚與紅鰹都非常適合。每一個魚派本身就可做為一道菜,並且要花好幾個小時來準備,因此可以作為款待客人的理想佳餚。亦可依個人喜好,用茴香橘子醬或蔬菜沙拉搭配這道酥皮派。

❷ 馬鈴薯切成薄片,於烤盤上刷少許油後將酥皮薄片呈十字重疊,酥皮間刷上少許的油,並重複此一動作。將四分之一的馬鈴薯片放在酥皮中間,調味後放上四分之一的酸模絲,最後再放一片鯛魚片,魚皮朝上並加以調味。

❸ 將酥皮鬆鬆的疊起做成一小包,並以同樣方法完成其他的魚包後放在烤盤上,刷上一半的奶油烘烤約20分鐘,直到酥皮膨脹並呈金棕色。

材料（4人份）

馬鈴薯（紅皮、小而軟佳）	8顆
酸模（去莖）	200g
橄欖油	30ml
薄片酥皮	16張
鯛魚片 （每片約175g,去鱗留皮）	4片
奶油	50g
魚肉高湯	120ml
鮮奶油	250ml
鹽和黑胡椒粉	適量
紅甜椒（切丁,裝飾用）	少量

其他選擇

在這道料理中,可以菠菜葉或唐萵苣嫩葉代替酸模。

❶ 將烤箱預熱至200℃。於湯鍋中以鹽水煮馬鈴薯,約煮15至20分鐘直到變軟,撈出待冷。一半酸模葉備用,其他的每次堆疊6至8片後,捲成一支大雪茄般用刀切碎。

❹ 同時開始做酸模醬,以平底鍋加熱剩下的奶油,加入剩餘的酸模葉,小火煮3分鐘攪拌至葉子萎縮後,加入魚肉高湯和鮮奶油攪拌並加熱至接近沸騰,並將酸模葉煮至破碎。調味後保溫至酥皮派烤熟,在酥皮派上以紅甜椒裝飾,最後淋上酸模醬。

迷迭香燉章魚 OCTOPUS STEW

這道樸實的鄉村燉菜料理是款待客人的完美佳餚，若提前一天準備它的味道會更好，在上菜時可以搭配由唐萵苣、箭生菜和紅菊苣等各色蔬菜做的沙拉。

材料（4～6人份）

材料	份量
章魚	1公斤
橄欖油	45ml
大洋蔥（切碎）	1顆
大蒜（切碎）	3瓣
白蘭地	30ml
白酒	300ml
梅子蕃茄（去皮切碎，或改用等量罐裝蕃茄丁）	800g
新鮮紅辣椒（去籽切碎，可省略）	1條
小馬鈴薯	450g
新鮮迷迭香（切碎）	15ml
新鮮百里香葉（切碎）	15ml
魚肉高湯	1.2公升
新鮮扁葉巴西里葉	2大匙
鹽、黑胡椒和迷迭香莖（裝飾用）	適量

大蒜麵包

大蒜（去皮）	1大瓣
法式麵包厚片（或義式脆皮麵包）	8片
橄欖油（約2大匙）	30ml

❶ 將章魚切成幾大塊後放入湯鍋，倒入冷水以鹽調味後煮至沸騰，小火燉30分鐘使之變軟；撈出瀝乾後將章魚切成一口大小。

❷ 在大淺鍋裡把油加熱，加入洋蔥炒2至3分鐘至顏色稍變，加入大蒜再炒1分鐘後，再加入章魚翻炒2至3分鐘，使章魚塊的每面都稍變色。

❸ 在章魚中淋上白蘭地並點燃，火苗熄滅後加入白酒煮至沸騰滾5分鐘；加蕃茄和紅辣椒（若選用）攪拌後，加入馬鈴薯、迷迭香和百里香，小火燉5分鐘。

❹ 加入魚肉高湯調味，加蓋燉20至30分鐘，且勤加攪拌。章魚和馬鈴薯會變得嫩滑柔軟，湯也逐漸變濃。此時，

離火讓燉菜冷卻，並於冰箱放置一晚。

❺ 烤箱預熱至中溫，並開始做大蒜麵包，將大蒜瓣對半切開後以切面磨擦法國麵包厚片或義式脆皮麵包厚片。把大蒜瓣拍碎後加入油中，並將此大蒜油刷在厚片麵包的兩面並且烤至金黃焦脆。

❻ 若已在冰箱裡放了一夜則需先加熱才可上桌，確認味道後加入巴西里葉，將滾燙的湯盛在已預熱過的碗裡，並以迷迭香莖裝飾，佐以大蒜麵包。

地中海風蔬菜烤魚 FISH PLAKI

地中海沿岸國家均以當地盛產的鮮魚，以及略微不同的作法來料理這道簡單而美味的料理。可依個人喜好，以一尾全魚代替魚片。而且這道菜還可用海鱸魚或鯛魚、海魴、庸鰈大比目魚或菱鮃來料理，味道一樣鮮美可口。

材料（4人份）

橄欖油	150ml
大西班牙洋蔥（切碎）	2顆
西洋芹（切碎）	2根
大蒜（切碎）	4大瓣
馬鈴薯（去皮切丁）	4顆
胡蘿蔔（切小丁）	4條
細砂糖	1大匙
月桂葉	2片
石斑魚或鱈魚厚片 （從中間剖開）	1公斤
大黑橄欖（可省略）	16〜20顆
蕃茄（去皮去籽切碎）	4顆
白酒或苦艾酒	150ml
鹽和黑胡椒粉	適量
香草葉（裝飾用）	適量
番紅花飯（配菜用）	適量

❶ 烤箱預熱至190℃，大煎鍋裡加熱橄欖油，加入切碎的洋蔥和西洋芹並炒至透明，放入大蒜翻炒2分鐘。加入馬鈴薯與胡蘿蔔煮5分鐘，適當地攪拌並加入糖，以鹽和黑胡椒粉調味。

❷ 將炒好的蔬菜盛進一個足以放入魚的橢圓或長方形的盤子，加入月桂葉。將魚調味後魚皮朝上放於蔬菜上，若有選用橄欖則灑在周圍。把切碎的蕃茄鋪在魚上，淋上白酒或苦艾酒調味。

❸ 烤30至40分鐘待魚完全烤熟，用香草裝飾就可以上桌了，番紅花飯是這道料理最理想的配料。

料理小技巧

如果你用一整尾魚料理，請確定內外兩面都抹上調味料。

酒香奶油鮭魚 SALMON ESCALOPES WITH WHISKY AND CREAM

這道菜結合了兩種蘇格蘭最好的滋味——鮭魚和威士忌，而且只需花一點點時間就可以完成，所以當準備宴請客人時，可以把這道料理放在最後做準備。你的客人將會覺得等待是有價值的；這道料理還可以搭配新鮮蕃茄和四季豆。

材料（4人份）

鮭魚中腹肉（每片約175g）	4片
新鮮百里香葉（切碎）	1小匙
奶油	50公克
威士忌	75ml
濃味鮮奶油	150ml
檸檬汁（可省略）	半顆
鹽和黑胡椒粉	適量
蒔蘿枝（裝飾用）	適量

❶ 鮭魚以鹽、黑胡椒粉和百里香調味，在一個大得能同時平鋪2片鮭魚的煎鍋裡，融化一半的奶油至冒泡，煎兩片魚，每面約煎1分鐘直到外表呈金黃色。

❷ 倒入30ml威士忌並點燃，火苗熄滅後將鮭魚小心地盛到盤子裡並保溫，加熱餘下的奶油，以同樣方法煎另外2片魚，煎好後亦保溫。

❸ 將濃味鮮奶油倒進平底鍋，加熱至沸騰並持續攪拌及上下翻動，直至泡沫變少，湯汁變稠，調味後加入剩餘的威士忌和檸檬汁。

❹ 將鮭魚各別放入預熱過的盤子裡，淋上醬汁再以蒔蘿枝裝飾即可上桌。

奶油牡蠣鰈魚 FILLETS OF TURBOT WITH OYSTERS

這道奢華的料理很適合在特殊場合招待客人，最好採用完整的庸鰈，並請魚販幫你切片並去皮。
保留魚頭、魚骨可用來熬製高湯。這道料理可以比目魚、菱鮃和大比目魚來代替庸鰈。

材料（4人份）

材料	份量
長牡蠣或岩蠔	12只
奶油	115g
胡蘿蔔（切細絲）	2條
塊根芹菜（切細絲）	200g
蒜白（切細絲）	2根
香檳或氣泡酒	375ml
鮮奶油	105ml
庸鰈（約1750g，切片去皮）	1尾
鹽和白胡椒粉	適量

❶ 以牡蠣刀打開牡蠣並以一碗盛接其汁液備用，輕輕將肉從殼中取出後放入碗中備用，並丟棄牡蠣殼。

❷ 在淺底鍋中融化25公克約2大匙奶油，放入蔬菜絲並以小火加熱直到變軟但還未變色；倒入一半香檳或氣泡酒，慢慢料理直到液體全部收乾。以小火持續料理，以確保蔬菜不會變色。

❸ 將牡蠣汁液過濾到長柄小湯鍋中，加入鮮奶油和剩下的香檳或氣泡酒，以中火加熱直到呈稀鮮奶油狀。剩餘奶油切丁，每次放一塊入醬汁中並攪拌均勻。調味後將醬汁放入攪拌器或食物處理器中打至滑順均勻。

❹ 將醬汁倒回平底鍋中並加熱至即將沸騰，放入牡蠣煮約1分鐘，稍微加熱即可，不須煮熟。保溫但不要使其沸騰。

❺ 將庸鰈魚片以鹽和胡椒粉調味，將剩下的奶油放入大煎鍋中加熱至起泡，然後放入魚片，每面以中火煎2至3分鐘，直到魚肉變金黃色。

❻ 將魚片每片切成3小片，分別放入4個餐盤中，鋪上蔬菜絲，並在每盤魚肉旁擺上3只牡蠣，最後在其周圍淋上牡蠣奶油醬汁。

咖哩海魴 JOHN DORY WITH LIGHT CURRY SAUCE

這道美味的料理也可以用其他的扁魚料理，如庸鰈、大比目魚和菱鮃，或其他外來魚種如鬼頭刀或大西洋胸棘鯛。這道料理的咖哩味必須很淡，所以應使用淡味咖哩粉。上菜時可佐以西式奶油飯與芒果辣醬，如果可以的話，將此道料理以芭蕉葉裝盤，將會是極佳的裝盤方式。

材料（4人份）

海魴（每片約175g，去皮）	4片
葵花油	1大匙
奶油	25g
鹽和黑胡椒粉	適量
芫荽葉	1大匙
芭蕉葉（可省略）	4片
小芒果（去皮切丁，裝飾用）	1顆

咖哩椰油醬

葵花油	30ml
胡蘿蔔（切碎）	1條
洋蔥（切碎）	1顆
西洋芹莖（切碎）	1根
蒜白（切碎）	1根
大蒜（拍碎）	2瓣
椰油（打散）	50g
蕃茄（去皮去籽切丁）	2顆
新鮮薑片（磨碎）	2.5公分
蕃茄泥	15ml
淡味咖哩粉	1～2小匙
雞肉高湯或魚肉高湯	500ml

① 平底鍋裡熱油後加入蔬菜和大蒜，輕輕翻炒至蔬菜變軟，但顏色不能變棕色。

② 加入椰油、蕃茄和薑翻炒1至2分鐘，倒入適量蕃茄泥和咖哩粉調味，再加入高湯攪拌並再次調味。

③ 加熱至沸點後，將火關小加蓋，以小火煮約50分鐘。期間攪拌1、2次避免燒焦。待湯冷卻後，倒入食物處理器或攪拌機打至湯汁變得滑順。將湯汁再倒入一個乾淨的平底鍋微加熱，若湯汁太稠則可稍微加點水。

④ 魚片以鹽和胡椒調味，並在大煎鍋裡熱油，加入奶油待其冒泡後放入魚，每面約煎2至3分鐘至呈淡金色且完全熟透為止，用紙巾吸乾油。

⑤ 如果有準備芭蕉葉，則將它鋪在預熱過的盤子上再放上魚片，魚片周圍淋上咖哩醬並灑上芒果丁。最後以芫荽葉裝飾即可上桌。

料理小技巧

椰油醬必須在低溫下加熱，所以如果可以的話，請使用散熱墊。

香草比目魚 GRILLED HALIBUT WITH SAUCE VIERGE

任何一種厚片白肉魚都可用來料理此道料理，如庸鰈、菱鮃和海魴尤其鮮美，而此風味絕佳的醬汁也能使一些較普通的魚，如鱈魚、黑線鱈或無鬚鱈適用於這道料理。

❶ 預熱帶橫紋的平底鍋或烤盤至高溫，刷上少許橄欖油。在研缽裡研碎茴香籽和香芹籽並加入適量粗海鹽，將其倒入一淺盤裡，再加入香草和剩餘的橄欖油攪拌均勻。

❷ 在大比目魚片上裹上步驟1的香料，黑皮面朝上放進平底鍋或烤盤裡煎6至8分鐘，直至魚完全煎熟且魚皮呈棕色。

❸ 將醬汁的材料加入燉鍋中，但新鮮香草除外，小火加熱至溫熱後放入細香蔥、羅勒葉和山蘿蔔並攪拌。

❹ 將大比目魚分別盛放在4個預熱盤子裡，把醬汁淋在魚片上面和周圍，並擺上輕炒過的綠色包心菜即可上桌。

材料（4人份）

橄欖油	105ml
茴香籽	0.5小匙
香芹籽	0.5小匙
綜合胡椒籽	1小匙
大比目魚	675～800g
（從中間切開，約3公分厚，切成4塊。）	
粗海鹽	少許
新鮮百里香葉（切碎）	1小匙
新鮮迷迭香葉（切碎）	1小匙
新鮮奧勒岡或馬鬱蘭葉（切碎）	1小匙

醬汁

原生橄欖油	105ml
檸檬汁	1顆
大蒜（切碎）	1瓣
蕃茄（去皮去籽切丁）	2顆
小續隨子	1小匙
瀝乾罐頭鯷魚（切碎）	2片
新鮮細香蔥（切段）	1小匙
新鮮羅勒葉（撕碎）	1大匙
新鮮山蘿蔔（切碎）	1大匙

烏賊蔬菜捲 VEGETABLE-STUFFED SQUID

雪莉・康倫有句名言：「人生短得不能填滿一個蘑菇。」這個道理同樣適用於槍烏賊，但槍烏賊的味道更好。小隻的烏賊也可用同樣的方法食用，上菜時可佐以番紅花飯。

材料（4人份）

槍烏賊（去皮洗淨）	4隻
奶油（約6大匙）	75g
新鮮白麵包粉	50g
珠蔥（切碎）	2根
大蒜（切碎）	4瓣
青蒜（切丁）	1根
胡蘿蔔（切丁）	2條
魚肉高湯	150ml
橄欖油	30ml
新鮮巴西里葉（切碎）	2大匙
鹽和黑胡椒粉	適量
迷迭香莖（裝飾用）	適量
番紅花飯（裝飾用）	適量

❶ 烤箱預熱到220℃，將槍烏賊觸鬚和翼切下並切碎，身體備用。大煎鍋中放入一半奶油融化，以便可以在烤箱中安全使用。在鍋中炸新鮮麵包粉，直到麵包粉變金黃帶棕色，注意攪拌不要炸焦，並用漏杓將麵包粉撈出備用。

❷ 將剩餘奶油放入煎鍋加熱，加入切好絲的蔬菜翻炒至蔬菜變軟，但不可變成棕色，再加入魚肉高湯翻炒直到高湯收乾且蔬菜變得很軟。以適量

鹽和黑胡椒粉調味，將蔬菜盛入放麵包粉的碗中混合攪拌。

❸ 在煎鍋中加熱一半橄欖油，放入切碎的槍烏賊翼和觸鬚，大火加熱約1分鐘後盛出，放入蔬菜中攪拌後，加入巴西里葉拌勻。

❹ 將槍烏賊與蔬菜混合的生料放入擠花袋，或用小湯匙將料填入槍烏賊中，注意不要填得過滿，因生料在烹飪過程中會膨脹，以木製牙籤封緊開口或以線紮好。

❺ 將剩餘的橄欖油放入鍋中加熱，並將填充好的槍烏賊放入鍋中煎至金黃帶棕色並變得結實後，將煎鍋放入烤箱中烘烤約20分鐘。

❻ 取出槍烏賊並切成3至4片，若是小槍烏賊則直接食用。可在餐盤上鋪一層番紅花飯，旁邊放上槍烏賊捲，將料理時流出的湯汁倒在槍烏賊上面和周圍，最後擺上幾枝迷迭香莖即可上桌。

魚貝類沾醬製作 SAUCES FOR FISH AND SHELLFISH

多數魚類本身味道已十分鮮美，並不須以醬汁料理，但有些味道較淡的魚貝類若配上精心準備的醬料，將可替其味道會增色許多。

萬用蛋黃醬 Never-fail mayonnaise

如果覺得經典蛋黃醬很難做好，那就試試這種簡單的作法。在室溫下準備好所有材料。注意：這道沾醬會使用生雞蛋，若無法接受，就買現成的蛋黃醬代替。

材料（4～6人份）

雞蛋（外加1顆蛋黃）	1顆
第戎芥末醬	15ml
大顆檸檬汁	1顆
橄欖油	175ml
葡萄籽油、葵花油或玉米油	175ml
鹽和白胡椒粉	適量

❶ 將雞蛋和另一顆蛋黃放入食物處理器中攪拌20秒後，加入法式第戎芥末醬，一半檸檬汁和一大撮鹽和白胡椒粉再攪拌約30秒直到攪拌均勻。

❷ 繼續轉動機器，並從進料管中慢慢倒入橄欖油，攪拌至油全部融入醬中且蛋黃醬變得灰白、濃稠。以適量鹽和胡椒粉調味，如有必要則再倒入剩下的檸檬汁。

其他選擇

根據魚肉的不同，蛋黃醬中的油也有很多選擇，如鮭魚或鮪魚這種肉質堅實的魚大多以橄欖油來做蛋黃醬；而質地細緻的魚肉則多以橄欖油混合蔬菜油。

奶油白醬 Beurre blanc

傳說中這款精緻的調味醬，是因為一位廚師在做蛋黃醬時忘了放入蛋黃而發明的。不管這個故事是否屬實，這款沾醬很適合搭配水煮或烘烤的魚肉。

材料（4人份）

珠蔥（切碎）	3根
白酒或海鮮料湯	45ml
白酒或龍蒿醋	45ml
固態無鹽奶油（切丁）	115g
檸檬汁適量（可省略）	
鹽和白胡椒粉	適量

❶ 將珠蔥放入長柄小湯鍋中，再倒入白酒或海鮮料湯和醋加熱至沸騰，大火繼續加熱至只剩下30ml約兩大匙湯汁。離火冷卻至微溫。

❷ 每次放入一塊奶油丁攪打，直到呈灰白色奶油狀，以適量鹽、白胡椒粉和檸檬汁調味。

❸ 如果不立刻使用，則可將醬隔水放在雙層烤盤上層保溫。

荷蘭酸味沾醬 Hollandaise sauce

這款味道濃郁的沾醬適合任何水煮魚肉，需趁熱上桌。因醬中的蛋黃沒有煮熟，所以不要給小孩、老年人或抵抗力較差的人。

材料（4人份）

無鹽奶油	115g
蛋黃	2顆
檸檬汁或白酒或龍蒿醋	15～30ml
鹽和白胡椒粉	適量

❶ 將奶油放入長柄小湯鍋中融化，在碗中放入蛋黃和檸檬汁或醋，再加入鹽和白胡椒粉調味並攪打均勻。

❷ 將融化的奶油慢慢倒入蛋黃液中，以木湯匙攪打成細膩、奶油狀的醬；或將其放入食物處理器中攪拌，邊攪拌邊將融化奶油從進料管中倒入。適量調味，如有必要則再加入一些檸檬汁和醋。

巴西里葉沾醬 Parsley sauce

以下介紹的這款經典巴西里葉沾醬味道十分美妙；可以搭配水煮鱈魚、黑線鱈或其他白肉魚。如果可以，加入一些煮魚的湯汁可增加沾醬的味道。

材料（4人份）

奶油	50g
中筋麵粉	45ml
半牛奶	300ml
煮魚的湯汁（或牛奶）	300ml
濃味鮮奶油	60ml
檸檬汁	少許
新鮮巴西里葉（切碎）	90ml
鹽和黑胡椒粉	適量

❶ 在長柄小湯鍋中融化一半奶油，加入麵粉攪拌2至3分鐘成糊狀，離火後加入2、3湯匙牛奶攪拌直到牛奶被完全吸收。持續加入一些牛奶和煮魚的湯汁攪拌，直到沾醬呈濃味鮮奶油狀。加入剩下的牛奶和煮魚湯汁，攪拌均勻直到麵糊中所有麵粉塊都攪拌開。

❷ 將平底鍋再放回火上加熱至沸騰，小火慢燉約5分鐘並注意攪拌。加入濃味鮮奶油和檸檬汁，並以適量鹽和黑胡椒粉調味。若沾醬中還有麵粉塊，請用攪拌器攪打均勻。

❸ 加入巴西里葉攪拌後，再加鹽攪拌並趁熱上桌。

蒔蘿芥末醬 Mustard and sill sauce

這道醬可以用於任何冷製、燻製或醃生魚，注意，這個沾醬中含有生蛋黃。

材料（4人份）

蛋黃1顆	
法式棕芥末	2大匙
黑糖	0.5～1小匙
白酒醋	15ml
葵花油或蔬菜油	90ml
新鮮蒔蘿（切碎）	2大匙
鹽和黑胡椒粉	適量

❶ 將蛋黃放入小碗後加入芥末，再加入一點黑糖調味。用木湯匙將蛋黃打勻後倒入白酒醋攪拌，再逐次倒油攪打，每次只加入一點。

❷ 油完全混合後，以適量鹽和胡椒粉調味，放入蒔蘿攪拌，上桌前冷卻至少1小時。

小龍蝦醬 Crawfish sauce

這道沾醬又叫Nantua sauce，十分適合搭配貝類等海鮮料理。這道沾醬還可用其他甲殼類製作，如龍蝦或明蝦，且可用於搭配任何白肉魚或貝類。

材料（4人份）

水煮小龍蝦（或岩龍蝦）	450g
奶油	40g
橄欖油	15ml
白蘭地	45ml
魚肉或貝類高湯	500ml
中筋麵粉	1大匙
濃味鮮奶油	45ml
蛋黃	2顆
鹽和白胡椒粉	適量

❶ 將蝦尾上的肉取下，留做其他料理用。將殼打碎後放入食物處理器中打成粗顆粒。

❷ 平底鍋中加熱融化25公克約兩大匙奶油後，加入蝦殼料理約3分鐘並勤加攪拌；倒入白蘭地和魚肉高湯，加熱至沸騰後小火慢燉約10分鐘。

❸ 將剩餘的奶油搗碎後放入麵粉攪拌，並將其倒入奶油醬中攪打，每次放入一點，邊攪拌邊加熱直到醬變稠。以適量鹽和胡椒粉調味，過濾後加入鮮奶油攪拌並加熱至即將沸騰。

❹ 將蛋黃放入碗中打散，加入2至3湯匙熱醬汁混合再倒回醬中，以文火煮至柔滑，調味後即可上桌。

國家圖書館出版品預行編目資料

魚貝海鮮料理事典 / 凱特‧懷特曼（Kate Whiteman）著
；張亞男、潘晶合譯. -- 二版. -- 臺中市：晨星，2019.12
面； 公分. --（Chef guide：1）

譯自：The World Encyclopedia of Fish and Shellfish

ISBN 978-986-443-298-1（精裝）

1.海鮮食譜　2.烹飪

427.25　　　　　　　　　　　　　　　　　108016578

Chef Guide **1**

魚貝海鮮料理事典

可至線上填回函！

作者	凱特‧懷特曼（Kate Whiteman）
翻譯	張亞男、潘晶
主編	莊雅琦
執行編輯	林莛蓁
封面設計	李建國
美術編排	張蘊方

創辦人	陳銘民
發行所	晨星出版有限公司
	台中市西屯區工業30路1號1樓
	TEL：04-23595820　FAX：04-23550581
	行政院新聞局局版台業字第2500號
法律顧問	陳思成律師
初版	西元2006年7月31日
二版	西元2019年12月11日

總經銷	知己圖書股份有限公司
	106台北市大安區辛亥路一段30號9樓
	TEL：02-23672044／23672047　FAX：02-23635741
	407台中市西屯區工業30路1號1樓
	TEL：04-23595819　FAX：04-23595493
	E-mail：service@morningstar.com.tw
	網路書店 http://www.morningstar.com.tw
讀者專線	04-23595819＃230
郵政劃撥	15060393（知己圖書股份有限公司）
印刷	上好印刷股份有限公司

定價560元

ISBN 978-986-443-298-1

"The World Encyclopedia of Fish and Shellfish" copyrignt © Anness
Publishing Limited, U.K, 2000 copyrignt © Complex Chinese
translation, Morning Star Publishing Inc. 2019 Printed in Taiwan